教育部实用型信息技术人才培养系列教材

边用边学
3ds Max

建筑设计

史宇宏　郝晓丽 | 编著
全国信息技术应用培训教育工程工作组 | 审定

人民邮电出版社
北京

图书在版编目（CIP）数据

边用边学3ds Max建筑设计 / 史宇宏，郝晓丽编著
. -- 北京 ：人民邮电出版社，2015.7
ISBN 978-7-115-39081-3

Ⅰ．①边… Ⅱ．①史… ②郝… Ⅲ．①建筑设计－计
算机辅助设计－三维动画软件 Ⅳ．①TU201.4

中国版本图书馆CIP数据核字(2015)第091607号

内 容 提 要

本书从实际操作和应用的角度出发，通过大量具体工程案例，详细讲述了 3ds Max 在建筑设计领域中的应用方法和操作技能。

全书共 10 章，第 1 章主要讲解 3ds Max 建筑设计的基础知识；第 2～第 6 章主要介绍 3ds Max 的基本操作技能，主要包括模型的基本操作、二维和三维模型的建模技术、模型材质与贴图的制作技术、场景灯光设置与渲染技术等；第 7～第 10 章则通过具体工程案例，详细讲解了 3ds Max 在建筑设计中的具体应用流程，包括模型的创建、材质的制作、灯光设置与渲染等。

本书解说详细、操作实例通俗易懂，具有很强的实用性、操作性和代表性。通过本书的学习，读者能在熟练掌握 3ds Max 软件的基础上，掌握使用 3ds Max 进行建筑设计的流程、方法和技巧。

本书不仅可以作为高等学校、高职高专院校的教材，也可以作为相关培训机构的培训教材。同时，对于使用 3ds Max 进行建筑设计的技术人员也有一定的参考价值。

◆ 编　　著　　史宇宏　郝晓丽
　　审　　定　　全国信息技术应用培训教育工程工作组
　　责任编辑　李　莎
　　责任印制　杨林杰

◆ 人民邮电出版社出版发行　　北京市丰台区成寿寺路 11 号
　　邮编　100164　电子邮件　315@ptpress.com.cn
　　网址　http://www.ptpress.com.cn
　　北京中新伟业印刷有限公司印刷

◆ 开本：787×1092　1/16
　　印张：18.5
　　字数：480 千字　　　　　　　　2015 年 7 月第 1 版
　　印数：1- 2 500 册　　　　　　2015 年 7 月北京第 1 次印刷

定价：39.00 元
读者服务热线：(010)81055410　印装质量热线：(010)81055316
反盗版热线：(010)81055315
广告经营许可证：京崇工商广字第 0021 号

出 版 说 明

　　信息化是当今世界经济和社会发展的大趋势，也是我国产业优化升级和实现工业化、现代化的关键环节。信息产业作为一个新兴的高科技产业，需要大量高素质复合型技术人才。目前，我国信息技术人才的数量和质量远远不能满足经济建设和信息产业发展的需要，人才的缺乏已经成为制约我国信息产业发展和国民经济建设的重要瓶颈。信息技术培训是解决这一问题的有效途径，如何利用现代化教育手段让更多的人接受到信息技术培训是摆在我们面前的一项重大课题。

　　教育部非常重视我国信息技术人才的培养工作，通过对现有教育体制和课程进行信息化改造、支持高校创办示范性软件学院、推广信息技术培训和认证考试等方式，促进信息技术人才的培养工作。经过多年的努力，培养了一批又一批合格的实用型信息技术人才。

　　全国信息技术应用培训教育工程（简称 ITAT 教育工程）是教育部于 2000 年 5 月启动的一项面向全社会进行实用型信息技术人才培养的教育工程。ITAT 教育工程得到了教育部有关领导的肯定，也得到了社会各界人士的关心和支持。通过遍布全国各地的培训基地，ITAT 教育工程建立了覆盖全国的教育培训网络，对我国的信息技术人才培养事业起到了极大的推动作用。

　　ITAT 教育工程被专家誉为"有教无类"的平民学校，以就业为导向，以大、中专院校学生为主要培训目标，也可以满足职业培训、社区教育的需要。培训课程能够满足广大公众对信息技术应用技能的需求，对普及信息技术应用起到了积极的作用。据不完全统计，在过去 15 年中共有五百五十余万人次参加了 ITAT 教育工程提供的各类信息技术培训，其中有近一百五十万人次获得了教育部教育管理信息中心颁发的认证证书。工程为普及信息技术、缓解信息化建设中面临的人才短缺问题做出了一定的贡献。

　　ITAT 教育工程聘请来自清华大学、北京大学、人民大学、中央美术学院、北京电影学院、中国传媒大学等单位的信息技术领域的专家组成专家组，规划教学大纲，制订实施方案，指导工程健康、快速地发展。ITAT 教育工程以实用型信息技术培训为主要内容，课程实用性强，覆盖面广，更新速度快。目前工程已开设培训课程二十余类，共计七十余门，并将根据信息技术的发展，继续开设新的课程。

　　本套教材由清华大学出版社、人民邮电出版社、机械工业出版社等出版发行。目前已经出版教材140 余本，内容汇集信息技术应用各方面的知识。今后将根据信息技术的发展不断修改、完善、扩充，始终保持追踪信息技术发展的前沿。

　　ITAT 教育工程的宗旨是：树立民族 IT 培训品牌，努力使之成为全国规模最大、系统性最强、质量最好，而且最经济实用的国家级信息技术培训工程，培养出千千万万个实用型信息技术人才，为实现我国信息产业的跨越式发展做出贡献。

全国信息技术应用培训教育工程负责人

系列教材执行主编　薛玉梅

前　言

3ds Max 是目前应用最为广泛的建筑设计和三维动画制作软件之一，被广泛应用于建筑设计、室内装饰装潢设计、三维影视动画制作等多个领域。

为了帮助初学者快速掌握运用 3ds Max 软件进行建筑设计的方法和技巧，提高建筑设计能力，本书采用"边用边学，实例导学"的写作模式，全面涵盖其在建筑设计领域的知识点，并通过大量典型案例帮助初学者学会如何在实际工作当中进行灵活应用。

1．写作特点

（1）注重实践，强调应用

俗话说："心急吃不了热豆腐"。对于学习软件的初学者来说也正是如此，初学者除了耐心、认真、一步一个脚印地踏实学习之外，选择一本合适的教材也很重要。目前市面上大部分此类图书只注重软件操作技能的讲解而忽略了实际应用技能的培养，最终结果却是读者对软件的操作非常熟练，但在实际工作中却往往感到无从下手。

基于此，本书在进行软件操作知识讲解的同时，穿插大量的建筑设计案例，将软件相关知识点充分融入到具体应用中，并通过对案例的细致剖析，逐步引导读者掌握如何运用 3ds Max 进行建筑设计，达到边用边学、一学即会的学习效果。

（2）知识体系完善，专业性强

本书通过大量精选案例详细讲解了使用 3ds Max 进行建筑设计的方法和技巧。既能让具有一定的 3ds Max 使用经验的读者加强建筑设计的理论知识，学会更多的建筑设计技巧，也能使完全没有用过 3ds Max 的读者从精选案例的实战中体会 3ds Max 建筑设计的精髓。

同时，本书是由资深建筑设计师与教学经验丰富的教师共同精心编写的，融入了多年的实战经验和设计技巧。可以说，阅读本书相当于在工作一线实习和进行职前训练。

（3）通俗易懂，易于上手

本书在介绍使用 3ds Max 进行建筑设计时，先通过小实例引导读者了解 3ds Max 软件中各个实用命令或工具的使用方法，再通过具体的工程实训深入地讲解这些命令或工具在实际工作中的作用及应用技巧。对于初学者以及具有一定基础的读者而言，只要按照书中的步骤一步步地学习，就能够在较短的时间内掌握 3ds Max 建筑设计的精髓。

另外，本书所有案例均录制了教学视频，可以帮助读者能更好地完成案例的操作，掌握软件的实际应用技能。

2．本书体例结构

本书每一章的基本结构为"本章导读+基础知识+应用实践+自我检测"，旨在帮助读者夯实理论基础，锻炼应用能力，并强化巩固所学知识与技能，从而取得温故知新、举一反三的学习效果。

- 本章导读：简要介绍知识点，明确所要学习的内容，便于读者明确学习目标，分清主次，以及重点与难点。
- 基础知识：通过小实例讲解 3ds Max 软件中常用命令和工具的使用方法，以帮助读者深入理解各个知识点。
- 应用实践：通过综合实例引导读者提高灵活运用所学知识的能力，并熟悉使用 3ds Max 进行建筑设计的方法，以及如何将 3ds Max 软件更好地应用于实际工作。
- 自我检测：精心设计习题与上机练习，读者可据此检验自己的掌握程度并强化巩固所学知识。

3．配套教学资料

本书提供以下配套教学资料。
- 场景文件：本书所有案例调用的素材文件。
- 线架文件：本书所有案例的最终线架文件。
- CAD 文件：本书所有案例调用的 CAD 素材文件。
- 渲染效果：本书所有案例的最终渲染效果文件。
- 后期素材：本书所有案例后期处理所用的素材文件。
- 后期处理：本书所有案例后期处理效果文件。
- maps：本书所有案例的贴图文件。
- 视频文件：本书所有案例的视频文件。

本书由史宇宏、郝晓丽执笔完成。此外，参加本书编写的还有翟成刚、张传记、白春英、陈玉蓉、林永、刘海芹、秦真亮、史小虎、孙爱芳、唐美灵、张伟、徐丽、张伟、罗云风、王海宾等人，在此感谢所有关心和支持我们的同行。由于编者水平有限，书中难免有不妥之处，恳请广大读者批评指正。

我们的联系邮箱是 lisha@ptpress.com.cn，欢迎读者来信交流。

编 者

目　　录

第1章 3ds Max 建筑设计基础知识

📖 学习目标

了解 3ds Max 建筑设计的流程和后期处理的相关内容等，为进一步学习 3ds Max 建筑设计奠定基础。

📖 学习重点

重点掌握 3ds Max 建筑设计的流程、常用建模方法以及 3ds Max 建筑场景的环境设计技巧等。

📖 主要内容

◆ 3ds Max 建筑设计基础知识
◆ 3ds Max 建筑设计中的后期处理知识
◆ 上机实训
◆ 上机与练习

1.1 3ds Max 建筑设计基础知识

传统意义上的建筑设计，是指对建筑物的功能设计，如建筑物的造型、功能分区、装饰装修风格等。3ds Max 是一款功能强大的三维设计软件，它集三维建模、灯光设置、材质制作、渲染输出以及动画设置等于一身，被广泛应用于多个设计领域。3ds Max 建筑设计，是指利用 3ds Max 强大的三维建模、材质表现、灯光设置以及渲染输出等功能，将建筑物外部造型、细部构造、固定设施以及建筑物所处的环境等真实再现在图纸上的过程。

这一节主要了解建筑设计的相关流程以及常用三维建模方法。

1.1.1 认识 3ds Max 建筑设计中的建筑设计图纸

在使用 3ds Max 进行建筑设计之前，首先有必要来认识建筑设计图纸，这对于使用 3ds Max 进行建筑设计非常重要。

建筑设计图纸有很多，其中建筑平面图、建筑立面图、建筑剖面图是建筑设计中的三大图纸，简称三视图。三视图表示建筑物的内部布置、外部形状、内部装修、构造、施工要求等，是建造建筑物的重要图纸。除此之外，对于建筑物的细部，还有建筑详图等其他图纸。

在众多的建筑图纸中，建筑平面图和建筑立面图是使用 3ds Max 进行建筑设计时必不可少的重要图纸，如果缺少这两种图纸，那么使用 3ds Max 进行建筑设计就无从谈起。下面我们首先来认识这两种图纸。

1. 建筑平面图

建筑平面图也叫俯视图，它是建筑施工图的基本样图，是假想用一水平的剖切面沿门窗洞位置将房屋剖切后，对剖切面以下部分所作的水平投影图。平面图反映出房屋的平面形状、大小和布置，墙、柱的位置、尺寸和材料，门窗的类型和位置等。

图 1-1 所示是某住宅楼的建筑平面图。

根据建筑物的结构不同，建筑平面图一般有底层平面图（表示第一层房间的布置、建筑入口、门厅及楼梯等）、标准层平面图（表示中间各层的布置）、顶层平面图（房屋最高层的平面布置图）以及屋顶平面图（即屋顶平面的水平投影），这些建筑平面图相当于 3ds Max 系统中的顶视图和底视图，是 3ds Max 建筑设计中必不可少的重要图纸之一。

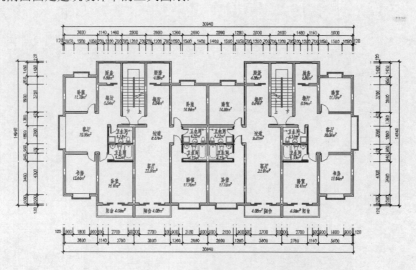

图 1-1

2. 建筑立面图

建筑立面图是在与建筑立面相平行的投影面上所做的正投影图。建筑立面图大致包括南立面图、北立面图、东立面图和西立面图 4 部分，其中反映主要出入口或比较显著地反映出房屋外貌特征的那一面立面图称为正立面图，其余的立面图相应称为背立面图、左立面图和右立面图。通常也可按房屋朝向来命名，如南北立面图，东西立面图。这些建筑立面图也是 3ds Max 建筑设计中非常重要且不可缺少的图纸之一，它相当于 3ds Max 系统中的左视图、右视图、前视图和后视图。

图 1-2 所示是某住宅楼的建筑正立面图。

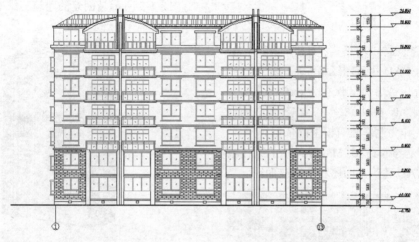

图 1-2

1.1.2　3ds Max 建筑设计的流程

3ds Max 建筑设计的流程大致可以分为分析图纸、创建三维建筑模型、制作建筑模型材质、设置建筑场景相机和灯光、渲染输出建筑三维场景以及建筑三维场景的后期处理等基本过程。下面简要介绍各工作阶段的主要任务。

1. 分析建筑设计图纸

在使用 3ds Max 进行建筑设计时，3D 设计人员首先要获得较详细的 CAD 工程设计图纸，主要有平面图（总平面图、顶平面图以及楼层平面图）、立面图（正立面图、侧立面图和背立面图）以及一些必要的剖面分析图等。当获得这些图纸后，设计师要仔细读懂这些图纸，了解建筑的结构与具体尺寸要求等，对看不懂或有不明白的地方，要及时与 CAD 设计人员进行沟通，直到完全明白设计意图。这样不仅有利于提高作图速度，同时也能设计出完全符合 CAD 设计图纸要求的三维效果图。

2. CAD 图纸的精简处理与调用

当 3D 设计人员看懂 CAD 设计图纸之后，还需要对 CAD 图纸进行精简处理。这是因为，CAD 图纸包含许多内容，如定位轴线、墙线、窗线、门图例、尺寸标注线与尺寸标注以及各种符号和编号等，在这众多的内容中，大多数的内容与 3ds Max 建筑设计无关，如果不进行精简处理而直接使用，会无形中增加 3D 场景中的点、线的数量，给 3D 场景的最终渲染输出带来很多麻烦。

而所谓精简处理，是指删除 CAD 图纸中不需要的一些图线和其他多余内容，只保留有用的图线即可。一般情况下，精简内容有定位轴线、各种尺寸标注线和尺寸标注、文字标注、各种符号与编号以及建筑物内部结构图示图线等，只保留外部墙线、窗线、楼梯线等一些影响建筑物外部结构的图线即可，这样在 3ds Max 制作阶段就会事半功倍。

图 1-3 所示是精简后的某住宅楼 CAD 建筑平面图纸。

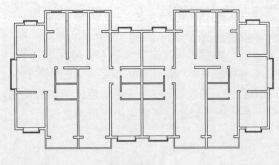

图 1-3

3ds Max 系统支持.dwg 格式和.dxf 格式的 CAD 图纸文件。当对 CAD 建筑图纸精简后，将精简后的图纸直接保存，或者将其保存为.dxf 格式的文件，然后导入到 3ds Max 系统中，在各视图调整位置进行对齐，作为制作建筑模型的依据。

图 1-4 所示是导入到 3ds Max 系统中的某住宅楼.dxf 格式的 CAD 建筑平面图和建筑立面图。

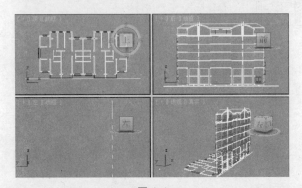

图 1-4

3. 制作三维模型

制作三维模型是 3ds Max 建筑设计中工作量较大的工作。当将建筑设计图纸导入 3ds Max 系统后，可以依据图纸提供的尺寸、建筑结构等在 3ds Max 中制作建筑物三维模型。

在 3ds Max 中制作建筑模型的方法多种多样，可以根据具体情况选择合适的建模方法，总的原则是以快速、简单，模型点、面数少为最佳。对于基础模型，如墙体、地面等可以直接使用 3ds Max 系统提供的标准基本体或扩展基本体直接创建，而对于较复杂的建筑模型，可以先建立基础模型，然后使用修改命令进行调整，也可以通过

二维修改、放样、布尔运算等方法来实现。

实际上，多数建筑模型的创建都比较容易，几乎都可以使用同一种方法来完成，在实际工作中一定要寻找一种最佳的建模方式，这样制作的建筑模型才有利于赋予材质、渲染场景以及后期环境设计和制作建筑动画。有关三维模型的建模方法的相关内容，在后面章节将进行详细介绍。

图 1-5 所示是创建的建筑三维模型效果。

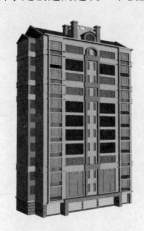

图 1-5

4. 为模型制作材质

为建筑模型制作材质是 3ds Max 建筑设计中的重要内容。3ds Max 系统提供了多种材质类型和贴图类型，用户可以选择合适的方式制作不同的材质和贴图，真实再现建筑物表面特征。

图 1-6 所示是制作材质后的建筑模型效果。

图 1-6

5. 创建场景照明系统

如果说为建筑模型制作材质等于是为建筑穿

上了华丽的外衣的话，那设置照明系统就是对这种华丽外衣的一种展示，只有光才能将所有物体展现在我们眼前，如果没有光，再华丽的东西我们也看不到，因此，创建照明系统在建筑设计中同样非常重要。

在 3ds Max 系统中，有默认灯光在照明场景，但是灯光却不能很好的表现场景效果，尤其是不能很好地表现建筑物的材质、阴影以及立体感等这些表面特征，因此，当用户为建筑模型制作好材质后，需要重新设置场景照明系统。通过设置场景照明系统，可以很好地表现建筑物的这些表面特征。

图 1-7 所示是设置场景照明后的建筑物效果。

图 1-7

6. 场景的渲染输出与后期处理

所有的前期工作都完成之后，最后的工作就是渲染输出图像了。在 3ds Max 中，可以输出高精度的照片级图像，并能够以.tif、.tga、.jpg、.bmp 等标准图像格式存储。

一般情况下，输出的图像必须经过后期处理才能真实表现建筑场景效果，因此，后期处理在 3ds Max 建筑设计中是非常重要的一个工作环节。后期处理通常是在 Photoshop 中完成的，后期处理的主要任务是调整建筑场景的色彩对比度，修改建筑场景中的缺陷，同时添加配景以丰富建筑场景。

图 1-8 所示是利用 Photoshop 进行后期处理后的建筑场景效果。

图 1-8

1.1.3　3ds Max 常用建模方法和技巧

在 3ds Max 建筑设计中，常用的建模方法如下。

1. 基础建模

基础建模方法最简单，就是直接使用三维标准基本体创建建筑设计中的相关模型，如使用长方体或平面物体创建地面、没有窗户的墙面等；使用圆柱体创建立柱等，这些都是基础建模。基础建模不需要为模型添加任何修改器进行修改，而只需要根据具体尺寸修改模型的原始尺寸即可。

图 1-9 所示是使用平面物体创建的地面模型和使用圆柱体创建的圆柱体模型。

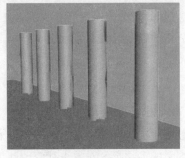

图 1-9

2. 使用二维线编辑建模

在建筑设计中，二维线编辑建模是一种重要的建模手段，常用于创建比较复杂的三维模型，同时这种模型修改起来也很方便，一般只要修改二维线就可以达到修改模型的目的。

图 1-10 所示是使用二维线创建的建筑物墙体模型。

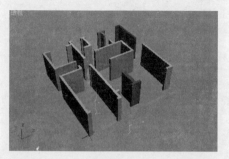

图 1-10

3. 修改三维基本体建模

修改三维基本体建模是一种较常用的建模方法，通过对三维基本体（如长方体、圆柱体）的修改，即可以创建简单的建筑模型，也可以创建各种复杂的建筑模型。

图 1-11 所示是通过修改三维基本体创建的某建筑门厅模型。

图 1-11

4. 编辑多边形建模

可以将二维线和三维基本体等任何对象转换为"可编辑的多边形"对象进行修改建模，这是一种功能强大的建模方法，可以创建任何复杂的三维模型，而且操作非常简单。

图 1-12 所示是使用编辑多边形创建的某建筑屋顶模型。

5. 综合建模

在建筑设计中，这是常用的建模方法，这种方法集合了以上所有建模技巧，可以针对不同的模型特点选择不同的建模方法来创建建筑模型和三维场景。

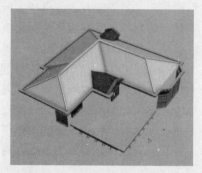

图 1-12

图 1-13 所示是使用综合建模方法创建的某标准层建筑模型。

图 1-13

1.2 3ds Max 建筑设计中的后期处理知识

在 3ds Max 建筑设计中，建筑场景的环境设计往往比较复杂，除了为建筑物模型制作材质、设置照明系统以及渲染输出之外，最主要的工作是建筑环境设计。俗话说，"红花需要绿叶衬"，再漂亮的建筑物，如果缺少周围环境的陪衬，则显得单调，缺少生气。通过环境设计，才能真正体现建筑设计思想，因此，后期处理在 3ds Max 建筑设计中非常重要。

1.2.1 了解建筑设计后期软件 Photoshop

Photoshop 是一款功能强大、应用范围最广的专业的图像处理及编辑软件，该软件提供了较完整的色彩调整、图像修饰、图像特效制作以及图像合成等功能，同时，该软件还支持多达几十种格式的图像，被广泛应用于电脑设计的各个领域，尤其在建筑设计后期处理中，该软件有着无可替代的作用。

下面以 Photoshop CS3 软件为例，了解该软件的基本操作技能。

当用户成功安装 Photoshop CS3 后，即可启动该程序，进入 Photoshop CS3 的操作界面，该界面主要包括菜单栏、工具选项栏、工具箱、浮动面板和图像编辑区五大部分，如图 1-14 所示。

菜单栏
基本功能
设计
绘画
摄影
文件(F) 编辑(E) 图像(I) 图层(L) 选择(S) 滤镜(T) 视图(V) 窗口(W) 帮助(H)
羽化: 0 px
样式:
正常
颜色
色板
样式
调整
蒙版
图层
通道
路径
工具选项栏
工具箱
浮动面板
图像编辑区

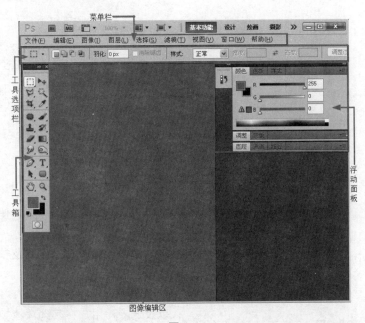

图 1-14

1. 菜单栏

菜单是 Photoshop CS3 软件的重要组成部分，位于操作界面的最上端，如图 1-15 所示。菜单是用户编辑图像的重要依据，图像的大多数效果都要依靠操作菜单来实现，如打开文件、保存文件、编辑处理文件、编辑选择区、图像特效合成以及图像特效处理等。

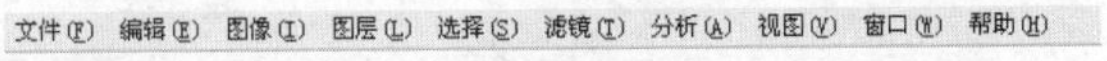

文件(F) 编辑(E) 图像(I) 图层(L) 选择(S) 滤镜(T) 分析(A) 视图(V) 窗口(W) 帮助(H)

图 1-15

菜单的操作比较简单，将光标移动到菜单栏中的菜单名称上，单击鼠标左键打开菜单下拉列表，移动光标到要执行的菜单上，再次单击鼠标左键即可执行该命令。

> **提示：**在有些菜单的后面标有省略号，这说明执行该菜单将打开一个对话框，供用户进行选择性参数设置，来控制执行菜单的效果。另外，如果菜单后面标有黑色三角形，表示该菜单的后面还有子菜单，移动光标到黑色三角形中，稍停片刻，即可显示子菜单。

2. 工具箱

工具是 Photoshop CS3 的重要使用对象，Photoshop CS3 的工具包括选取图像工具、矢量绘图工具、编辑图像工具、输入文字工具、绘制路径工具、图像色彩校正工具等 60 多个工具，这些工具都放在 Photoshop CS3 的工具箱中，如图 1-16 所示。

工具的操作非常简单，主要以下方法。

◆ 使用工具快捷键：每一个工具，系统都为其设置了快捷键，将鼠标指针移动到工具按钮位置，稍等片刻，在指针下方即可显示工具名称及工具快捷键。直接敲击键盘中工具的快捷键，可以激活该工具，如图1-17所示。

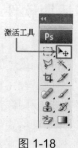

激活工具

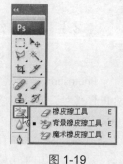

显示名称及快捷键

裁剪工具 （C）

图 1-16　　　　图 1-17

图 1-18　　　　图 1-19

◆ 使用鼠标左键：将鼠标指针移动到工具按钮上，单击鼠标左键，工具按钮呈现白色，说明该工具已经被激活，激活工具后移动指针到图像中，拖曳鼠标可编辑图像，如图1-18所示。

 提示：系统默认下，工具箱只显示部分工具，其他工具处于隐藏状态。在工具按钮右下角有一个黑色三角形标记的工具，表示在该工具的下面还隐藏有其他同类的工具，将鼠标指针移动到右下角带有黑色三角形的工具按钮上，按住鼠标左键稍停留片刻，或直接单击右键，会弹出隐藏的工具，移动指针到相应的工具按钮上，再次单击鼠标左键可激活该工具，如图1-19所示。

 技巧：如果工具箱不在界面中显示，单击菜单栏中的【窗口】/【工具】命令，即可显示工具箱，再次执行此命令，可以隐藏工具箱。另外，按住键盘中的【Shift】键的同时，反复敲击键盘中工具的快捷键，可以在隐藏工具和显示工具之间切换。

3. 工具选项栏

工具选项栏主要用于设置工具的属性，包括参数、选项等。当用户选择一个工具后，系统将自动在菜单栏下方显示该工具的选项栏，如激活【背景橡皮工具】，在菜单栏下方将显示该工具的选项栏，如图1-20所示。

图 1-20

工具选项栏为用户灵活使用工具提供了极大的便利，其作用主要表现在以下两个方面。

（1）设置工具属性以及参数，灵活控制工具的操作效果。

几乎所有的工具，都有多种选择性参数设置以及选项，用户在其选项栏中输入不同的参数或选取某一个功能选项，就能获得不同的操作效果。

例如，用户需要创建具有羽化效果的圆形选区，可以首先选择【椭圆选框工具】，此时会出现该工具的选项栏，在其工具选项栏中的【样式】下拉列表中选择【固定比例】选项，并设置其【高度】和【宽度】的比为1：1；接着在其【羽化】选项中设置一个羽化值，如图1-21所示。

图 1-21

在图像编辑区中拖曳鼠标指针，即可创建一个具有羽化效果的圆形选择区。

（2）激活工具的其他功能，增强工具的多功能用途。

大多数工具都有多功能用途，在工具选项栏

中选择这些功能选项，可以增强工具的多功能用途，如激活【移动工具】 ，该工具除了具有移动图像的功能之外，还有自动选择图层或组、显示变换控件以及对齐图层等多种功能，如图 1-22 所示。

图 1-22

当在【移动工具】 选项栏勾选【显示变换控件】选项后，在当前图层对象上会出现一个虚线显示的控制框，单击该虚线控制框，虚线变为实线，此时即可对图像进行变形操作。在建筑设计后期处理中，使用【移动工具】 选项栏的【显示变换控件】选项来调整场景配景大小和形状是一种常用的技巧。有关【移动工具】 及其选项的使用，在后面章节将做详细讲解，在此不再详述。

4. 浮动面板

浮动面板是 Photoshop CS3 中所有工作面板的统称。Photoshop CS3 各面板都放置在菜单栏中的【窗口】菜单下，执行菜单栏中的【窗口】/【…】命令，可以打开所需要的面板。

在建筑设计后期处理中，常用的面板主要有【图层】面板和【通道】面板，执行菜单栏中的【窗口】/【图层】命令和【窗口】/【通道】命令，即可打开这两个面板，如图 1-23 所示。

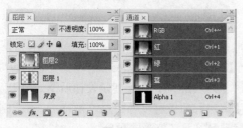

图 1-23

系统默认下，这两个面板以面板组的形式出现，但在功能上却都是独立的。当以面板组的形式出现时，用户可以通过单击面板标签在各面板之间切换，如图 1-24 所示，也可以按住面板标签将其拖到其他位置，随意对面板组进行拆分。

单击标签切换到【图层】面板　　单击标签切换到【通道】面板

图 1-24

5. 图像编辑区

图像编辑区就是用户编辑图像的区域，该区域位于界面中间位置。当打开一个文件后，用户可以在编辑区对该图像进行编辑操作，另外，用户还可以通过图像标题栏了解图像的许多有用信息，如图像的保存路径、图像名称、图像显示比例、图像色彩模式以及目前所操作的图层等，如图 1-25 所示。

图 1-25

1.2.2　3ds Max 建筑设计后期处理的具体内容

3ds Max 建筑设计的后期处理主要包括以下 3 方面的内容。

1. 构图

构图是表现画面主题内容的主要手段，在 3ds Max 软件中输出的建筑设计图，由于灯光设置、材质表现以及摄像机镜头等多种原因，一般都不能进行很好地构图，达不到建筑效果表现的具体要求，所以通常都要重新对画面进行构图。

构图时要注意以下方面。

- 首先要决定画面的长宽比。一般高纵的建筑适合使用立幅,而较扁平的建筑物则用横幅的构图比较合适。
- 其次是决定建筑物在画面中的位置。在画面中,建筑的四周最好留有足够的空间,保证画面的舒展和开朗,在建筑物的主要面的前方要多留一些空间,避免产生撞边和碰壁。
- 均衡。实现构图的均衡不一定是绝对的对称,可以在不同复杂程度的形体、不同明暗的色调、虚实和动态上求得均衡,使画面具有稳定感。
- 重点。在绘制建筑设计效果图时,要明确画面的重点,避免平铺直述,使画面取得统一和集中的效果。
- 层次和空间感。要使一幅建筑设计图引人入胜,就需要有一种引人入胜的空间深度。取得空间深度感除了使用透视的三度空间感外,还可以从物体的明暗、色彩和清晰程度的变化中取得空间感。

2. 修饰建筑模型

在 3ds Max 软件中渲染输出的建筑模型,难免会存在很多瑕疵,如光影、色彩、材质表现等瑕疵,这些瑕疵都可以在后期处理中进行解决,具体如下。

- 修饰光影效果。建筑模型的光影效果是体现建筑立体感的重要依据,但在 3ds Max 软件中,如果灯光、材质等设置不好,会出现建筑场景的光影混乱,如光源的照射方向与模型的投影角度不匹配、模型出现多角度投影以及模型无投影等,这时可以在后期处理中进行修饰与弥补。
- 修饰色彩效果。在 3ds Max 软件中,建筑场景的色彩是依靠材质和灯光来实现的,但当材质与灯光设置不合理时,同样会出现场景色彩的混乱,如色彩不协调、色彩对比过强或过弱等情况,这时同样可以在后期处理中进行修饰和弥补。
- 修饰材质效果。在 3ds Max 软件中输出场景时,有时会由于多种原因造成输出后的

建筑模型材质失真,从而造成整个建筑场景的失真,这时也可以在后期处理中进行弥补和修饰。
- 修饰模型细部。在后期处理中,通过对建筑模型的整体效果和局部细节进行修饰处理,使建筑的结构更加突出,结构细节表现地更加完整,增强建筑的体积感和光感。

3. 制作环境

环境对建筑设计来说非常重要,它主要是衬托建筑。在制作时应注意和建筑的色调、光影、亮度等保持一致,这样才能将建筑融于环境。

制作环境主要包括以下内容。

- 替换背景。在 3ds Max 软件中输出的建筑场景总会带有背景,在多数情况下,这些背景并不能适合建筑设计的要求,这时需要将原背景替换,使其能真正体现建筑设计的精髓。
- 制作地形。如果在 3ds Max 软件中没有为建筑场景制作地形,那么需要在后期处理中继续完善。一般情况下可以使用一个与建筑模型相匹配的地形图像来表现。
- 添加配景。这是建筑设计后期处理中的至关重要的环节,添加配景主要包括添加行人、花草、树木、飞鸟、车辆以及其他用于表现建筑场景的一切物件。

1.2.3 后期处理中的常用工具

在后期处理中,常用的工具如下。

1.【图层】面板

【图层】面板是 Photoshop 图像处理的重要工具,尤其是在 3ds Max 建筑设计后期处理中,通过【图层】面板可以替换建筑物背景、添加建筑环境配景以及调整画面颜色等。

按键盘上的【F7】键或执行菜单栏中的【窗口】/【图层】命令,即可打开【图层】面板。一般情况下,渲染输出的建筑场景文件只有一个【背景】层,如图 1-26 所示。

在为场景添加配景时,这些配景图像会自动生成新的图层,这样便于对配景图像进行编辑修

改，如图 1-27 所示。

图 1-26

图 1-27

【图层】面板的操作比较简单，在后面章节中将通过具体案例进行详细介绍，在此不再赘述。

2. 【通道】面板

【通道】面板在 3ds Max 建筑设计后期处理中主要用于载入建筑模型的背景通道，便于替换场景背景，另外也可以用于进行建筑场景的颜色调整。执行菜单栏中的【窗口】/【通道】命令，即可打开【通道】面板。一般情况下，一个 RGB 模式的图像只有 4 个通道，如图 1-28 所示，当该图像保存了 Alpha 通道后，会在【通道】面板中建立一个名为 "Alpha" 的通道，如图 1-29 所示。

图 1-28　　　　图 1-29

【通道】面板的详细操作在后面章节中将通过具体案例进行介绍，在此不再赘述。

3. 后期处理中的画面编辑工具和命令

在 3ds Max 建筑设计后期处理中，常用的画面编辑工具主要有【移动工具】、【裁剪工具】、【多边形套索工具】、【修复画笔工具】等，画面编辑命令有【画布大小】命令、【自由变换】命令。其中：

【移动工具】用于移动、调整画面中的各图像的位置。

【裁剪工具】用于对画面进行裁切，确保画面构图合理。

【多边形套索工具】用于选取画面中的某区域，用于对该区域进行编辑，如调整颜色等。

【修复画笔工具】用于对画面中有瑕疵的地方进行修复。

【自由变换】命令用于调整画面中素材的大小。

【画布大小】命令用于对画面大小进行调整。执行【图像】/【画布大小】命令即可打开【画布大小】对话框，如图 1-30 所示。

图 1-30

有关这些工具的操作，在后面章节将通过具体案例进行详细介绍，在此不再赘述。

4. 后期处理中的常用颜色调整命令

在 3ds Max 建筑设计后期处理中，常用的图像色彩调整命令主要有【色相/饱和度】命令、【亮度/对比度】命令、【色彩平衡】命令、【曲线】命令、【色阶】命令等，这些命令主要用于调整建筑场景的颜色、对比度等。

【色相/饱和度】命令用于调整建筑场景的颜色饱和度，使建筑场景颜色更鲜艳。执行【图像】/【调整】/【色相/饱和度】命令即可打开【色相/饱和度】对话框，如图 1-31 所示。

图 1-31

【亮度/对比度】命令用于调整建筑场景的颜色对比度，使建筑场景层次更分明。执行【图像】/【调整】/【亮度/对比度】命令即可打开【亮度/对比度】对话框，如图 1-32 所示。

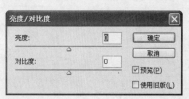

图 1-32

【色彩平衡】命令用于调整建筑场景的颜色平衡度，使建筑场景颜色更协调。执行【图像】/【调整】/【色彩平衡】命令即可打开【色彩平衡】对话框，如图 1-33 所示。

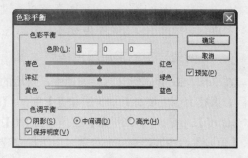

图 1-33

【曲线】命令、【色阶】命令与【亮度/对比度】命令相同，用于调整建筑场景的颜色对比度，增强建筑场景的层次感。执行【图像】/【调整】/【曲线】或【图像】/【调整】/【色阶】命令即可打开【曲线】或【色阶】对话框，如图 1-34 所示和图 1-35 所示。

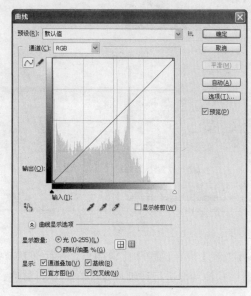

图 1-34

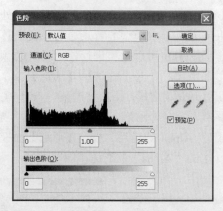

图 1-35

有关这些画面调整命令的应用，在后面章节将通过具体案例进行详细介绍，在此不再赘述。

1.2.4　建筑设计后期素材的编辑与整理

在建筑设计后期处理中，后期素材的编辑与

整理是一个非常复杂的工程，后期素材整理的充分与否，关系到整个建筑设计后期效果的制作。后期素材的内容包括行人、花草树木、飞鸟、车辆以及其他可用于建筑场景的所有图像文件，这些图像文件可以是使用数码相机拍摄的照片，也可以是通过第三方软件输出的能与 Photoshop 软件兼容的图像文件。当我们获得这些文件后，还需要对其进行相应的处理，使其能被建筑设计场景所应用。

1. 抠图

抠图是处理素材的第一步，也是关键的一步。所谓抠图是指将我们需要的素材从原图像中提取出来另存，以备后期处理使用。因为不管我们是以什么途径获得的素材，这些素材都只有一个背景层，如一个人物图像，图像中除了人物外，总会带有一个或黑色、或白色、或者其他风景的背景，而在后期处理中，当我们只需要这个人物图像而不需要背景图像时，我们就需要将人物图像从它的背景中提取出来，另存为一个没有背景的图像或带有这个人物 Alpha 通道的图像。

在 Photoshop 中，抠图的方法很多，最常用的抠图的方式有选择区抠图和蒙版抠图两种。选择区抠图是指首先使用选择工具将图像中不需要的图像区域选择，然后将其从图像中删除，只保留需要的图像部分，而蒙版抠图与选择区抠图类似，都是选取图像中不需要的区域将其删除，只保留需要的图像区域。图 1-36 所示是抠图前的图像效果，图 1-37 所示是抠图后的效果。

图 1-36

图 1-37

有关抠图的具体操作，在后面章节中将通过具体案例进行详细介绍，在此不再赘述。

2. 物体的投影

要想使添加的素材与场景完全结合，使其更真实，制作投影是必不可少的内容。在制作投影之前，要注意以下几点。

（1）投影的虚实关系

投影并非是一团黑色，投影也有虚实，根据透视学原理，靠近物体的投影较实，远离物体的投影较虚，否则，就是错误的投影，如图 1-38 所示。

正确的投影　　　错误的投影

图 1-38

（2）投影与光源的关系

因为有了光源才能有投影，因此，投影与光源的方向应一致。另外，光源高则投影低，光源低则投影被拉长，否则投影就不真实，如图 1-39 所示。

正确的投影　　　错误的投影

图 1-39

（3）投影与物体形状的关系

什么形状的物体投射什么形状的投影，切不可将投影制作成其他形状，否则就是错误的投影，如图 1-40 所示。

正确的投影　　　　　　错误的投影

图 1-40

有关物体投影的具体制作方法，在后面章节中将通过具体案例进行详细介绍，在此不再赘述。

3. 调整素材的方向和大小

在建筑设计后期处理中，在大多数情况下，调用的素材都不能完全符合建筑场景的需要，这时需要对素材进行调整，如调整大小、方向以及制作投影等。

调整素材的方向和大小时可以使用【自由变换】命令，方法比较简单，首先打开要调整的素材，然后按【Ctrl】+【T】组合键执行【自由变换】命令，此时图像上添加了自由边框，如图 1-41 所示。

图 1-41

将鼠标指针移到变形框 4 个角的任意一个控制点上，指针显示为弯曲箭头形状，此时按住鼠标左键拖曳，可以对图像进行旋转，以调整其角度，如图 1-42 所示。

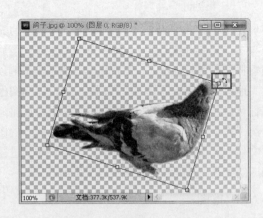

图 1-42

按住【Alt】+【Shift】组合键的同时，将指针移到 4 个角的任意一个控制点上并拖曳，可以等比例调整图像的大小，如图 1-43 所示。

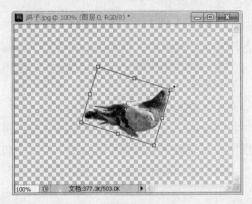

图 1-43

按住【Alt】+【Ctrl】组合键的同时，将指针移到 4 条边的任意一个控制点上并拖曳，可以调整图像的透视效果，如图 1-44 所示。

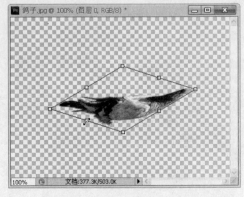

图 1-44

按住【Ctrl】键的同时，将指针移到 4 条边的任意一个控制点上并拖曳，可以对图像进行变形操作，如图 1-45 所示。

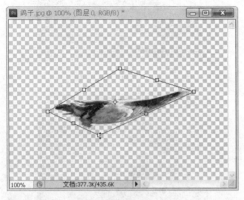

图 1-45

将指针移到变形框内部并拖曳，可以对图像进行位置调整，如图 1-46 所示。

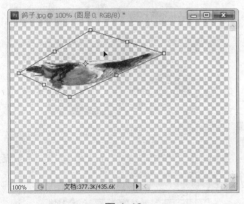

图 1-46

按【Enter】键结束对图像的变形操作。另外，如果要对图像进行翻转操作，可以执行菜单栏中【编辑】/【变换】菜单下相应变形命令，如图 1-47

图 1-47

所示，对图像进行任意的变形操作，如对图像进行水平翻转，效果如图 1-48 所示。

图 1-48

以上内容是有关建筑设计后期处理的相关知识，这些知识将在后面章节将通过具体案例进行详细介绍，在此不再赘述，读者也可以参阅 Photoshop 相关书籍的详细介绍。

1.3　上机实训

1.3.1　实训1——使用选择区抠图

1. 实训目的

本实训要求使用选择区抠图的方法，将图像中的背景图像删除，只保留图像主体内容。通过本例的操作熟练掌握使用选择区抠图的技能，具体实训目的如下。

● 掌握选取图像的技能。
● 掌握转换图像背景的技能。

2. 实训要求

首先使用【多边形套索工具】选取图像中的鸽子图像，然后将选取的鸽子图像剪切到新的图层，最后将图像【背景】层删除。本实训最终效果如图 1-49 所示。

具体要求如下。

（1）打开"照片 04.jpg"文件。

图 1-49

（2）激活【多边形套索工具】 ，设置【羽化】为 2 像素。

（3）沿鸽子图像创建选择区。

（4）执行【通过剪切的图层】命令，将选取的鸽子图像剪切到新的图层。

（5）将图像【背景】层删除。

（6）将场景文件保存为.psd 格式文件。

3. 完成实训

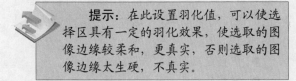

素材文件	后期素材\照片 04.jpg
效果文件	后期素材\鸽子 psd

Step 1 打开"后期素材"文件夹下的"照片.04jpg"文件。

这是一个带有背景的鸽子的照片，下面将使用选择区抠图的方法将其背景删除，只保留鸽子图像。

Step 2 激活工具箱中的【多边形套索工具】 ，在其选项栏中设置【羽化】为 2 像素。

> 提示：在此设置羽化值，可以使选择区具有一定的羽化效果，使选取的图像边缘较柔和，更真实，否则选取的图像边缘太生硬，不真实。

Step 3 将鼠标指针移动到如图 1-50 所示的鸽子尾部边缘位置单击拾取第 1 个像素点，然后移动指针到鸽子尾部其他边缘单击拾取第 2 个像素点，如图 1-51 所示。

Step 4 依次沿鸽子图像边缘移动鼠标指针并单击拾取像素点，当结束选取时，将指针移动到第 1 像素点上，指针下方出现一个小圆环，如图 1-52 所示。

拾取第1点

图 1-50

拾取第2点

图 1-51

光标下出现小圆环

图 1-52

Step 5 此时单击鼠标结束选择，同时选取鸽子图像，如图 1-53 所示。

图 1-53

> 提示：当用户要结束选择操作，但却找不到选择起点时，可以快速双击鼠标左键结束操作。另外，如果某一个选择点设置错误，可以按键盘中的【Delete】键删除该点，然后重新设置新点。

Step 6 执行菜单栏中的【图层】/【新建】/【通过剪切的图层】命令，将选取的鸽子图像剪切到图层 1，使其与【背景】层分离，如图 1-54 所示。

图 1-54

Step 7 在【图层】面板中激活【背景】层，执行菜单栏中的【图层】/【删除】/【图层】命令，在弹出的询问对话框中单击 是(Y) 按钮将背景删除，结果如图 1-55 所示。

图 1-55

技巧： 如果用户不想将图像与原背景分离，可以在选择图像后，打开【通道】面板，单击其下方的【将选区存储为通道】按钮 将鸽子图像的选区保存在通道，并选择.psd 格式或者保存了 Alpha 通道的.tif 格式将文件保存，在使用该图像时只要打开【通道】面板，单击其下方的【将通道作为选区载入】按钮 载入其选区，然后使用移动工具直接将选取的图像拖到要应用该图像的文件中即可。

Step 8 执行【文件】/【另存为】命令，在打开的对话框中选择源文件路径，选择存储格式为.psd，然后确认将其存储为"鸽子.psd"文件。

提示： 在保存该文件时一定要选择.psd 格式保存，如果选择其他格式保存，那么该文件将会再次保存一个背景文件。

1.3.2　实训 2——使用蒙版抠图

蒙版也叫临时蒙版或快速蒙版，主要用于快速创建临时性的图像选区。在建筑设计后期处理中，常使用蒙版来建立选区以编辑图像。

当用户为图像建立了快速蒙版后，在快速蒙版模式下，Photoshop 以不同的色彩显示蒙版，并允许用户查看图像与蒙版范围，同时，用户还可以使用"铅笔""橡皮擦工具""模糊"等工具针对蒙版范围做编辑，当编辑完成后回到正常模式，未编辑区域会直接变成选取范围，用户可以使用选区范围对图像做更精细的编辑。

1. 实训目的

本实训要求使用蒙版抠图的方法，将照片中的背景图像删除，只保留鸽子图像。通过本例的操作熟练掌握使用蒙版抠图的技能。具体实训目的如下。

- 掌握创建蒙版的方法。
- 掌握使用蒙版选取图像的方法。
- 掌握转换图像背景的技能。

2. 实训要求

首先在图像中创建蒙版选取鸽子图像，然后将蒙版转换为选择区，并将选取的鸽子图像剪切到新的图层，最后将图像【背景】层删除。本实训最终效果如图 1-55 所示。

具体要求如下。

（1）打开"照片 04.jpg"文件。

（2）进入蒙版编辑状态。

（3）沿鸽子图像创建蒙版。

（4）将蒙版转换为选择区选取图像背景。

（5）执行【通过剪切的图层】命令，将选取的鸽子图像剪切到新的图层。

（6）将图像【背景】层删除。

（7）将场景文件保存为.psd 格式文件。

3. 完成实训

素材文件	后期素材\照片 04.jpg
效果文件	后期素材\鸽子.psd

Step 1 再次打开"后期素材"文件夹下的

"照片 04.jpg" 文件。

Step 2　快速双击工具箱中的【以快速蒙版模式编辑】按钮 ⬚，打开【快速蒙版选项】对话框，如图 1-56 所示。

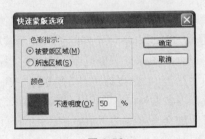

图 1-56

◆　【被蒙板区域】: 系统默认的选项，选择该选项，编辑区域将被蒙蔽，取消蒙板后，该区域不可编辑。

◆　【所选区域】: 选择该选项，未编辑区域将被蒙蔽，取消蒙板后，该区域不可编辑。

◆　【颜色】: 设置蒙板颜色，默认为红色，该颜色与编辑效果无关。

◆　【不透明度】: 设置蒙板的透明度，默认为 50%。

Step 3　在【快速蒙版选项】对话框中，选择【被蒙板区域】选项，其他设置默认，单击 确定 按钮确认进入蒙版编辑状态。

> 提示: 当进入蒙版编辑状态后，【图层】面板中的各图层都处于灰色状态，这表示此时是在蒙版编辑状态下编辑图像，此时可以使用【画笔工具】 ✎ 等绘图工具编辑蒙版，从而编辑出图像的可编辑区域与不可编辑区域。

Step 4　选择【工具箱】中的【画笔工具】 ✎，设置画笔大小（可根据编辑区域大小而定），然后沿照片中除鸽子图像之外的背景区域拖曳鼠标，以制作蒙版，如图 1-57 所示。

> 提示: 在使用【画笔工具】 ✎ 涂抹时使用的红色是系统默认的蒙版的颜色，该颜色对编辑蒙版的效果无关，只是起到一个显示蒙版的作用，用户可以

单击【快速蒙版选项】对话框中的【颜色】按钮，在打开的【选择快速蒙版颜色】对话框重新设置一种颜色作为蒙版的颜色。另外，在使用【画笔工具】 ✎ 涂抹制作蒙版时，如果某一些地方编辑错误，可以使用【橡皮工具】 ✐ 将其擦除，然后重新制作蒙版。

图 1-57

Step 5　蒙版编辑完成后单击工具箱中的【以标注模式编辑】按钮 ⬚，退出快速蒙版编辑模式，此时蒙版转换为选择区选取鸽子图像，如图 1-58 所示。

图 1-58

Step 6　依照前面的操作，执行【图层】/【新建】/【通过剪切的图层】命令将选取的人物图像剪切到【图层 1】，然后删除【背景】层即可。

> 技巧: 快速蒙版其实就是一个零时的选区，当编辑完成后，该选区将被自动取消，如果想以后还要继续使用该选区，可以打开【通道】面板，单击下方的【将选区存储为通道】按钮 ⬚ 将选区保存，在以后继续使用该选区时，可以单击【将通道作为选区载入】按钮 ⬚ 以载入保存的选区继续使用。

Step 7　最后使用另存为命令将其保存为.psd 格式的文件。

1.3.3　实训 3——制作投影

1. 实训目的

本实训要求为图像制作正确且真实的投影。通过本例的操作熟练掌握为图像制作投影的技能。具体实训目的如下。

- 掌握创复制图层的方法。
- 掌握变换图像的方法。
- 掌握向图层中填充颜色的方法。
- 掌握处理图像虚实关系的方法。

2. 实训要求

首先将图像复制为副本图像，然后为图像添加【自由变换工具】进行变形，制作出投影图像，接着为变形后的图像填充颜色，并创建图层蒙版，然后使用【渐变工具】对蒙版进行编辑，完成投影的制作。本实训最终效果如图 1-59 所示。

图 1-59

具体要求如下。

（1）打开 1.3.2 小节抠图结果文件"鸽子.psd"文件。

（2）将图像进行复制并进行变形。

（3）向变形后的图像填充颜色，然后创建图层蒙版。

（4）使用渐变工具编辑图层蒙版，对投影进行虚实处理。

（5）将制作投影后的图像文件保存为.psd 格式文件。

3. 完成实训

素材文件	后期素材\鸽子.psd
效果文件	后期素材\制作投影 psd

Step 1　打开 1.3.2 小节抠图结果文件"鸽子.psd"文件。

Step 2　根据该图像本身的投影我们可以断定，该图像的光源在图像右上角方向上，下面就来制作该图像的投影。

Step 3　按键盘上的【F7】键打开【图层】面板，在【图层】面板中按住【图层 1】将其拖到下方的【创建新图层】按钮 上释放鼠标，将其复制为图层 1 副本层，该层位于图层 1 的上方。

Step 4　激活【图层 1】，按键盘中的【Ctrl】+【T】组合键为其应用【自由变换工具】，然后按住键盘上的【Alt】键，分别将变形框左下角的控制点和右下角的控制点向左下方拖曳，对图像进行变形，制作出图像的投影图像，如图 1-60 所示。

图 1-60

> **提示**：在制作投影图像时，一定要根据光源方向和物体本身的形状，分别调整各控制点对图像进行变形，使其完全符合物体本身的形状以及光源的照射方向，这样才能制作出与物体对象完全匹配的投影图像。

Step 5　按键盘中的【Enter】键确认变形，完成投影图像的制作，如图 1-61 所示。

Step 6　按键盘中的【D】键设置系统默认颜色，然后单击【图层】面板中的【锁定透明像素】按钮锁定透明像素。

图 1-61

> 提示：按【D】键可以将工具箱中颜色设置为系统默认的颜色，系统默认的颜色是前景色为黑色（R:0，G:0，B:0），背景色为白色（R:255，G:255，B:255）。另外，当按下【图层】面板中的【锁定透明像素】按钮后，系统只能对该图层中非透明区域进行编辑，透明区域将不能编辑。

Step 7 按键盘中的【Alt】+【Delete】组合键向【图层 1】填充前景色，结果投影图像被填充了黑色，如图 1-62 所示。

图 1-62

> 提示：在 Photoshop CS3 中，填充颜色的方法很多，最简单的方法是使用快捷键，按【Alt】+【Delete】组合键可以填充前景色，按【Ctrl】+【Delete】组合键可以填充背景色。

Step 8 再次单击【图层】面板中的【锁定透明像素】按钮，取消透明区域的锁定，然后执行菜单栏中的【滤镜】/【模糊】/【高斯模糊】

命令，设置【半径】为 3.5 像素，对投影进行模糊处理，结果如图 1-63 所示。

图 1-63

Step 9 确保【图层 1】为当前操作图层，单击【图层】面板下方的【添加图层蒙版】按钮为【图层 1】添加图层蒙版。

> 提示：图层蒙版就像附在图层中的一层覆盖层，这种覆盖层会在白色作用下使图像处于完全不透明状态，在黑色作用下使图像处于完全透明状态，而在灰色作用下使图像处于半透明状态。应用图层蒙版的这种属性，可以对图像进行渐隐效果、图像特效合成等操作。除了【背景】层之外，可以在每一个图层都添加一个图层蒙版，对图像进行编辑。

Step 10 激活工具箱中的【渐变工具】，使用系统默认的设置，将光标移动到如图 1-64 所示的 1 点位置，按住鼠标拖曳到 2 点位置释放鼠标对投影进行编辑，结果如图 1-65 所示。

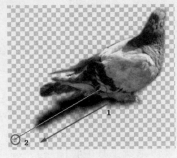

图 1-64

Step 11 至此，该图像的投影制作完毕，将该文件保存为.psd 格式的文件，以备后面使用。

图 1-65

1.4　上机与练习

1. 单选题

（1）调整图像大小的工具是（　　）。

　　A.【自由变换】工具

　　B.【裁剪】工具

　　C.【画布大小】命令

（2）抠图的方法有选择区抠图和（　　）抠图。

　　A. 图层蒙版

　　B. 蒙版

　　C. 通道

（3）调整图像颜色的命令有【色相/饱和度】以及（　　）。

　　A.【亮度/对比度】

　　B.【色阶】

　　C.【色彩平衡】

2. 操作题

运用所学知识，将"后期素材"文件夹下的如图 1-66 所示的"帆船.jpg"图像从背景中抠出，然后制作帆船的投影效果。

图 1-66

第 **2** 章

初识 3ds Max 2012

📖 **学习目标**

了解 3ds Max 2012 的基本操作和系统环境设置，掌握建筑模型的控制方法和技巧。

📖 **学习重点**

重点掌握选择模型对象、变换模型对象、克隆建筑模型的方法及"陈列"克隆的设置技巧。

📖 **主要内容**

◆　3ds Max 2012 基础操作
◆　3ds Max 2012 系统环境设置
◆　建筑模型的控制
◆　"阵列"克隆
◆　上机实训
◆　上机与练习

2.1 3ds Max 2012 基础操作

3ds Max 2012 是 Autodesk 公司开发的一款三维制作软件，是建筑设计的首选软件之一，随着版本的不断升级，其功能更加完善，操作更加便捷，界面更具人性化。

这一节主要学习 3ds Max 2012 软件的基本操作知识。

2.1.1　认识 3ds Max 2012 界面与视图控制

当成功安装 3ds Max 2012 软件后，双击桌面上的◉图标，或执行桌面任务栏中的【开始】/【程序】/【Autodesk】/【Autodesk 3ds Max 2012 32-bit】选项，即可启动该软件，进入其工作界面。3ds Max 2012 工作界面主要包括功能区、菜单栏、主工具栏、创建与修改面板、视图区、视图控制区、动画控制区、状态栏等部分，如图 2-1 所示。

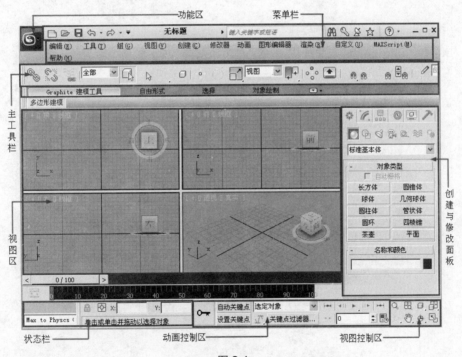

图 2-1

1. 功能区

功能区是 3ds Max 2012 新增的一个功能，通过功能区可以快速执行相关命令。单击功能区的◉按钮，即可展开功能菜单，然后可以执行【打开】、【保存】、【导入】、【导出】等相关命令，如图 2-2 所示。

2. 菜单栏

位于标题栏的下方，菜单栏提供了多个菜单命令，用于执行创建、修改等各种操作，但在实际操作中，由于其人性化的界面设计，将各种创建和编辑命令都放在了命令面板中，一般情况下，菜单栏不常使用。

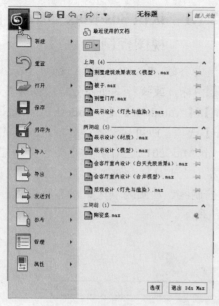

图 2-2

3. 主工具栏

主工具栏位于菜单栏的下方，放置了 3ds Max 2012 的各种操作工具，如移动、旋转、缩放、镜像等操作工具。由于设计的原因，界面中只显示主工具栏的部分工具按钮。将光标放在主工具栏空白位置，光标显示为小推手，此时按住鼠标左右拖曳，可以将主工具栏左右滑动，以显示其他工具按钮，如图 2-3 所示。

> 提示：执行菜单栏中的【自定义】/【显示】/【显示主工具栏】或【显示浮动工具栏】命令，可以打开或关闭主工具栏以及浮动工具栏，如图 2-4 所示。

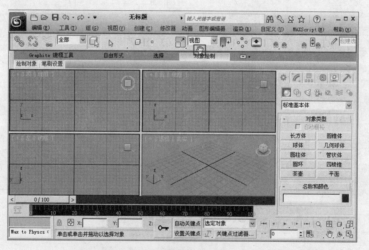

图 2-3

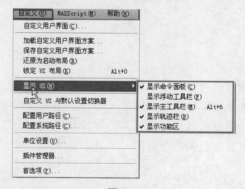

图 2-4

4. 创建与修改面板

创建与修改面板位于界面右边，是软件的核心部分，对象的创建、编辑、场景灯光的设置等都需要在该面板中进行。单击该面板中的相关按钮，即可进入其设置面板，其面板包括：【创建】面板，如图 2-5 所示；【修改】面板，如图 2-6 所示；【层次】面板，如图 2-7 所示；【运动】面板，如图 2-8 所示；【显示】面板，如图 2-9 所示；【工具】面板，如图 2-10 所示。

的区域，默认情况下，系统有 4 个视图，分别是顶视图、前视图、左视图和透视图，用户可以在任意一个视图创建对象，然后在其他视图观察和调整对象，如图 2-11 所示。

图 2-7

图 2-8

图 2-5

图 2-6

图 2-9

图 2-10

5. 视图区

视图区位于界面中心位置，是用户创建对象

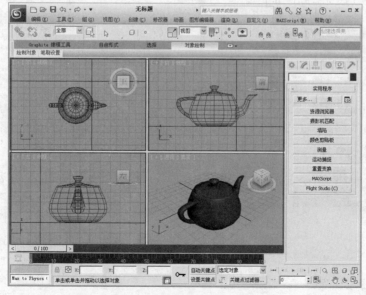

图 2-11

另外，用户还可以在各视图之间进行切换。将光标移动到视图名称位置，单击鼠标右键，在弹出的快捷键菜单中有一组用于视图切换的命令，执行相关命令即可在各视图之间进行切换，方便对场景进行操作，如图 2-12 所示。

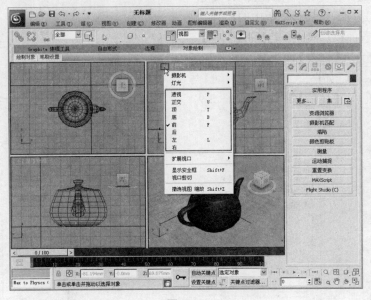

图 2-12

提示：用户也可以设置自己的视图区。执行菜单栏中的【视图】/【视口配置】命令打开【视口配置】对话框，进入【布局】选项卡，选择一个满意的视口，然后确认即可，如图 2-13 所示。

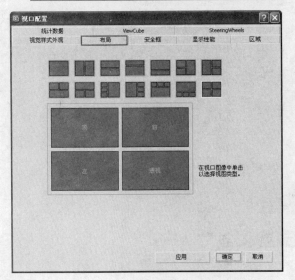

图 2-13

6. 视图控制区

视图控制区位于界面右下角位置，用于对视图进行各种控制，如缩放视图、最大化显示视图、调整视图等，如图 2-14 所示。

图 2-14

提示：按钮右下角带有小三角，表示该按钮下隐藏有其他工具，按住该按钮不松手即可显示其他工具。

- ◆ 【缩放】按钮 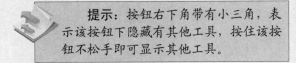：激活该按钮，可以在任意视图中拖曳缩放视图，向上推动放大视图，向下拖曳缩小视图。
- ◆ 【缩放所有视图】按钮 ：激活该按钮，在任意视图中拖曳，可以缩放所有视图，向上推动放大视图，向下拖曳缩小视图。
- ◆ 【最大化显示所有对象】按钮 ：单击该按

钮，将最大化显示当前视图中所有对象。

◆ 【最大化显示】按钮 □：单击该按钮，将最大化显示当前视图中被选择的对象。

◆ 【所有视图最大化显示选定对象】按钮 □：单击该按钮，最大化显示所有视图中选定的对象。

◆ 【所有视图最大化显示】按钮 □：单击该按钮，最大化显示所有视图中所有对象。

◆ 【缩放区域】按钮 □：当前视图是除透视图之外的其他视图时，才显示该按钮，激活该按钮，在视图拖曳框选对象局部，释放鼠标可以对局部进行放大。

◆ 【视野】按钮 ▷：当前视图是透视图时，激活该按钮，在透视图中调整视图大小，向上推动调整视口中可见的场景数量和透视张角量，更改视野的效果与更改摄像机上的镜头类似：视野越大，就可以看到更多的场景，而透视会扭曲，这与使用广角镜头相似；视野越小，看到的场景就越少，而透视会展平，这与使用长焦镜头类似。

◆ 【平移】按钮 🖐：激活该按钮，在当前视图平移视图。

◆ 【环绕子对象】按钮 ⌾：激活该按钮，在透视图出现一个弧形旋转图标，将鼠标移动到弧形旋转图标的左右两个方框上并左右拖曳指针，以子对象作为环绕中心，对视图进行左右旋转，如图 2-15（左）所示，

将指针移动到上下两个方框上并上下拖曳，可上下旋转视图，如图 2-15（右）所示。

图 2-15

◆ 【选定的环绕】按钮 ⌾：激活该按钮，在视图中出现旋转图标，左右或上下拖曳鼠标指针，以选定对象作为环绕中心，旋转透视图。

◆ 【环绕】按钮 ⌾：激活该按钮，在视图中出现旋转图标，左右或上下拖曳鼠标指针，以视图中心作为环绕中心，旋转透视图。

◆ 【最大化视口切换】按钮 ⊡：单击该按钮，最大化显示当前视图。

7. 动画控制区

动画控制区位于视图区下方，该部分包括"时间滑块""轨迹栏"和"动画播放控制"等部分，主要用于设置动画关键点以及预览动画等，如图 2-16 所示。

8. 状态栏

状态栏位于"轨迹栏"下方，如图 2-17 所示。状态栏用于显示操作信息和状态，如移动、旋转、缩放对象时，该区域将显示操作参数，也可以在该区域设置参数对对象进行操作。

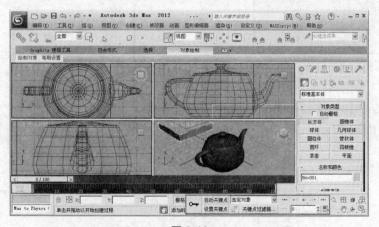

图 2-16

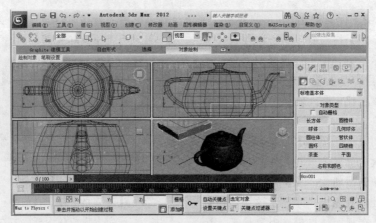

图 2-17

2.1.2　3ds Max 建筑场景文件的基本操作技能

打开场景文件和保存场景文件是 3ds Max 2012 的基本操作，当需要打开一个场景文件时，使用菜单栏中的【打开】命令，可以从【打开文件】对话框加载 .max 格式的文件、.chr 文件、.viz 文件以及 .drf 文件到场景。

需要注意的是，当场景单位和文件单位不一致时，在打开文件时会弹出一个提示对话框，如图 2-18 所示。

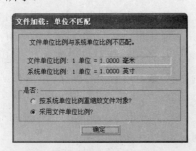

图 2-18

2.1.3　3ds Max 建筑场景文件的合并与归档

1. 合并文件

使用【合并】命令可以将其他建筑场景文件引入到当前场景中，这是快速创建建筑三维场景最有效的方法。单击功能区中的◎按钮，在弹出

的下拉菜单中执行【导入】/【合并】命令，打开【合并文件】对话框，如图 2-19 所示。

图 2-19

选择要合并的文件，如选择"高档真皮沙发.max"文件，单击 打开(O) 按钮，此时会打开【合并-高档真皮沙发.max】对话框，如图 2-20 所示。

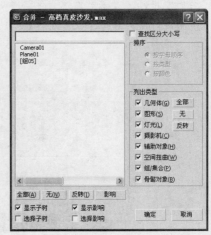

图 2-20

在【列出类型】组中对合并的对象进行过滤，

然后选择要合并的部分对象或全部对象，单击 确定 按钮进行合并。如果合并文件中有对象名称与场景文件名称相同，则弹出【重复名称】对话框，如图 2-21 所示。

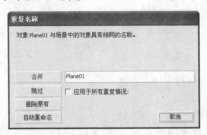

图 2-21

单击 合并 按钮，将按照右侧的名称合并文件；单击 跳过 按钮不合并该文件；单击 删除原有 按钮在合并之前删除当前场景中同名文件；单击 自动重命名 按钮，将全部重命的对象以副本名称合并。

如果合并对象的材质与场景中的对象材质重名，则弹出【重复材质名称】对话框，如图 2-22 所示。

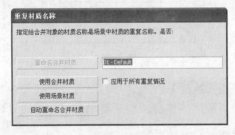

图 2-22

单击 重命名合并材质 按钮，在合并前将对合并的同名材质进行重命名；单击 使用合并材质 按钮将使用合并对象的材质替换场景中同名材质；单击 使用场景材质 按钮将使用场景材质替换合并对象的重名材质；单击 自动重命名合并材质 按钮，将合并对象重命的材质自动命名；勾选【应用于所有重复情况】选项，将全部重名的材质以副本名称进行合并，不再一一提示。

2. 场景文件的归档

使用【归档】命令可以创建列出场景位图及其路径名称的压缩存档文件或文本文件。3ds Max 自动查找场景中引用的文件，并在可执行文件的

文件夹中创建存档文件。在存档处理期间，将显示日志窗口。这样做的好处是，不管在哪个电脑中创建的三维场景，都可以在其他电脑中完整地打开，而并不会丢失材质、贴图等。

执行【文件】/【归档】命令，系统自动将场景中的所有信息进行归档为一个压缩包，在其他电脑中打开该文件时，只要解压该压缩包即可。该操作也很简单，在此不再详述。

2.2 3ds Max 2012 系统环境设置

在 3ds Max 2012 建筑设计中，系统环境的设置非常重要，系统环境设置主要包括"单位"设置、"捕捉"设置和"渲染"设置 3 部分。

2.2.1 设置系统单位

单位是连接 3ds Max 三维世界与物理世界的关键。当更改显示单位时，3ds Max 显示以用户方便的新单位进行的测量，所有尺寸以新单位显示。在建筑设计中，一般情况下，CAD 建筑图纸均采用"毫米"作为制图单位，为了使制作的建筑模型更精确，需要将 3ds Max 的单位设置为"毫米"，使其能与 CAD 建筑图纸单位相匹配。

执行菜单栏中的【自定义】/【单位设置】命令，打开【单位设置】对话框，如图 2-23 所示。

◆ 【系统单位设置】按钮：单击该按钮，将显示【系统单位设置】对话框，并更改系统单位比例，需要注意的是，只能在导入或创建几何体之前更改系统单位值，不要在现有场景中更改系统单位。

◆ 【显示单位比例】组：该选项组中包括【公制】、【美国标准】、【自定义】和【通用单位】4 个选项。

● 【公制】选项：在该选项的下拉列表中可以选择"毫米""厘米""米""千米"等作为单位，一般在三维效果图制作中选择

"毫米"为单位。

图 2-23

- 【美国标准】选项：这是美国标准，在此不作详细讲解。
- 【自定义】选项：选择该选项，可以自定义单位。
- 【通用单位】选项：这是默认选项（一英寸），它等于软件使用的系统单位。
- ◆ 【光源单位】：在【光源单位】组中可以选择灯光值是以"美国单位"还是"国际单位"显示，不常用。

设置完成后，单击 确定 按钮并关闭该对话框即可。

2.2.2 设置捕捉模式

使用捕捉可以在创建、移动、旋转和缩放对象时进行控制。捕捉设置包括"捕捉"和"角度"两部分设置，当设置捕捉后，可以使它们在对象或子对象的创建和变换期间捕捉到现有几何体的特定部分或沿特定角度进行旋转。例如，当设置"顶点"捕捉后，创建和变换捕捉到现有几何体的端点；当设置"中点"或"边"捕捉后，创建和变换捕捉到现有几何体的中点或边，如图 2-24 所示。当设置"角度"捕捉为 90° 后，可以使旋转沿 90° 的角度进行旋转，如图 2-25 所示。

 提示：可以选择任何组合以提供多个捕捉点。如果同时设置"顶点"和"中点"捕捉，则在顶点和中点同时发生捕捉。

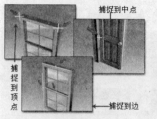

图 2-24　　　　　　　图 2-25

1. "捕捉"设置

将鼠标指针移动到主工具栏的【捕捉开关】按钮 或【角度捕捉切换】按钮 上并单击右键，打开【栅格和捕捉设置】对话框，进入【捕捉】选项卡设置捕捉，如图 2-26 所示。

图 2-26

在【捕捉】选项卡，勾选所要捕捉的内容选项即可激活该捕捉。由于篇幅所限，下面只对常用捕捉选项进行讲解。

- ◆ 【栅格点】：勾选该选项，光标自动捕捉视图的栅格点。
- ◆ 【顶点】：勾选该选项，捕获对象顶点，如线的顶点、多边形的顶点等。
- ◆ 【端点】：勾选该选项，捕捉对象的端点。
- ◆ 【中点】：勾选该选项，捕捉对象的中点。

需要说明的是，激活相关捕捉后，同时要激活主工具栏中的相关捕捉按钮，如在进行"栅格点"捕捉时，除了勾选【栅格点】选项之外，还需要激活主工具栏中的【捕捉开关】按钮 ，这样捕捉才能起作用。

2. "角度"设置

"角度"设置对精确旋转对象至关重要，当设置角度后，在旋转对象时，系统将依照用户设置的角度旋转对象。进入【选项】选项卡，该选项卡除了设置角度外，还可以设置捕捉强度等，如图 2-27 所示。

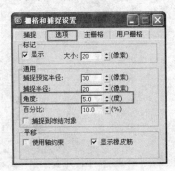

图 2-27

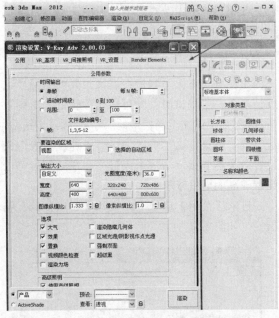

图 2-28

在【角度】选项中设置一个角度值，关闭该对话框即可。需要说明的是，要使用设置的角度捕捉，同样需要激活主工具栏中的【角度捕捉切换】按钮，否则，角度捕捉无效。

2.2.3　渲染设置

渲染是指使用场景灯光、材质对场景对象着色。渲染环境设置是建筑设计中不可缺少的操作，该设置包括指定渲染器、设置出图分辨率以及选择渲染模式等。

1.　指定渲染器

3ds Max 自带 3 种渲染器，分别是【默认扫描线渲染器】、【mental ray 渲染器】和【VUE 文件渲染器】，【VUE 文件渲染器】用于渲染 VUE (.vue) 文件，不常用。除了系统自带的 3 种渲染器之外，3ds Max 也支持许多外挂的渲染器，【V-Ray 渲染器】就是其中一个。

单击主工具栏中的【渲染设置】按钮，打开【渲染设置】对话框，如图 2-28 所示。

进入【公用】选项卡，展开【指定渲染器】卷展栏，如图 2-29 所示。

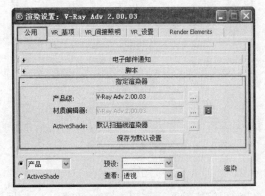

图 2-29

系统默认下，3ds Max 2012 使用【默认扫描线渲染器】作为当前渲染器，该渲染器是最常用的渲染器，其设置比较简单，单击【产品级】选项右边的【选择渲染器】按钮，打开【选择渲染器】对话框，如图 2-30 所示。

图 2-30

在该对话框中选择所要使用的渲染器，然后单击 确定 按钮即可。

2. 设置出图分辨率

出图分辨率关系到最终渲染效果的质量，一般情况下，当测试渲染时可以设置较低的出图分辨率，然后单击主工具栏中的【快速渲染】按钮 ，进行简单渲染，这样可以加快渲染速度，等渲染设置效果达到满意后，渲染最终图像效果时可以设置较高的出图分辨率。

进入【公用】选项卡，展开【公用参数】卷展栏，如图2-31所示。

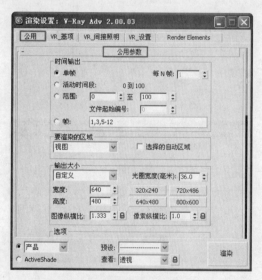

图 2-31

如果渲染动画，可以在【时间输出】组中设置动画渲染的时间帧以及其他设置；如果是渲染静态图像效果，则可以在【输出大小】组中选择【自定义】选项，然后设置输出图像的【宽度】和【高度】参数，或者使用系统预设的出图分辨率。

3. 渲染并保存文件

在进行场景的最终效果渲染后，就需要对渲染文件进行保存了，保存渲染文件的方法很简单，渲染结束后，单击渲染帧窗口左上方的【保存】按钮 ，如图2-32所示，打开【保存图像】对话框，如图2-33所示。

图 2-32

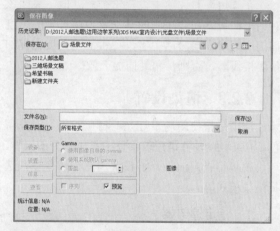

图 2-33

在该对话框中选择存盘位置、输入文件名称、格式等，在此要特别提醒，3ds Max 2012允许将渲染结果保存为多种格式的文件，但一般情况下，为了建筑场景后期处理方便，建议将渲染结果保存为.tif格式的文件，这样可以保存背景图像的Alpha通道，当选择存储格式为.tif格式后，会弹出【TIF图像控制】对话框，如图2-34所示。

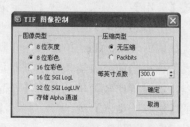

图 2-34

选择图像类型、压缩类型、设置分辨率等，另外，要切记勾选【存储 Alpha 通道】选项，最后单击 确定 按钮，这样就可以将渲染保存。

2.3 建筑模型的控制

建筑模型的控制是建筑设计的首要操作，模型的控制主要包括选择模型对象、变换模型对象和克隆模型对象。下面将一一进行讲解。

2.3.1 选择建筑模型对象

3ds Max 是一种面向对象的程序，这意味着场景中的每个对象都带有一些指令，它们会告诉程序用户将通过程序执行的操作。这些指令随对象类型的不同而不同。因为每个对象可以对不同的命令集作出响应，所以可通过先选择对象然后选择命令来应用命令。选择建筑模型对象主要有以下几种方法。

1. 直接选择模型对象

直接选择对象是指直接使用相关工具来选择对象。在 3ds Max 2012 中，不仅提供了直接选择对象的【选择对象】工具，而且还允许使用其他相关工具选择对象，如使用【选择并移动】工具、【选择并旋转】工具和【选择并均匀缩放】工具来选择对象。

下面通过一个简单的操作讲解使用【选择对象】工具选择模型的方法。

Step 1 打开"场景文件"文件夹下的"直接选择对象.max"文件，该场景包括茶壶、圆球和圆环对象。

Step 2 激活主工具栏中的【选择对象】按钮，将鼠标指针移动到场景中的茶壶对象上单击，茶壶被选择，被选择的茶壶对象显示为白色线框，并显示其约束轴，如图 2-35 所示。

Step 3 使用同样的方法可以继续单击其他模型将其选择，或激活其他可用于选择模型的工具按钮，单击选择其他对象，如图 2-36 所示。

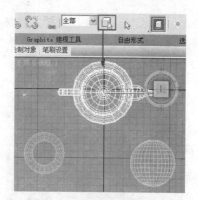

图 2-35

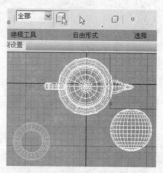

图 2-36

> **提示：** 如果想选择多个对象，可以在按住键盘上的【Ctrl】键的同时，连续单击要选择的对象，即可将其选择；如果想取消某个对象的选择，按住键盘上的【Alt】键单击该对象，即可使该对象脱离选择。

2. "窗口/交叉"选择对象

"窗口/交叉"选择对象是指使用任意选择工具配合主工具栏中的【窗口/交叉】按钮来完成选择对象的操作，使用这种方法一次可以选择多个对象。

首先学习使用"窗口"选择对象的方法。在使用"窗口"选择对象时，只有被虚线框完全包围的对象才能被选择，而没有被虚线框完全包围的对象不能被选择。

Step 1 继续上面的操作。激活主工具栏中的任意可选择对象的工具，如激活【选择并旋转】工具，然后激活主工具栏中的【窗口/交叉】按钮。

Step 2　在场景中按住鼠标左键拖曳鼠标指针，使拖出的虚线框将茶壶和圆球对象全包围，如图 2-37 所示。

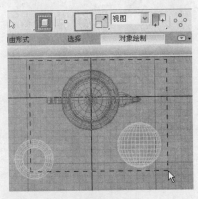

图 2-37

Step 3　释放鼠标后，发现茶壶和圆球被选择，而圆环没有被选择，如图 2-38 所示。

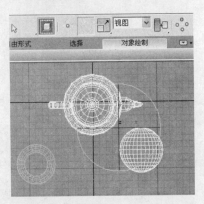

图 2-38

下面继续学习"交叉"选择对象的方法。在使用"交叉"选择对象时，只要和虚线框接触和被虚线框完全包围的对象都能被选择。

Step 1　继续上面的操作。激活主工具栏中的【选择并均匀缩放】工具，然后单击主工具栏中的【窗口/交叉】按钮，使其显示为形状。

Step 2　在场景中按住鼠标左键拖曳鼠标指针，使拖出的虚线框与 3 个对象相交，如图 2-39 所示。

Step 3　释放鼠标后，3 个对象均被选择，如图 2-40 所示。

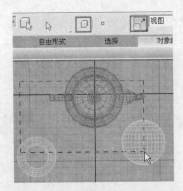

图 2-39

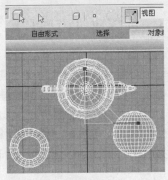

图 2-40

3. 按名称选择对象

3ds Max 2012 软件会自动为场景中的每一个对象命名，同时也允许用户为对象重命名。在选择对象时，用户就可以根据对象名称快速选择对象。

Step 1　打开"场景文件"文件夹下的"按名称选择对象.max"文件。该场景包括茶壶、圆球、圆环、一架摄像机和一盏泛光灯。

Step 2　单击主工具栏中的【按名称选择】按钮，打开【从场景选择】窗口，如图 2-41 所示。

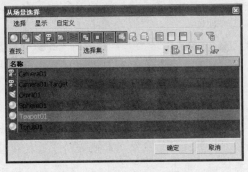

图 2-41

Step 3　在【查找】文本输入框输入所要选择的对象的名称（或者直接在下方对象列表中激活对象名称），如激活"Teapot01"，单击 确定 按钮，即可将"Teapot01"对象选择，如图 2-42 所示。

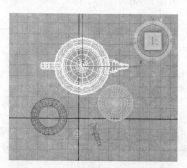

图 2-42

提示：如果场景中有多个不同类型的对象，可以通过【视口】工具按钮中对不同类型对象进行过滤。默认状态下，系统显示所有模型对象，即【视口】工具按钮均被激活，如果单击某一类型的按钮，取消其激活状态，则会对该类模型进行过滤，使其不在下方的列表中出现，这样就可以对场景中的对象进行过滤，方便选择对象。

4. 使用过滤器过滤选择对象

3ds Max 2012 系统允许用户根据对象属性进行过滤选择。在主工具栏中的选择过滤器列表 全部 中，列出了不同类型的对象，如图 2-43 所示。

图 2-43

下面学习使用【选择过滤器】选择对象的方法。

Step 1　打开"场景文件"文件夹下的"过滤选择对象.max"文件。该场景包括一个几何体、

一个二维图形、一架摄像机和一盏泛光灯。

Step 2　在主工具栏的【选择过滤器】列表 全部 中选择【几何体】选项，然后使用"窗口/交叉"方式选取所有对象，如图 2-44 所示。

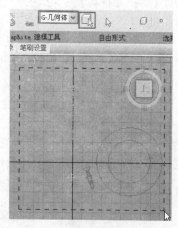

图 2-44

Step 3　释放鼠标后，发现此时场景中只有几何体对象茶壶被选择，而其他对象并没有被选择，如图 2-45 所示。

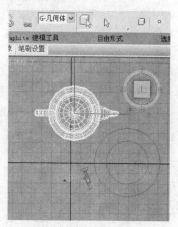

图 2-45

读者可以使用相同的方法在【选择过滤器】列表 全部 中分别选择【图形】、【灯光】、【摄像机】以及其他各选项，然后在场景中拖曳鼠标选择对象，看看选择结果。

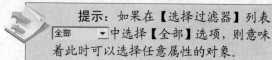

提示：如果在【选择过滤器】列表 全部 中选择【全部】选项，则意味着此时可以选择任意属性的对象。

2.3.2 变换建筑模型对象

变换对象是指更改对象的位置、方向和比例，在 3ds Max 2012 中，可以将 3 种类型的变换应用到对象，即【选择并移动】、【选择并旋转】和【选择并缩放】。

在变换对象时，首先要选择该对象，当选定一个或多个对象，并且工具栏上的任一变换按钮（【选择并移动】、【选择并旋转】或【选择并缩放】）处于激活状态时，会显示变换 Gizmo。变换 Gizmo 是视口图标，每种变换类型使用不同的 Gizmo。如图 2-46 所示，左图为移动 Gizmo，中间的图为旋转 Gizmo，而右边的图则是缩放 Gizmo。

图 2-46

默认情况下，系统为每个轴指定一种颜色：x 轴为红色、y 轴为绿色、z 轴为蓝色。另外，为移动 Gizmo 的角指定两种颜色的相关轴，如 xz 平面的角为红色和蓝色。将鼠标放在任意轴上时，该轴变为黄色，表示处于激活状态；将鼠标指针放在一个平面控制柄上，两个相关轴将变为黄色。此时可以沿着所指示的一个或多个轴拖动来完成对对象的变换。

1. 移动变换对象

在移动变换对象时，模型对象上会出现移动 Gizmo，移动 Gizmo 包括"平面控制柄"以及"中心框控制柄"，用户可以选择任一轴控制柄将移动约束到此轴。此外，还可以使用平面控制柄将移动约束到 xy、yz 或 xz 平面，受约束的轴显示黄色，如图 2-47 所示是选择了 yz 轴的移动 Gizmo。

图 2-47

提示：执行【自定义】/【首选项】命令，在打开的【首选项设置】对话框的【Gizmo】选项卡下，用户可以更改控制柄和其他设置的大小和偏移。

下面通过一个简单的实例操作，学习移动变换对象的方法。

Step 1 打开"场景文件"文件夹下的"办公楼（前墙体）.max"文件，该场景是一面办公楼的前墙体和一个窗框模型。

Step 2 使用视图调整工具对前视图进行调整，使其最大化显示窗框和前墙体的一个窗洞，以便于我们调整窗框在窗洞中的位置。

Step 3 激活主工具栏中的【选择并移动】工具，在前视图中选择窗框对象，此时显示窗框对象的约束轴，如图 2-48 所示。

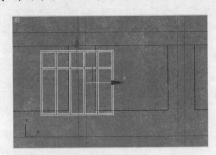

图 2-48

提示：在平面视图内，对象一般只显示 x 轴和 y 轴，z 轴是不存在的，也就是说，在平面视图内移动变换对象时只能沿 x 轴、y 轴或 xy 轴进行操作；而在透视图内，对象则显示 x 轴、y 轴和 z 轴 3 个轴向的约束轴，用户可以沿 x 轴、y 轴和 z 轴对对象进行变换操作。

Step 4 将鼠标指针移动到窗框约束轴的 x 轴上，此时 x 轴显示黄色，按住鼠标左键向右拖曳，将窗框沿 x 轴移动到窗洞位置上，使其与窗洞在 y 轴上对齐，如图 2-49 所示。

Step 5 继续将指针移动到窗框约束轴的 y 轴上，此时 y 轴显示黄色，按住鼠标左键向上拖曳，将窗框沿 y 轴移动到窗洞位置上，使其与窗洞在 x 轴上对齐，如图 2-50 所示。

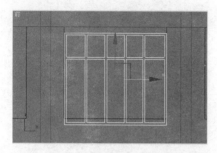

图 2-49

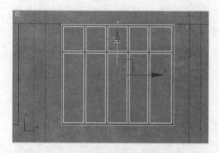

图 2-50

> 提示：在 3ds Max 中调整模型对象位置时，在一个视图调整后，还要在其他视图中进行调整，这样才能真正将模型调整到合适的位置，因为除了透视图之外，其他视图都只是二维空间，都只能表现模型的平面关系，而并不能表现模型的三维透视关系。

Step 6 右键单击左视图或顶视图（当对象被选择时，要想激活一个视图，必须使用右键激活，如果使用左键激活，则选择对象会脱离选择状态），此时发现窗框并没有真正放在窗洞位置，如图 2-51 所示。

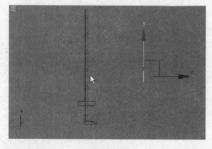

图 2-51

Step 7 使用视图控制工具调整左视图，使其窗框和窗洞位置最大化显示，便于继续调整窗框的位置。

Step 8 继续将指针移动到 y 轴上，按住鼠标左键向左拖曳鼠标，将窗框向左移动到墙体的窗洞位置，如图 2-52 所示。

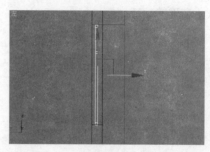

图 2-52

Step 9 此时调整并快速渲染透视图，发现窗框已经被正确地放在了墙体的窗洞位置了，如图 2-53 所示。

图 2-53

2. 旋转变换对象

旋转 Gizmo 是根据虚拟轨迹球的概念而构建的，用户可以围绕 x、y 或 z 轴或垂直于视口的轴自由旋转对象，如图 2-54 所示。

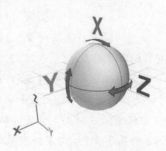

图 2-54

旋转轴控制柄是围绕轨迹球的圆圈。在任一轴控制柄的任意位置拖动鼠标指针，可以围绕该轴旋转对象。当围绕 x、y 或 z 轴旋转时，一个透明切片会以直观的方式说明旋转方向和旋转量。如果旋转大于 360°，则该切片会重叠，并且着色会变得越来越不透明。另外，系统还显示数字数据以表示精确的旋转度量，如图 2-55 所示。

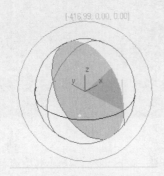

图 2-55

下面我们通过制作一个开启的窗户的小实例操作，学习旋转变换对象的方法。

Step 1 打开"场景文件"文件夹下的"欧式窗.max"文件，这是一个关闭的欧式窗场景，如图 2-56 所示。

图 2-56

Step 2 使用"按名称选择对象"的方法选择名为"组 02"的窗户对象。

Step 3 激活主工具栏中的【旋转并变换】工具，此时被选择的窗户对象上显示旋转轴。

Step 4 右键激活左视图，将鼠标指针移动到 z 约束轴上，z 轴显示黄色，向左拖曳鼠标指针，将窗户沿 z 轴进行旋转，如图 2-57 所示。

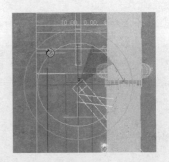

图 2-57

Step 5 使用相同的方法继续将名为"组 03"的窗户开启，然后激活透视图并进行快速渲染，窗户开启效果如图 2-58 所示。

图 2-58

如果要进行精确角度的旋转，则需要在【栅格和捕捉设置】对话框中设置一个角度，方法是：在主工具栏中的【角度捕捉】按钮上单击左键将其激活，然后再单击右键，打开【栅格和捕捉设置】对话框，进入【选项】选项卡，设置【角度】值，然后关闭该对话框，此时在旋转对象时，每旋转一次都会按照设置的角度值进行旋转，如图 2-59 所示。

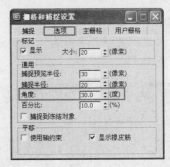

图 2-59

3. 缩放变换对象

3ds Max 2012 系统提供了 3 种缩放变换，分

别是【选择并均匀缩放】 🔲、【选择非均匀缩放】
🔲 和【选择与挤压】 🔲。在建筑设计中，常使用
【选择并均匀缩放】工具 🔲 调整模型对象。

　　将鼠标指针移动到主工具栏中的【选择并均
匀缩放】工具 🔲 上按住鼠标左键不松手，即可显
示其他两种缩放按钮，移动鼠标指针到其他按钮上
并释放鼠标，即可选择其他按钮，如图 2-60 所示。

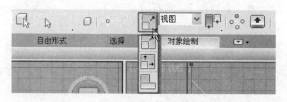

图 2-60

　　所有缩放都是依靠缩放 Gizmo 来控制的，缩放
Gizmo 包括平面控制柄，以及通过 Gizmo 自身拉伸
的缩放反馈。使用平面控制柄可以执行 "均匀" "非
均匀" 缩放，而无须在主工具栏上更改选择。要执行
"均匀" 缩放，可以在 Gizmo 中心处拖动；要执行 "非
均匀" 缩放，可以在一个轴上拖动或拖动平面控制柄。
如图 2-61 所示，左图是在 Gizmo 中心拖动进行均匀
缩放，而右图是在 yz 轴上拖动进行非均匀缩放。

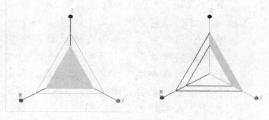

图 2-61

　　如果要执行 "挤压" 缩放，则需要激活主工
具栏上的【选择并挤压】按钮 🔲。

　　下面我们通过一个小实例操作，学习使用【选
择并均匀缩放】工具 🔲 调整模型对象的方法，其
他工具的操作与此类似，不再进行一一讲解。

　　Step 1　打开 "场景文件" 文件夹下的 "花
坛.max" 文件。

　　Step 2　在主工具栏激活【选择并均匀缩
放】工具 🔲，在前视图中选择花坛对象，此时对
象显示缩放约束轴，如图 2-62 所示。

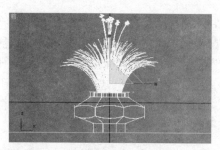

图 2-62

　　Step 3　将鼠标指针移动到 y 轴上，y 轴显
示黄色，按住鼠标左键沿 y 轴正方向拖曳均匀放
大对象，如图 2-63 所示。

图 2-63

　　Step 4　如果沿 y 轴负方向拖曳鼠标指针，
可以缩小对象；如果将指针放在 xy 轴平面上拖曳，
则均匀缩放对象。

　　读者可以尝试使用相同的方法，在不同视图
中沿不同轴向任意缩放对象，查看缩放结果。

4. 变换输入

　　使用 "变换输入" 方法可以在【变换输入】对
话框中输入移动、旋转和缩放变换的精确值，产生精
确的变换效果。将鼠标指针移动到变换工具按钮上，
单击鼠标右键，即可打开【变换输入】对话框，对话
框的标题反映了活动变换的内容，如图 2-64 所示。

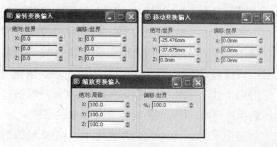

图 2-64

在【变换输入】对话框中可以输入绝对变换值或偏移值，大多数情况下，绝对和偏移变换使用活动的参考坐标系。使用世界坐标系的"视图"以及使用世界坐标系进行绝对移动和旋转的"屏幕"属于例外。此外，绝对缩放始终使用局部坐标系，该对话框标签会不断变化以显示所使用的参考坐标系。

2.3.3　克隆建筑模型

在 3ds Max 2012 建筑设计中，可以通过克隆来获得多个形状、大小、属性等相同的建筑模型，如通过克隆快速布置楼体窗户等。在进行克隆时，可以在移动、旋转或缩放对象时按下【Shift】键，以完成克隆操作。

虽然每个方法在克隆对象时都有独特的用处和优点，但是在大多数情况下这些克隆方法在工作方式上有很多相似点，主要表现在两点，一是变换克隆都是相对于当前坐标系、坐标轴约束和变换中心进行的，二是变换克隆创建新对象时，都会弹出【克隆选项】对话框，可以选择【复制】、【实例】或【参考】3 种方式，如图 2-65 所示。

图 2-65

该对话框主要包括【对象】、【控制器】、【副本数】以及【名称】4 部分内容。【对象】组用于选择所克隆的对象的方式；【控制器】组用于选择以复制和实例化原始对象的子对象的变换控制器，仅当克隆的选定对象包含两个或多个层次链接的对象时，该选项才可用；【副本数】用于指定要创建对象的副本数，仅当使用【Shift】键+克隆对象时，该选项才可用；【名称】显示克隆对象的名称。

对于采用这 3 种方式中的任何一种克隆的对象，其原始对象和克隆对象在几何体层级是相同

的，这些方式的区别在于处理修改器（如为对象添加一种修改器）时所采用的方式。

◆ 【复制】：选择【复制】方式，将会创建新的独立主对象，该对象具有原始对象的所有数据，但它与原始对象之间没有关系，修改一个对象时，不会对另外一个对象产生影响。

◆ 【实例】：选择【实例】方式，将会创建新的独立主对象，该对象与原始对象之间具有关联关系，它们共享对象修改器和主对象，也就是说，修改【实例】对象时将会影响原始对象。

◆ 【参考】：选择【参考】方式，创建与原始对象有关的克隆对象。同【实例】对象一样，【参考】对象至少可以共享同一个主对象和一些对象修改器。这体现在所有克隆对象修改器堆栈的顶部显示一条灰线，即"导出对象线"，在该直线上方添加的修改器不会传递到其他参考对象，只有在该直线下方的修改器才会传递给其他参考对象。

> 提示：原始对象没有"导出对象直线"，其创建参数和修改器都会进行共享，且对该对象所做的全部更改都会影响所有参考对象。如果在修改器堆栈的顶部应用修改器，则只会影响选定的对象；如果在灰线下方应用修改器，将会影响该直线上方的所有参考对象；如果在修改器堆栈的底部应用修改器，将会影响从主对象生成的所有参考对象。

在建筑设计中，常用的克隆有"移动变换克隆"和"旋转变换克隆"两种，"缩放变换克隆"不常用，在此不再对其进行讲解。

1. 移动变换克隆

移动变换克隆是指通过移动对象进行对象克隆的操作。

下面通过一个简单操作，学习移动变换克隆对象的方法。

Step 1　打开"场景文件"文件夹下的"花

坛.max" 文件。

Step 2 激活主工具栏中的【移动并选择】按钮 ，在前视图中选择花坛造型，将鼠标指针移动到 x 轴上，按住键盘上的【Shift】键的同时向右拖曳鼠标，拖出另一个花坛对象，如图 2-66 所示。

图 2-66

Step 3 释放鼠标同时松开【Shift】键，在弹出的【克隆选项】对话框的【对象】选项组下选择【实例】，在【副本数】输入框中输入 3。

Step 4 单击 确定 按钮，即可克隆出 3 个花坛对象，快速渲染场景，结果如图 2-67 所示。

图 2-67

提示：一般情况下，克隆对象时都采用当前的坐标系和中心轴，因此，在克隆对象时，一般可以不用设置坐标系和中心轴，只有在特殊克隆时才进行坐标系和中心轴的指定。

2. 旋转变换克隆

旋转变换克隆，是指通过旋转对象进行对象克隆的操作。一般情况下，旋转克隆对象时除了设置旋转角度外，都是采用对象本身的坐标系和中心轴，但在特殊情况下，却要重新设置坐标系

和中心轴。

下面通过在一个大花坛周围均匀放置 6 个小花坛的实例操作，学习特殊旋转克隆的方法。

Step 1 打开"场景文件"文件夹下的"花坛 01.max"文件，该场景中有一个大花坛和一个小花坛，如图 2-68 所示。

图 2-68

Step 2 激活主工具栏中的【旋转】按钮 ，在顶视图中选择小花坛，在主工具栏的【坐标系】下拉列表中选择【拾取】选项，如图 2-69 所示。

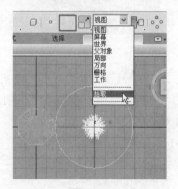

图 2-69

Step 3 在顶视图中单击大花坛对象，此时，在【坐标系】下拉列表中显示大花坛名称，表示小花坛将采用大花坛的坐标作为参考坐标。

Step 4 按住主工具栏中的【使用轴点中心】按钮 ，在弹出的下拉列表中选择【使用变换坐标中心】按钮 ，此时小花坛将采用大花坛中心作为变换中心，如图 2-70 所示。

Step 5 激活主工具栏中的【角度捕捉切换】按钮 并单击右键，在弹出的【栅格和捕捉设置】对话框的【选项】选项卡下设置【角度】为 60，然后关闭该对话框。

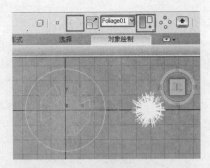

图 2-70

Step 6 进入顶视图，按住【Shift】键将鼠标指针移动到 z 轴上，水平向右拖曳旋转-60°，如图 2-71 所示。

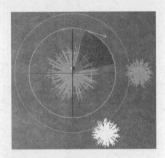

图 2-71

Step 7 释放鼠标，在弹出的【克隆选项】对话框的【对象】选项组下勾选【实例】选项，并设置【副本数】为 5。

Step 8 单击 确定 按钮确认，小花坛沿大花坛周围均匀克隆了 5 个，调整透视图视角并快速渲染，结果如图 2-72 所示。

图 2-72

3. 镜像与镜像克隆

镜像是将对象进行一个"翻转"，重新变换一

个新位置，而"镜像克隆"则是围绕一个或多个轴产生"反射"克隆。镜像与镜像克隆如图 2-73 所示。

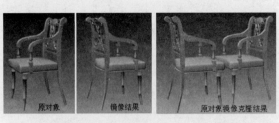

原对象　　镜像结果　　原对象镜像克隆结果

图 2-73

下面通过一个简单的实例操作，学习"镜像克隆"对象的方法。

Step 1 打开"场景文件"文件夹下的"餐桌餐椅.max"文件。

Step 2 在前视图中选择餐椅对象，在主工具栏中选择镜像坐标以及轴中心点（一般采用默认设置即可）。

Step 3 单击主工具栏中的【镜像】按钮 ，在打开的【镜像：屏幕 坐标】对话框中设置镜像轴以及镜像方式，如图 2-74 所示。

图 2-74

Step 4 单击 确定 按钮确认，然后选择【移动并选择】工具 ，在透视图中沿 x 轴将克隆的餐椅移动到餐桌左边位置，如图 2-75 所示。

提示： 一般情况下，【偏移】值可以不用设置，镜像克隆完毕后直接使用移动工具将其移动到合适的位置即可。

图 2-75

Step 5　在顶视图中使用旋转变换克隆对象的方法，将左边的餐椅旋转 90° 并克隆一个，并将其移动到餐桌的左上方位置，然后再使用移动变换克隆的方法将其沿 x 轴向右移动克隆一个。

Step 6　在顶视图中选择餐桌上方的两个餐椅对象，使用镜像克隆对象的方法，将其沿 y 轴负方向，以【实例】方式克隆到餐桌下方位置，快速渲染透视图，结果如图 2-76 所示。

图 2-76

▌2.4▌ "阵列"克隆

"阵列"克隆是专门用于克隆、精确变换和定位很多组对象的一个或多个空间维度的工具。对于 3 种变换（移动、旋转和缩放）中的每一种，可以为每个阵列中的对象指定参数或将该阵列作为整体为其指定参数。使用"阵列"获得的很多效果是使用其他技术无法获得的。

"阵列"效果包括一维阵列、二维阵列和三维阵列。通过设置 1D、2D 和 3D 的参数，可获得不同的阵列效果。如图 2-77 所示，左图是"1D"计数为 3 的一维阵列，中间的图是"1D"计数为 3、"2D"计数为 3 的二维阵列效果，右图是"1D"计数为 3、"2D"计数为 3、"3D"计数为 3 的三维阵列效果。

图 2-77

在创建阵列时，切记以下几点。

（1）阵列与坐标系和变换中心的当前视口设置有关。

（2）阵列不应用轴约束，因为阵列可以指定沿所有轴的变换。

（3）可以为阵列创建设置动画。通过更改默认的"动画"首选项设置，可以激活所有变换中心按钮，可以围绕选择或坐标中心或局部轴直接设置动画。

（4）要生成层次链接的对象阵列，请在单击【阵列】按钮之前选择层次中的所有对象。

2.4.1　认识【阵列】对话框

【阵列】按钮❖位于"附加"工具栏上，该按钮默认情况下处于禁用状态。通过右键单击主工具栏的空白区域并选择【附加】命令，即可打开"附加"工具栏，单击【阵列】按钮❖即可打开【阵列】对话框，如图 2-78 所示。

【阵列】对话框中提供了两个主要控制区域，即【阵列变换】区域和【阵列维度】区域，通过设置这两个区域的参数，完成阵列克隆。

1.【阵列变换】区域

该区域列出了活动坐标系和变换中心。它是定义第一行阵列的变换所在的位置，在此可以确定各个元素的距离、旋转或缩放以及所沿的轴，然后，以其他维数重复该行阵列，以便完成阵列。

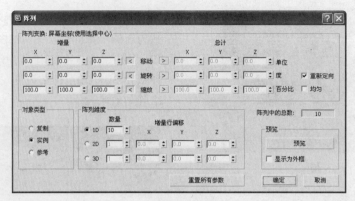

图 2-78

对于每种变换，都可以选择是否对阵列中每个新建的元素或整个阵列连续应用变换。例如，如果将【增量】组中的"X<移动"设置为 120.0 和"数量"组中的"1D"计数设置为 3，则结果是 3 个对象的阵列，其中每个对象的变换中心相距 120.0 个单位。但是，如果设置【总计】组中的"X>移动"设置为 120.0，则对于总长为 120.0 个单位的阵列，3 个元素的间隔是 40.0 个单位。

单击变换标签任意一侧的箭头，以便从【增量】或【总计】中做以选择。对于每种变换，可以在【增量】和【总计】之间切换。对一边设置值时，另一边将不可用。但是，不可用的值将会更新，以显示等价的设置。

（1）【增量】设置

【增量】用于设置【移动】、【旋转】和【缩放】的参数。

- ◆ 【移动】：设置对象沿 x、y、z 轴的移动距离，可以用当前单位设置。使用负值时，可以在该轴的负方向移动创建阵列。
- ◆ 【旋转】：设置对象沿 x、y、z 轴的旋转角度以创建阵列。
- ◆ 【缩放】：用百分比设置对象沿 x、y、z 轴缩放，100% 是实际大小，小于 100% 时，将减小对象，高于 100% 时，将会增大对象。

（2）【总计】设置

该设置可以应用于阵列中的总距、总度数或总百分比缩放。例如，如果"总计移动 X"设置为 25，则表示沿着 x 轴第一个和最后一个阵列对

象中心之间的总距离是 25 个单位；如果"总计旋转 Z"设置为 30，则表示阵列中均匀分布的所有对象沿着 z 轴总共旋转了 30°。

2.【对象类型】设置

该设置用于阵列对象时使用的方式。

- ◆ 【复制】：创建新阵列成员，以其作为原始阵列的副本。
- ◆ 【实例】：创建新阵列成员，以其作为原始阵列的实例。
- ◆ 【参考】：创建新阵列成员，以其作为原始阵列的参考。

3.【阵列维度】区域

使用【阵列维度"区域，可以确定阵列中使用的维数和维数之间的间隔。

（1）【数量】设置

在【数量】组中设置每一维度的对象数、行数或层数。

- ◆ 【1D】：一维阵列可以形成 3D 空间中的一行对象，【1D】计数是一行中的对象数。这些对象的间隔是在【阵列变换】区域中定义的，效果如图 2-77 左图所示。
- ◆ 【2D】：二维阵列可以按照二维方式形成对象的层，如棋盘上的方框行，【2D】计数是阵列中的行数，效果如图 2-77 中间图所示。
- ◆ 【3D】：三维阵列可以在 3D 空间中形成多层对象，如整齐堆放的长方体，【3D】

计数是阵列中的层数，如图 2-77 右图所示。

（2）【增量行偏移】设置

选择【2D】或【3D】阵列时，这些参数才可用。这些参数是当前坐标系中任意 3 个轴方向的距离。如果对【2D】或【3D】设置"计数"值，但未设置行偏移，将会使用重叠对象创建阵列。因此，必须至少指定一个偏移距离，以防这种情况的发生。

2.4.2 "线性"阵列

"线性"阵列是沿着一个或多个轴的一系列克隆。"线性"阵列可以是任意对象，任何场景所需要的重复对象或图形都可以看作线性阵列。

1. 1D 线性阵列

1D 线性阵列比较简单，类似于移动变换克隆效果。下面通过一个简单操作，学习 1D 线性阵列的操作方法。

Step 1 打开"场景文件"文件夹下的"石花坛.max"文件。

Step 2 激活任意视图，选择场景中的石花坛模型，打开【阵列】对话框，设置【增量】组的"X 移动"值为 350，勾选【阵列维度】区域中的【1D】选项，并设置【数量】为 3，其他默认。

Step 3 单击 确定 按钮确认，阵列效果如图 2-79（左）所示。

2. 2D 线性阵列

最简单的 2D 线性阵列是基于沿着单个轴移动单个对象实现的。下面继续通过一个简单的实例操作，学习 2D 线性阵列。

Step 1 继续上面的操作。选择石花坛对象，激活透视图并打开【阵列】对话框。

Step 2 设置【增量】组的"X 移动"值为350，在【阵列维度】区域下设置【1D】的【数量】为 3，勾选【2D】选项，并设置【数量】为 3。

Step 3 设置【增量行偏移】的【Y】值为350，单击 确定 按钮确认，阵列效果如图 2-79（中）所示。

3. 3D 线性阵列

3D 线性阵列与 2D 线性阵列基本相同，在 2D 线性阵列的基础上只要勾选【阵列维度】区域下【3D】选项，并设置【数量】值即可。

Step 1 继续上面的操作。选择石花坛对象，激活透视图并打开【阵列】对话框。

Step 2 在【阵列】对话框中设置【增量】组的"X 移动"值为 350，在【阵列维度】区域下设置【1D】的【数量】为 3，设置【2D】的【数量】为 3，设置【增量行偏移】的【Y】值为 350。

Step 3 勾选【3D】选项并设置【数量】为3，设置【增量行偏移】的【Z】为 190，单击 确定 按钮确认，阵列效果如图 2-79（右）所示。

图 2-79

2.4.3 "环形"阵列和"螺旋形"阵列

创建"环形"和"螺旋形"阵列通常涉及沿着一到两个轴并围绕着公共中心移动、缩放和旋转副本的操作组合，在建筑设计中，可以使用这些技术建造旋转楼梯等模型。

1. 关于公共中心

"环形"和"螺旋形"阵列都需要阵列对象的公共中心。公共中心可以是世界中心、自定义栅格对象的中心或是对象组本身的中心，也可以移动单个对象的轴点并将它们作为公共中心使用。

2. "环形"阵列

"环形"阵列类似于旋转变换克隆和"线性"阵列。"环形"阵列和"线性"阵列的区别在于，"环形"阵列是基于围绕着公共中心旋转而不是沿着某条轴移动。

下面继续通过一个实例操作，学习"环形"阵列的操作方法。

Step 1 继续 2.4.2 小节的操作。再次选择石花坛对象，然后激活顶视图。

Step 2 在主工具栏的【坐标系】下拉列表中选择【栅格】，并选择轴中心为【使用变换坐标中心】，此时石花坛将以栅格坐标作为变换坐标，并采用"变换坐标中心"。

Step 3 打开【阵列】对话框，设置【总计】组下的"旋转>Z"为 360。

Step 4 在【阵列维度】区域下勾选【1D】，并设置【数量】为 10，其他参数默认，单击 确定 按钮确认，效果如图 2-80（左）所示。

如果想进行 2D 或 3D "环形" 阵列，只要在【阵列维度】区域下勾选【2D】或【3D】选项，并设置【2D】或【3D】的数目，然后在【增量行偏移】选项组设置【Z】的数值即可，进行【2D】或【3D】阵列时，【1D】的参数同样有效，其效果如图 2-80（中和右）所示。

图 2-80

3. "螺旋形" 阵列

"螺旋形" 阵列是在旋转 "环形" 阵列的同时将其沿着中心轴移动，这会形成同样的环形，但是环形不断上升。

如果 z 轴是中心轴，那么输入 "增量移动 Z" 的值，然后在形成环的同时每个克隆以该量向上移动。需要注意的是，在 "螺旋形" 阵列中，旋转的方向由螺旋形的方向决定，对于逆时针螺旋输入正向旋转，对于顺时针螺旋输入负向旋转。

下面通过制作一个旋转楼梯的实例操作，学习 "螺旋形" 阵列的操作方法。

Step 1 打开 "场景文件" 文件夹下的 "旋转楼梯.max" 文件，这是一个未完成的楼梯。

Step 2 在顶视图中选择楼梯台阶和栏杆，在主工具栏的【坐标系】下拉列表中选择【拾取】，并在视图中单击楼梯立柱，此时，在【坐标系】

下拉列表中显示楼梯立柱对象名称，表示台阶对象将采用立柱对象的坐标作为参考坐标。

Step 3 继续在【轴中心】选项下选择【使用变换坐标中心】，此时台阶将以立柱坐标作为变换坐标，如图 2-81 所示。

图 2-81

Step 4 打开【阵列】对话框，设置【增量】组的 "移动 Z" 值为 8.5，设置【总计】组的 "旋转 Z" 为 360。

Step 5 在【阵列维度】区域下勾选【1D】并设置【数量】为 12，其他默认。

Step 6 单击 确定 按钮确认，阵列旋转后的楼梯渲染效果如图 2-82 所示。

图 2-82

2.5 上机实训

2.5.1 实训1——使用移动克隆为住宅楼布置窗户

1. 实训目的

本实训要求使用移动克隆的方法，快速为住

宅楼布置窗户模型。通过本例的操作熟练掌握移动克隆的技能。具体实训目的如下。

- 掌握选择模型的技能。
- 掌握移动克隆的技能。

2. 实训要求

首先选择楼体一层左边的大窗户、小窗户以及飘窗模型，然后将选取的模型以移动克隆的方法向上克隆到其他楼层左边窗户位置。本实训最终效果如图 2-83 所示。

图 2-83

具体要求如下。

（1）打开"住宅楼.max"文件。

（2）激活【移动并选择】工具。

（3）按住【Ctrl】键将一层左边位置的飘窗、大窗户、小窗户选择。

（4）使用移动克隆的方法将其向上克隆到其他楼层窗户位置。

（5）将场景文件保存为"住宅楼 01.max"文件。

3. 完成实训

素材文件	场景文件\住宅楼.max
效果文件	线架文件\第 2 章\住宅楼 01.max
视频文件	视频文件\第 2 章\使用移动克隆为住宅楼布置窗户.swf

Step 1 打开"场景文件"文件夹下的"住宅楼 max"文件。

Step 2 快速渲染摄像机视图，发现这是一个未完成的住宅楼模型，其左边一层有窗户，其他楼层没有窗户，如图 2-84 所示。

图 2-84

使用移动克隆的方法将一层窗户克隆到左边其他楼层窗户位置。

Step 3 在主工具栏中单击【移动并选择】按钮 ，将其激活，如图 2-85 所示。

图 2-85

Step 4 按住【Ctrl】键在前视图中将左边一层的"大窗户""小窗户"和"飘窗"模型选择，如图 2-86 所示。

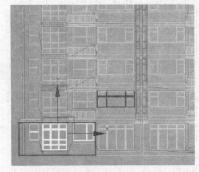

图 2-86

Step 5 按住【Shift】键，将鼠标指针移动到 y 轴，沿 y 轴正方向向上拖曳鼠标指针，将选择的窗户拖到二层窗户位置，如图 2-87 所示。

Step 6 松开【Shift】键并释放鼠标，此时弹出【克隆选项】对话框。

Step 7 在该对话框勾选【实例】选项，并设置【副本数】为 5，其他设置默认，如图 2-88 所示。

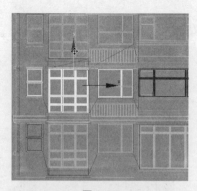

图 2-87

图 2-90

图 2-88

Step 8 单击 确定 按钮, 此时发现一层的大窗户、小窗户和飘窗被克隆到了 2～6 层窗户位置, 如图 2-89 所示。

图 2-91

Step 11 按住【Shift】键, 将鼠标指针移动到 y 轴, 沿 y 轴正方向向上拖曳鼠标, 将选择的 "大飘窗" 模型拖到三层窗户位置, 如图 2-92 所示。

图 2-89

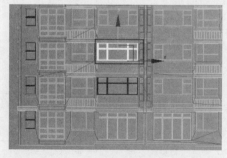

图 2-92

Step 9 在此快速渲染摄像机视图, 查看克隆效果, 如图 2-90 所示。

下面继续对大飘窗移动克隆。

Step 10 在此按住【Ctrl】键, 在前视图将二层左边的 "大飘窗" 模型选择, 如图 2-91 所示。

Step 12 松开【Shift】键并释放鼠标, 此时弹出【克隆选项】对话框。

Step 13 在该对话框勾选【实例】选项, 并设置【副本数】为 3, 其他设置默认, 如图 2-93 所示。

图 2-93

Step 14 单击 确定 按钮，将二层的大飘窗克隆到 3～5 层窗户位置，如图 2-94 所示。

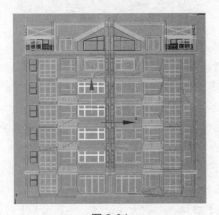

图 2-94

Step 15 在此快速渲染摄像机视图，查看克隆效果，如图 2-95 所示。

图 2-95

Step 16 执行【另存为】命令，将场景文件保存为"住宅楼 01.max"文件。

2.5.2 实训2——使用镜像克隆镜像住宅楼窗户模型

1. 实训目的

本实训要求使用镜像克隆的方法，快速为住宅楼布置窗户模型。通过本例的操作熟练掌握镜像克隆的技能。具体实训目的如下。

● 掌握按名称选择模型的技能。
● 掌握成组模型对象的技能。
● 掌握镜像克隆的技能。

2. 实训要求

首先选择住宅楼左边的所有窗户模型（包括大窗户、小窗户以及飘窗），然后使用【成组】命令将其成组，再使用镜像克隆的方法将其克隆到楼体右边窗户位置。本实训最终效果如图 2-96 所示。

图 2-96

具体要求如下。

（1）打开"住宅楼 01.max"文件。

（2）按名称选择所有窗户模型（包括大窗户、小窗户以及飘窗）。

（3）执行【成组】命令将选择的模型成组。

（4）使用镜像克隆的方法将其克隆到住宅楼右边窗户位置。

（5）将场景文件保存为"住宅楼 02.max"文件。

3. 完成实训

素材文件	线架文件\第2章\住宅楼01.max
效果文件	线架文件\第2章\住宅楼02.max
视频文件	视频文件\第2章\使用镜像克隆为住宅楼布置窗户.swf

Step 1 打开"住宅楼01.max"文件。

Step 2 快速渲染摄像机视图，发现该住宅楼左边有窗户，右边没有窗户，如图2-97所示。

图 2-97

Step 3 单击主工具栏中的【按名称选择】按钮 ，打开【从场景选择】窗口，按住【Ctrl】键选择所有窗户模型（包括大窗户、小窗户以及飘窗），如图2-98所示。

图 2-98

Step 4 单击 确定 按钮将这些窗户对象全部选择，如图2-99所示。

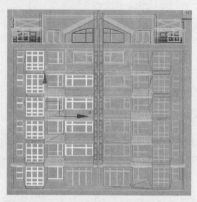

图 2-99

Step 5 执行菜单栏中的【组】/【成组】命令打开【组】对话框，设置【组名】为"窗户"，如图2-100所示。

Step 6 单击 确定 按钮，将这些窗户对象成组为"窗户"。

下面使用镜像克隆进行窗户克隆。

Step 7 激活前视图，单击主工具栏中的【镜像】按钮 ，打开【镜像：屏幕坐标】对话框，设置选项如图2-101所示。

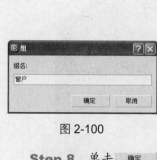

图 2-100

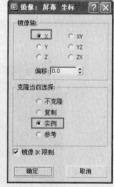

图 2-101

Step 8 单击 确定 按钮，确认并关闭该对话框。

Step 9 在前视图中将镜像克隆的窗户模型沿 x 轴向右拖曳到住宅楼右侧窗户位置，完成右侧窗户的镜像克隆，如图2-102所示。

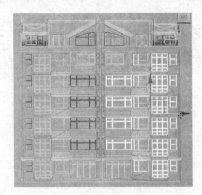

图 2-102

Step 10　激活摄像机视图，快速渲染查看效果，结果如图 2-103 所示。

图 2-103

Step 11　将该场景保存为"住宅楼 02.max"文件。

2.6 上机与练习

1. 单选题

（1）只能缩放当前视图的工具是（　）。

A. 🔍　B. 🔳　C. ▫　D. 🔲

（2）可以同时缩放 4 个视图的工具是（　）。

A. 🔍　B. 🔳　C. ▫　D. 🔲

（3）可以同时将 4 个视图中选定对象最大化显示的工具是（　）。

A. 🔍　B. 🔳　C. ▫　D. 🔲

（4）可以同时将 4 个视图中的所有对象最大

化显示的工具是（　）。

A. 🔳　B. 🔳　C. ▫　D. 🔲

2. 多选题

（1）打开【栅格和捕捉设置】对话框的方法有（　）。

A. 右键单击主工具栏上的🔺按钮

B. 右键单击主工具栏上的🔳按钮

C. 右键单击主工具栏上的³按钮

D. 右键单击主工具栏上的%按钮

（2）将摄像机沿着摄像机的主轴移动，移向或移离摄像机所指的方向的工具有（　）。

A. 工具　B. 工具

C. 工具　D. 工具

（3）将摄像机沿着摄像机的主轴侧滚的工具有（　）。

A. 工具　B. 工具

C. 工具　D. 工具

（4）将一个视图切换为摄像机视图的方法有（　）。

A. 在视图中添加摄像机并激活该视图，按键盘上的【C】键

B. 调整视图的视角后按键盘上的【Ctrl】+【Z】组合键

C. 在视图中添加摄像机并激活该视图，按键盘上的【Ctrl】+【Z】组合键

D. 执行【视图】/【从视图创建摄像机】命令

3. 操作题

运用所学知识，对"场景文件"文件夹下的名为"球体.max"场景中的球体进行克隆。文件如图 2-104 所示，克隆结果如图 2-105 所示。

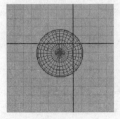 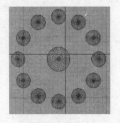

图 2-104　　　　　图 2-105

第 3 章

三维基本体建模技术

📖 学习目标

了解三维基本体的类型、三维基本体的创建方法以及使用三维基本体创建建筑模型的技能，主要内容包括创建平面、创建长方体、创建球体、创建圆柱体、创建切角长方体、创建切角圆柱体等三维基本模型的创建技巧，为以后绘制建筑模型奠定基础。

📖 学习重点

掌握长方体、球体、圆柱体、平面等三维基本模型的创建以及【编辑多边形】修改命令的操作技能。

📖 主要内容

◆　创建标准基本体
◆　创建扩展基本体
◆　三维模型的编辑建模技术
◆　上机实训
◆　上机与练习

3.1 创建标准基本体

在 3ds Max 建筑设计中,创建三维建筑模型是首要操作内容,3ds Max 系统提供了完善的创建三维建筑模型的相关命令,其中标准基本体是最常用的三维基本模型。这一节首先来认识标准基本体,并学习使用标准基本体创建三维建筑模型的方法和技巧。

3.1.1 标准基本体及其用途

标准基本体是最常见的三维基本模型,它在我们的生活中无处不在,如方桌、水管、立柱、篮球、游泳圈、呼啦圈、冰淇淋杯等这些对象,都是标准基本体。在 3ds Max 软件中,标准基本体包括长方体、圆柱体、球体、圆锥体、茶壶、圆环、四棱锥,管状体等。

单击命令面板中的【创建】按钮 ⚙ 进入【创建】面板,在其下拉列表中选择【标准基本体】选项,展开【对象类型】卷展栏,即可显示这些对象的创建按钮,如图 3-1 所示。各对象创建结果如图 3-2 所示。

图 3-1

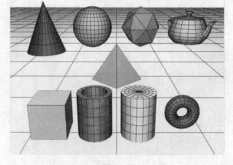

图 3-2

在 3ds Max 建筑设计中,既可以通过直接创建标准基本体获得较简单的建筑模型,如圆形、方形立柱、地面、没有窗户的墙体等,也可以通过对标准基本体编辑修改创建更为复杂的建筑模型,如门窗、建筑外墙体、建筑外墙面装饰构件、建筑屋顶模型等,因此,标准基本体在 3ds Max 建筑设计中的用途非常广泛。

3.1.2 创建与修改平面基本体模型

平面对象是特殊类型的平面多边形网格,可在渲染时无限放大。在 3ds Max 建筑设计中,一般可用来创建建筑地面、墙体等简单模型,如果为平面添加相关修改器,则可以创建更为复杂的三维模型。

平面基本体的创建比较简单,当创建平面基本体模型后,可以进入【修改】面板,在【参数】卷展栏下修改其【长度】、【宽度】、【长度分段】、【宽度分段】等参数,以创建不同尺寸的平面模型。

【任务 1】创建平面基本体模型。

Step 1 启动 3ds Max 程序。

Step 2 单击命令面板中的【创建】按钮 ⚙ 进入【创建】面板,在其下拉列表中选择【标准基本体】选项。

Step 3 展开【对象类型】卷展栏,同时激活 平面 按钮,如图 3-3 所示。

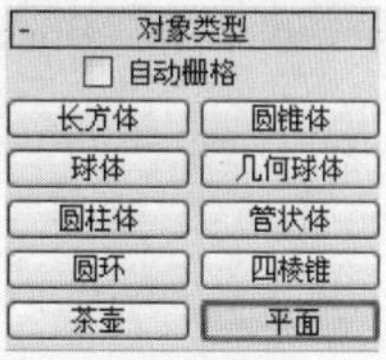

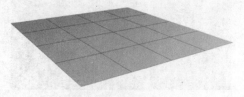

图 3-3

Step 4 在顶视图中拖曳鼠标指针创建一个平面基本体对象,如图 3-4 所示。

图 3-4

【任务2】修改平面基本体模型。

修改平面基本体模型时，需要进入【修改】面板，可以修改平面基本体的长度和宽度，另外，还可以设置其【长度分段】和【宽度分段】等参数。

Step 1 继续【任务1】的操作。单击选择创建的平面基本体对象，单击命令面板中的【修改】按钮☑进入【修改】面板，展开【参数】卷展栏，如图 3-5 所示。

图 3-5

Step 2 在【参数】卷展栏中修改【长度】、【宽度】、【长度分段】、【宽度分段】参数，以改变平面基本体的外观。

◆ 【长度】：设置平面基本体的长度。

◆ 【宽度】：设置平面基本体的宽度。

◆ 【长度分段】：设置平面基本体的长度段数。

◆ 【宽度分段】：设置平面基本体的宽度段数。

另外，也可以为平面基本体添加相关修改器，创建更为复杂的三维模型，如图 3-6 所示是使用平面基本体模型创建的游戏场景。

图 3-6

3.1.3 创建与修改球体基本体模型

球体可以生成完整的球体、半球体或球体的其他部分，另外，还可以围绕球体的垂直轴对球体进行"切片"，以生成其他模型效果，如图 3-7 所示。

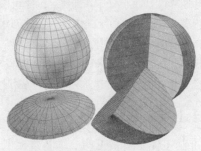

图 3-7

【任务3】创建球体基本体模型。

Step 1 启动 3ds Max 程序。

Step 2 单击命令面板中的【创建】按钮⚙进入【创建】面板，在其下拉列表中选择【标准基本体】选项。

Step 3 展开【对象类型】卷展栏，激活 ⬜球体⬜ 按钮，如图 3-8 所示。

图 3-8

Step 4 在透视图中拖曳鼠标指针创建一个球体基本体对象，如图 3-9 所示。

图 3-9

【任务 4】 修改球体基本体模型。

当创建球体后，可以进入【修改】面板，展开其【参数】卷展栏，可以指定球体的【半径】、【分段】、【半球】等参数，对球体模型进行修改，以创建其他球体模型。

Step 1 继续【任务 3】的操作。选择创建的球体基本体对象，单击命令面板中的【修改】按钮进入【修改】面板，展开【参数】卷展栏，如图 3-10 所示。

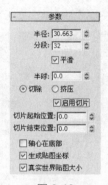

图 3-10

Step 2 在【参数】卷展栏中修改球体的【半径】、【分段】等相关参数，以修改调整球体模型的外观。

◆ 【半径】：设置球体模型的半径。

◆ 【分段】：设置球体模型的分段数。分段数决定球体光滑程度，该数值越大球体越光滑，反之球体不光滑，如图 3-11 所示是分段数分别为 "30" 和 "10" 时球体的效果比较。

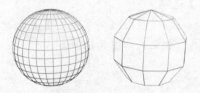

图 3-11

◆ 【半球】：设置参数，以生成其他球面模型，如图 3-12 所示是【半球】分别为 0.5 与 0.2 时生成的球体。

另外，也可以为球体基本体添加相关修改器，创建更为复杂的三维模型，如图 3-13 所示是使用球体基本体模型创建的艺术台灯灯罩模型。

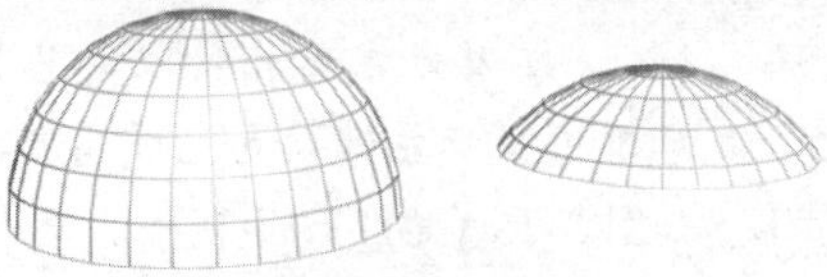

图 3-12

图 3-13

3.1.4 创建与修改长方体基本体模型

长方体生成最简单的基本体，立方体是长方体的唯一变量。在 3ds Max 建筑设计中，长方体的应用最为广泛，许多建筑模型都是通过长方体编辑创建而来的。

【任务 5】 创建长方体基本体模型。

Step 1 启动 3ds Max 程序。

Step 2 单击命令面板中的【创建】按钮进入【创建】面板，在其下拉列表中选择【标准基本体】选项。

Step 3 展开【对象类型】卷展栏，激活 长方体 按钮，如图 3-14 所示。

图 3-14

Step 4 在透视图中拖曳鼠标指针，以定义长方体的底部矩形尺寸，如图 3-15（左）所示。

Step 5 上下移动鼠标指针以定义长方体的高度，然后单击鼠标左键设置完成高度，并创建长方体，如图 3-15（右）所示。

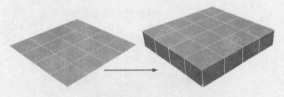

图 3-15

【任务 6】 修改长方体基本体模型。

当创建长方体基本体模型之后，可以进入【修改】面板，展开其【参数】卷展栏，如图 3-16 所示，通过设置长方体的各参数，以改变长方体或立方体的比例创建不同种类的矩形对象，类型从大而平的面板和板材到高立柱和小方块，如图 3-17 所示。

图 3-16

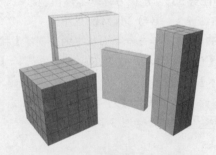

图 3-17

Step 1 选择创建的长方体对象。

Step 2 单击命令面板中的【修改】按钮 进入【修改】面板，展开其【参数】卷展栏，修改长方体的【长度】、【宽度】、【高度】、【长度分段】以及【宽度分段】和【高度分段】等参数，

以创建不同尺寸的长方体模型。

◆ 【长度】、【宽度】、【高度】：分别设置长方体的长度、宽度和高度。

◆ 【长度分段】、【宽度分段】和【高度分段】：分别设置长方体的长度、宽度和高度的段数。

另外，可以将任何类型的修改器应用于长方体对象，通过对其修改以创建更为复杂的建筑模型，如图 3-18 所示是使用长方体创建的欧式门厅和欧式屋顶模型。

图 3-18

3.1.5 创建圆柱体基本体模型

圆柱体可以生成圆柱体基本模型，在 3ds Max 建筑设计中，圆柱体常用来创建各种柱体模型，如各种立柱、圆柱形沙发、茶几、桌椅腿以及圆柱形灯具等。

【任务 7】 创建圆柱体基本体模型。

Step 1 启动 3ds Max 程序。

Step 2 单击命令面板中的【创建】按钮 进入【创建】面板，在其下拉列表中选择【标准基本体】选项。

Step 3 展开【对象类型】卷展栏，激活 圆柱体 按钮，如图 3-19 所示。

图 3-19

Step 4 在【透视图】中拖曳鼠标指针，以定义圆柱体的底部圆半径，如图 3-20 所示。

Step 5 上下移动鼠标指针以定义圆柱体的高度，然后单击鼠标左键创建圆柱体，如图 3-21 所示。

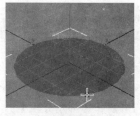 

图 3-20　　　　　　　　图 3-21

【任务 8】修改圆柱体基本体模型。

创建圆柱体基本体模型之后，展开其【参数】卷展栏，如图 3-22 所示。通过设置各参数，可以生成不同大小的圆柱体对象，还可以围绕其主轴进行"切片"，生成其他模型效果，如图 3-23 所示。

图 3-22

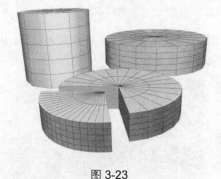

图 3-23

Step 1 选择创建的圆柱体对象。

Step 2 单击命令面板中的【修改】按钮 ，进入【修改】面板。

Step 3 展开其【参数】卷展栏，如图 3-22 所示。在该卷展栏中修改圆柱体的【半径】、【高度】、【高度分段】、【端面分段】以及【边数】等参数，以创建不同直径、不同高度的圆柱体模型对象。

- ◆ 【半径】：设置圆柱体的半径。
- ◆ 【高度】：设置圆柱体的高度。
- ◆ 【高度分段】：设置圆柱体的高度段数。
- ◆ 【端面分段】：设置圆柱体的端面段数。
- ◆ 【边数】：设置圆柱体的边数，边数决定圆柱体的平滑度，边数越多，圆柱体越圆滑，反之圆柱体不圆滑，如图 3-24 所示是【边数】分别为 30 和 10 时的圆柱体效果。

图 3-24

- ◆ 勾选【启用切片】选项，然后设置【切片起始位置】和【切片结束位置】参数，可以生成扇形柱体模型，如图 3-23 所示。

另外，也可以为圆柱体基本体模型添加相关修改器进行编辑，以创建更为复杂的三维模型，如图 3-25 所示是通过对圆柱体基本体模型添加修改器创建的沙发模型。

图 3-25

以上主要介绍了一些常用的标准基本体模型，其他标准基本体模型在 3ds Max 建筑设计中

不常用，在此不再介绍，感兴趣的读者可以参阅其他相关书籍的介绍。

3.2 创建扩展基本体

扩展基本体是标准基本体的复杂集合，它具有比标准基本体更丰富的设置参数，能使创建的模型更精细。下面继续来认识扩展基本体，并学习使用扩展基本体创建建筑模型的方法和技巧。

3.2.1 扩展基本体及其用途

单击命令面板中的【创建】按钮进入【创建】面板，在其下拉列表中选择【扩展基本体】选项，展开【对象类型】卷展栏，即可显示这些对象的创建按钮，如图 3-26 所示。各扩展基本体对象的创建结果如图 3-27 所示。

图 3-26

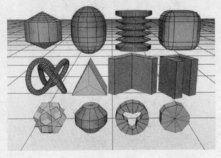

图 3-27

在以上众多的扩展基本体中，用于建筑设计的扩展基本体并不多，常用的主要有切角长方体

与切角圆柱体，通过对这两种扩展基本体进行简单的编辑，即可创建沙发坐垫、床垫、桌面等建筑模型，如果对其添加相关修改器，则可以创建更为复杂的建筑模型，如沙发、床、桌椅等模型。

3.2.2 创建与修改切角长方体扩展基本体模型

切角长方体是由长方体演变而来的，与长方体不同的是，切角长方体除了具有长方体所有参数设置之外，还包括【圆角】和【圆角分段】设置。下面学习切角长方体的创建以及使用切角长方体创建建筑模型的方法。

【任务 9】创建切角长方体扩展基本体模型。

Step 1 启动 3ds Max 程序。

Step 2 单击命令面板中的【创建】按钮进入【创建】面板，在其下拉列表中选择【扩展基本体】选项，如图 3-27 所示。

Step 3 展开【对象类型】卷展栏，激活 [切角长方体] 按钮，如图 3-28 所示。

图 3-28

Step 4 在透视图中拖曳鼠标指针，以定义切角长方体的底部矩形尺寸，如图 3-29 所示。

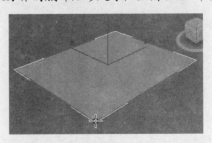

图 3-29

Step 5 松开鼠标，上下移动鼠标指针以定

义切角长方体的高度，如图 3-30 所示。

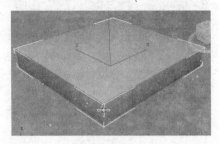

图 3-30

Step 6　单击鼠标并向上移动鼠标指针，定义圆角或倒角的高度（向左上方移动可增加宽度，向右下方移动可减小宽度）。

Step 7　再次单击鼠标完成切角长方体的创建，如图 3-31 所示。

图 3-31

【任务 10】修改切角长方体扩展基本体模型。

创建切角长方体之后，进入【修改】面板，展开其【参数】卷展栏，如图 3-32 所示，通过设置【圆角】和【圆角分段】值，可以创建圆角或倒角边的长方体对象，如图 3-33 所示。

参数

长度：72.751mm
宽度：118.304m
高度：55.713mm
圆角：4.469mm

长度分段：1
宽度分段：1
高度分段：1
圆角分段：3

☑平滑
☑生成贴图坐标
☑真实世界贴图大小

图 3-32

图 3-33

Step 1　选择创建的切角长方体对象。

Step 2　单击命令面板中的【修改】按钮进入【修改】面板。

Step 3　展开其【参数】卷展栏，如图 3-32 所示。在该卷展栏修改切角长方体的各参数，以创建不同尺寸的切角长方体模型。

◆ 【长度】、【宽度】、【高度】：分别设置切角长方体的长度、宽度和高度。

◆ 【圆角】：设置切角长方体的圆角度，该值越大，切角长方体的圆角越明显，反之圆角不明显，如图 3-34 所示。

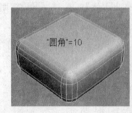

图 3-34

◆ 【长度分段】、【宽度分段】和【高度分段】：分别设置切角长方体的长度、宽度和高度的段数。

◆ 【圆角分段】：设置切角长方体圆角的分段数，数值越大，圆角越平滑，反之，圆角不平滑，如图 3-35 所示。

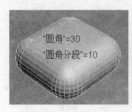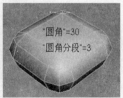

图 3-35

另外，也可以为切角长方体扩展基本体模型

添加相关修改器进行编辑，以创建更为复杂的三维模型，如图 3-36 所示是通过对切角长方体扩展基本体模型添加修改器创建的座垫模型。

图 3-36

3.2.3 创建与修改切角圆柱体扩展基本体模型

切角圆柱体是由圆柱体演变而来的，与圆柱体不同的是，切角圆柱体除了具有圆柱体的所有参数设置之外，还包括【圆角】和【圆角分段】设置。

【任务 11】创建切角圆柱体扩展基本体模型。

Step 1 启动 3ds Max 程序。

Step 2 单击命令面板中的【创建】按钮 ❀ 进入【创建】面板，在其下拉列表中选择【扩展基本体】选项，然后展开【对象类型】卷展栏，激活 切角圆柱体 按钮，如图 3-37 所示。

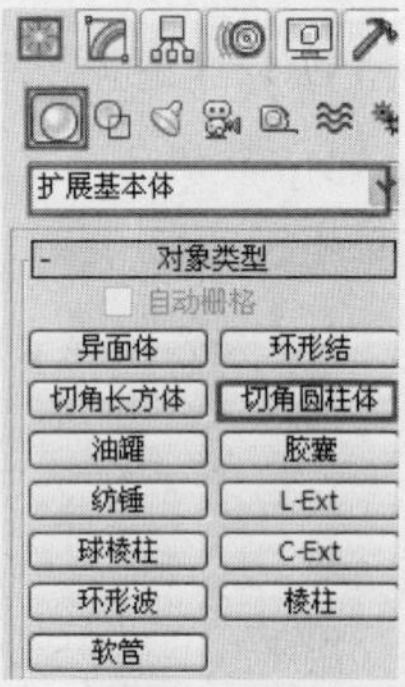

图 3-37

Step 3 在透视图中拖曳鼠标指针，以定义切角圆柱体的底面半径，如图 3-38 所示。

Step 4 松开鼠标上下移动鼠标指针以定义切角圆柱体的高度，如图 3-39 所示。

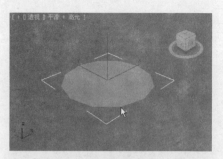

图 3-38

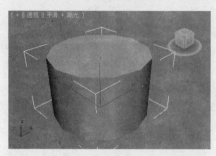

图 3-39

Step 5 单击鼠标并向上移动鼠标指针，定义圆角或倒角的高度（向左上方移动可增加宽度，向右下方移动可减小宽度）。

Step 6 再次单击鼠标完成切角圆柱体的创建，如图 3-40 所示。

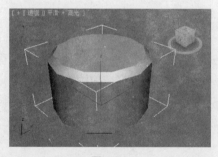

图 3-40

【任务 12】修改切角圆柱体扩展基本体模型。

创建切角圆柱体之后，进入【修改】面板，展开其【参数】卷展栏，如图 3-41 所示，通过设置【圆角】、【圆角分段】以及其他值，可以创建圆角或倒角边的圆柱体对象。

Step 1 选择创建的切角圆柱体对象。

Step 2 单击命令面板中的【修改】按钮 ❂ 进入【修改】面板。

图 3-41

Step 3 展开其【参数】卷展栏，如图 3-41 所示。在该卷展栏修改切角圆柱体的各参数，以创建不同尺寸的切角圆柱体模型。

- ◆ 【半径】: 设置切角圆柱体的半径。
- ◆ 【高度】: 设置切角圆柱体的高度。
- ◆ 【圆角】: 设置切角圆柱体的圆角，该值越大，切角圆柱体的圆角越明显，反之圆角不明显，如图 3-42 所示。

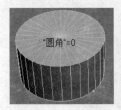

图 3-42

- ◆ 【高度分段】: 设置切角圆柱体的高度段数。
- ◆ 【端面分段】: 设置切角圆柱体的端面段数。
- ◆ 【边数】: 设置切角圆柱体的边数，边数决定切角圆柱体的圆滑度，边数越多，切角圆柱体越圆滑，反之，切角圆柱体不圆滑，如图 3-43 所示是【边数】分别为 30 和 10 时的切角圆柱体效果。

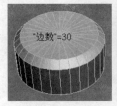

图 3-43

- ◆ 【圆角分段】: 设置圆角的段数，该值越大，切角圆柱体的圆角越圆滑，反之圆角不圆滑，如图 3-44 所示。

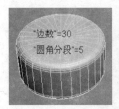

图 3-44

- ◆ 勾选【启用切片】选项，然后设置【切片起始位置】和【切片结束位置】参数，可以生成扇形切角圆柱体模型，如图 3-44 所示。

另外，也可以为切角圆柱体扩展基本体模型添加相关修改器进行编辑，以创建更为复杂的三维模型，如图 3-45 所示是通过对切角圆柱体扩展基本体模型添加修改器创建的高档沙发模型。

图 3-45

3.3 三维模型的编辑建模技术

在 3ds Max 建筑设计中，大多数的建筑模型都需要通过对三维基本模型进行修改编辑来完成。3ds Max 提供了多种修改命令用于修改三维基本模型，但在 3ds Max 建筑设计中，常用的修改命令并不多。这一节我们将重点介绍几种常用的修改命令，其他修改命令的应用，读者可以参阅其他相关书籍的详细讲解。

3.3.1　认识【修改】面板

在 3ds Max 软件中,【修改】面板是创建模型的重要工具之一。【修改】面板位于界面右侧的命令面板中,当选择模型对象后,单击命令面板中的【修改】按钮 ,即可打开【修改】面板,如图 3-46 所示。

图 3-46

【修改】面板主要包括"对象名称/颜色区""修改器列表""修改器堆栈""工具行"以及"参数卷展栏"5 部分,各部分承担不同的功能。

◆ 对象名称/颜色区:位于【修改】面板的最顶部,用于显示当前对象的名称、为对象重命名以及修改对象的颜色。

◆ 修改器列表:在该列表下放置了 3ds Max 可用于修改模型对象的所有修改器,如图 3-47 所示,选择模型对象后,在该下拉列表中选择相关修改器,即可将其指定给选取模型对象,此时对象上将显示添加的修改器,同时在修改器的【参数】卷展栏下将显示修改器的相关参数设置,如图 3-48 所示。

图 3-47

图 3-48

> **提示:** 某些修改器的可用性取决于当前选择的对象。例如,当选定图形或样条线对象时,【切角】和【切角剖面】修改器才出现在【修改器列表】的下拉列表中。

◆ 修改器堆栈:"修改器堆栈"(或简称"堆栈")位于修改器列表的下方,它是【修改】面板上的列表,包含有累积历史记录,包括场景对象以及应用于它的所有修改器。要进入哪个条目,直接单击该条目即可进入该条目的相关卷展栏进行参数更改,如果还没应用过修改器,那么当前对象就是堆栈中唯一的条目,如图 3-49 所示,左图是没有应用修改器时圆柱体是唯一条目,右图是为圆柱体添加了【弯曲】修改器后,圆柱体与【弯曲】修改器都成为堆栈的条目。

图 3-49

>
> **提示:** 如果要进入哪个条目,只要单击该条目即可,进入该条目后,在【参数】卷展栏下将显示该条目的所有内容,方便用户进行编辑修改,如图 3-48 所示。

◆ 工具行：工具行位于堆栈的下方，主要包括一些控制修改结果的按钮，如【锁定堆栈】按钮🔒、【显示最终结果切换】按钮❙❙、【使唯一】按钮✓、【从堆栈中移除修改器】按钮🗑以及【配置修改器集】按钮🔲，如图 3-50 所示。其中，【从堆栈中移除修改器】按钮🗑可以删除当前添加的修改器。

图 3-50

◆ 【参数】卷展栏：在堆栈中进入某一个条目后，【参数】卷展栏将显示该条目的所有参数及设置，便于用户对其进行修改。如图 3-51 所示，进入圆柱体条目后，【参数】卷展栏下显示圆柱体的参数，进入【弯曲】修改器条目后，【参数】卷展栏下显示【弯曲】的参数。

图 3-51

以上是有关【修改】面板以及为模型添加修改器的相关知识，有关修改器的应用，在后面章节进行详细讲解。

3.3.2 【编辑多边形】修改器

【编辑多边形】修改器是一个功能强大的修改器，包括"可编辑多边形"对象的大多数功能，其编辑模式有【动画】和【模型】两种，如图 3-52 所示，【动画】模式主要是用于动画效果的编辑设置，而【模型】模式则用于对模型的常规编辑，是较常用的一种编辑模式。

当为模型添加【编辑多边形】修改器后，可以进入其子对象进行编辑，其子对象包括【顶点】、【边】、【边界】、【多边形】和【元素】，如图 3-53 所示。

图 3-52   图 3-53

【任务 13】编辑【顶点】。

【顶点】是空间中的点，它们定义组成多边形对象的其他子对象的结构。当移动或编辑顶点时，由顶点形成的几何体也会受影响。下面学习编辑顶点的相关技能。

Step 1 在透视图中创建一个长方体，然后为该长方体添加【编辑多边形】修改器。

Step 2 在【选择】卷展栏下激活【顶点】按钮，进入【顶点】层级，单击选择一个顶点，如图 3-54 所示。

Step 3 展开【编辑顶点】卷展栏，在该卷展栏中有编辑顶点的功能按钮，如图 3-55 所示。

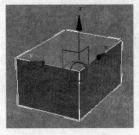

图 3-54   图 3-55

Step 4 单击 移除 按钮，选择的顶点被移除，系统对网格使用重复三角算法，使表面保持完整，如图 3-56 所示。

图 3-56

Step 5 如果使用【Delete】键删除，那么依赖于那些顶点的多边形也会被删除，这样就在网格中创建了一个洞，如图 3-57 所示。

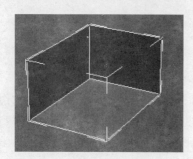

图 3-57

Step 6 单击 断开 按钮，选择的顶点被断开，由该顶点定义的多边形的边、面也被断开，如图 3-58 所示。

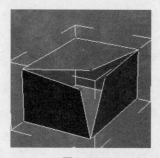

图 3-58

Step 7 激活 挤出 按钮，在顶点上拖曳鼠标指针可以挤出顶点，挤出顶点时，顶点会沿法线方向移动，并且创建新的多边形，形成挤出的面，将顶点与对象相连。挤出对象的面的数目，与原来使用挤出顶点的多边形数目一样，如图 3-59 所示。

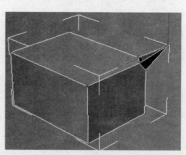

图 3-59

Step 8 单击 焊接 按钮，在公差范围之内将选中的顶点进行合并，所有边都会与产生的单个顶点连接，单击该按钮后的□按钮，可以通过设置焊接阈值焊接顶点。

Step 9 单击 切角 按钮，在选定的顶点上拖动鼠标指针，所有连向该顶点的边上都会产生一个新顶点，每个切角的顶点都会被一个新面有效替换，如图 3-60 所示。

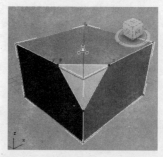

图 3-60

Step 10 单击 切角 按钮旁边的□按钮，可以设置【切角量】值进行切角，如图 3-61 所示。

图 3-61

Step 11 单击☑按钮确认，单击➕按钮可以使用设置的参数连续进行切角，如图 3-62 所示。单击⊗按钮则放弃操作，如果勾选【打开】选项，则切角形成的多边形被打开，如图 3-63 所示。

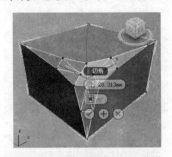

图 3-62

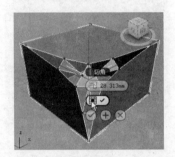

图 3-63

【任务 14】编辑【多边形】。

【多边形】是通过曲面连接的三条或多条边的封闭序列。【多边形】提供"编辑多边形"对象的可渲染曲面。【多边形】用于访问对象的多边形子对象层级，从中选择光标下的多边形。

（1）"插入"操作

Step 1　继续【任务 13】的操作。在【选择】卷展栏下激活【多边形】按钮■，进入【多边形】层级，如图 3-64 所示。

图 3-64

Step 2　单击选中一个多边形面，如图 3-65 所示。

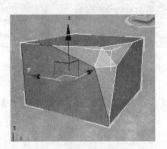

图 3-65

Step 3　向上推动【修改】面板，展开【编辑多边形】卷展栏，如图 3-66 所示。

图 3-66

Step 4　单击 插入 按钮旁边的□按钮，首先设置插入模式，有【按多边形】和【组】两种模式，如图 3-67 所示。

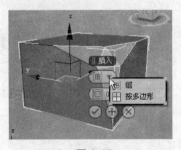

图 3-67

　　提示：【插入】是执行没有高度的倒角操作，即在选定多边形的平面内执行该操作，同【轮廓】一样，只有外部边受到影响。另外【插入】有两个选项，其中【组】选项是沿着多个连续的多边形进行插入，而【按多边形】选项是独立插入每个多边形，如图 3-68 所示。

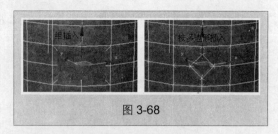

图 3-68

Step 5 设置【插入】的【数量】以插入多边形，如图 3-69 所示。

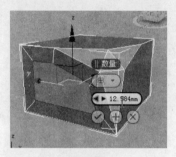

图 3-69

Step 6 单击 ✓ 按钮确认，完成"插入"的操作。

（2）"倒角"操作

Step 1 选择多边形，单击 倒角 按钮旁边的 □ 按钮，进入倒角多边形模式，选择倒角方式、设置【高度】高度以及【轮廓量】等参数，如图 3-70 所示。

> 提示：倒角多边形面时，这些多边形将会沿着法线方向移动，然后创建形成挤出边的新多边形。

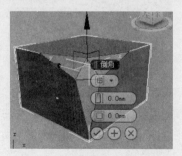

图 3-70

Step 2 【高度】用于设置插入的高度，正值向外挤出，如图 3-71 所示，负值向内挤出，如图 3-72 所示。

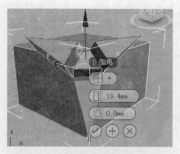

图 3-71

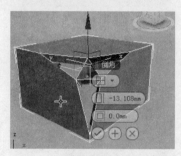

图 3-72

Step 3 【轮廓量】用于设置插入的轮廓量值，其值为正值时向外倒角，如图 3-73 所示，反之向内倒角，如图 3-74 所示。

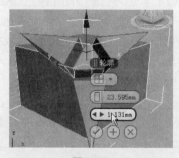

图 3-73

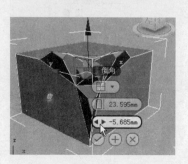

图 3-74

Step 4 倒角方式包括【组法线】、【本地法线】以及【按多边形】,【组法线】是沿着每一个连续的多边形组的平均法线执行倒角。如果倒角多个这样的组,则每个组将沿着其自身的平均法线方向移动,如图 3-75 所示。【按多边形】选项是独立倒角每个多边形,如图 3-73 所示,而【本地法线】是沿着每一个选定的多边形法线执行倒角,如图 3-76 所示。

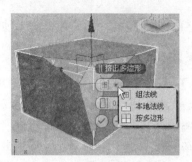

图 3-77

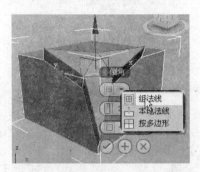

图 3-75

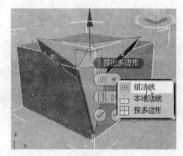

图 3-78

- 【按多边形】选项是独立挤出每个多边形,如图 3-79 所示,而【本地法线】是沿着每一个选定的多边形法线执行挤出,如图 3-80 所示。

图 3-76

Step 5 单击 ☑ 按钮确认,完成"倒角"的操作。

(3)"挤出"操作

Step 1 单击 挤出 按钮旁边的 □ 按钮,选择挤出方式以及设置挤出【高度】参数,对多边形面进行挤出,如图 3-77 所示。其中,挤出方式包括【组法线】、【本地法线】以及【按多边形】,如图 3-77 所示。

- 【组法线】是沿着每一个连续的多边形组的平均法线执行挤出。如果挤出多个这样的组,则每个组将沿着其自身的平均法线方向移动,如图 3-78 所示。

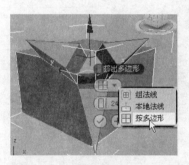

图 3-79

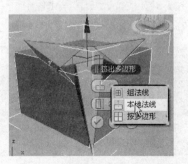

图 3-80

Step 2 单击☑按钮确认，完成"挤出"的操作。

【任务 15】编辑【边】。

【边】是连接两个顶点的直线，它可以形成多边形的边。边不能由两个以上多边形共享，如果按【Delete】键将其删除，此时，将会删除选定的边和附加到该边上的所有多边形，从而可以在网格中创建一个或多个孔洞。如果使用 移除 按钮移除边，则共享该边的面与其他相邻面形成新的面，如图 3-81 所示。

图 3-81

Step 1 创建一个球体，为其添加【编辑多边形】修改器。

Step 2 激活【选择】卷展栏下的【边】按钮◁进入多边形的【边】层级，在视图中单击选择一个边，如图 3-82 所示。

图 3-82

Step 3 单击 循环 按钮，选择该边的循环边，如图 3-83（左）所示，单击 环形 按钮，选择该边的环形边，如图 3-83（右）所示。

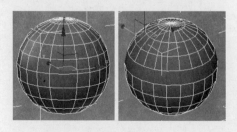

图 3-83

Step 4 展开【编辑边】卷展栏，单击 挤出 按钮旁边的□按钮，设置挤出边的【宽度】和【高度】参数以挤出边，如图 3-84 所示。

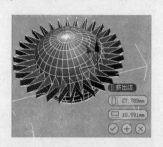

图 3-84

提示：挤出边时，该边界将会沿着法线方向移动，然后创建形成挤出面的新多边形，从而将该边与对象相连。其中【挤出高度】选项用于以场景为单位指定挤出的数，可以向外或向内挤出子对象，具体情况取决于该值是正值还是负值，而【挤出基面宽度】选项是以场景为单位指定挤出基面的大小，可以设置想要的高度，但实际大小不能超出顶点与挤出子对象相邻的范围。

Step 5 单击 切角 按钮旁边的□按钮，设置切角边的参数对边进行【数量】和【分段】数进行切角边，如图 3-85 所示。

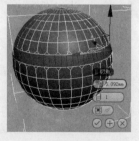

图 3-85

提示：边切角操作可以"砍掉"选定边，从而创建连接生成原始顶点的所有可视边上新点的新多边形。其中，【切角量】用于设置切角的范围，默认为1.0，【分段】用于在切角区域添加边和多边形，启用【打开】时，删除切角的区域，保留开放的空间。

【任务 16】编辑【边界】。

【边界】是网格的线性部分，通常可以描述为孔洞的边缘。它通常是多边形仅位于一面时的边序列。例如，删除一个面或一个边，则该面或边相邻的一行边会形成边界，如图 3-86 所示。

选择面　删除面形成边界　选择边　删除边形成边界

图 3-86

Step 1 继续【任务 15】的操作。选择球体上的边将其删除，使其形成一个边界，如图 3-87 所示。

Step 2 激活【选择】卷展栏下的【边界】按钮进入多边形的【边界】层级，如图 3-88 所示。

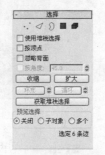

图 3-87　　　　　图 3-88

Step 3 单击形成的边界将其选择，如图 3-89（左）所示。

Step 4 展开【编辑边界】卷展栏，单击 封口 按钮，如图 3-89（中）所示，则边界被封口，形成一个新的多边形面，如图 3-89（右）所示。

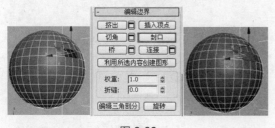

图 3-89

以上是有关【编辑多边形】修改器的常用编辑知识，该修改器是一个功能强大的修改工具，其操作简单，功能齐备，可以说无所不能。由于篇幅所限，其他功能将在后面的章节中通过复杂实例的操作进行讲解，在此不再赘述。

3.4 上机实训

3.4.1 实训 1——创建飘窗模型

1. 实训目的

本实训要求使用三维基本体创建飘窗模型。通过本例的操作熟练掌握使用三维基本体模型创建建筑模型的技能。具体实训目的如下。

● 掌握三维基本体模型的创建技能。
● 掌握三维基本体模型的编辑修改技能。
● 掌握使用三维基本体创建建筑三维模型的技能。

2. 实训要求

首先创建长方体基本体模型，并修改其【长度】、【宽度】、【长度分段】以及【宽度分段】参数，然后为其添加【编辑多边形】修改器，创建飘窗三维模型。本实训最终效果如图 3-90 所示。

图 3-90

具体要求如下。

（1）启动 3ds Max 程序。

（2）在顶视图中创建长方体基本体模型，并设置其【长度】、【宽度】以及各分段参数。

（3）为长方体模型添加【编辑多边形】修改器编辑出飘窗模型。

（4）将场景文件与渲染结果分别保存。

3. 完成实训

线架文件	线架文件\第 3 章\飘窗.max
效果文件	渲染效果\第 3 章\飘窗.tif
视频文件	视频文件\第 3 章\飘窗.swf

（1）创建飘窗基本模型

Step 1 启动 3ds Max 程序，并设置系统单位为"毫米"。

Step 2 单击命令面板中的【创建】按钮⚙进入【创建】面板，在其下拉列表中选择【标准基本体】选项。

Step 3 展开【对象类型】卷展栏，同时激活 长方体 按钮，在顶视图中拖曳鼠标创建一个长方体基本体对象。

Step 4 选择创建的长方体基本体对象，单击命令面板中的【修改】按钮☑进入【修改】面板。

Step 5 展开【参数】卷展栏，修改【长度】为 1500、【宽度】为 3500、【高度】为 150mm，其他设置默认，如图 3-91 所示。

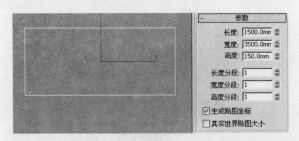

图 3-91

（2）编辑飘窗窗框模型

Step 1 在【修改器列表】中选择【编辑多边形】修改器，为长方体对象添加一个修改器。

Step 2 按【4】数字键进入【多边形】层级，在透视图中单击选中多边形面，如图 3-92所示。

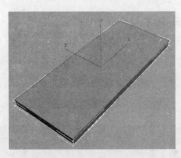

图 3-92

Step 3 展开【编辑多边形】卷展栏，单击 插入 按钮旁边的□按钮，然后设置【数量】为100，如图 3-93 所示。

图 3-93

Step 4 单击☑按钮确认，完成"插入"的操作。

Step 5 按住【Ctrl】键，继续在透视图中单击选中如图 3-94 所示的多边形。

图 3-94

Step 6 单击 挤出 按钮旁边的□按钮，选择挤出方式为【按多边形】方式，然后设置【高度】为 2000mm，如图 3-95 所示。

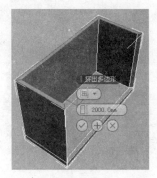

图 3-95

Step 7 单击✅按钮确认，完成"挤出"的操作。

Step 8 按【2】数字键进入【边】层级，按住【Ctrl】键单击选中如图 3-96 所示的两条边。

图 3-96

Step 9 展开【编辑边】卷展栏，单击 连接 按钮旁边的□按钮，设置【分段】为 2，其他设置默认，如图 3-97 所示。

图 3-97

Step 10 单击✅按钮确认，完成"连接"的操作。

Step 11 再次按住【Ctrl】键，继续在透视

图中单击选中飘窗模型的所有垂直边，如图 3-98 所示。

图 3-98

Step 12 单击 连接 按钮旁边的□按钮，设置【分段】为 1，其他设置默认，如图 3-99 所示。

图 3-99

Step 13 单击✅按钮确认，完成"连接"的操作。

（3）编辑飘窗玻璃模型

Step 1 在前视图中将连接生成的边沿 y 轴向上移动到如图 3-100 所示的位置。

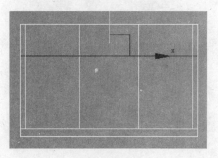

图 3-100

Step 2 按【4】数字键进入【多边形】层级，按住【Ctrl】键在透视图中单击选中如图 3-101 所示的多边形面。

图 3-101

Step 3 展开【编辑多边形】卷展栏，单击 插入 按钮旁边的□按钮，选中插入方式为【按多边形】，设置【数量】为60，如图3-102所示。

图 3-102

Step 4 单击☑按钮确认，完成"插入"的操作。

Step 5 单击 挤出 按钮旁边的□按钮，选择挤出方式为【按多边形】方式，然后设置【高度】为-50mm，如图3-103所示。

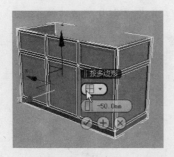

图 3-103

Step 6 单击☑按钮确认，完成"挤出"的操作。

Step 7 确保当前多边形被选择，在透视图中调整视角，按住【Ctrl】键继续单击选择飘窗内

部的多边形，如图3-104所示。

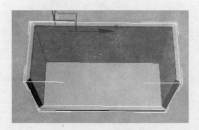

图 3-104

Step 8 向上推动【修改】面板，展开【多边形：材质ID】卷展栏，设置【设置ID】为1，如图3-105所示。

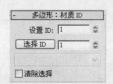

图 3-105

提示：由于该飘窗包括窗户玻璃和窗框等模型，因此在此要为飘窗不同的模型设置不同的"材质ID"号，这样便于后期为飘窗制作【多维/子对象】材质。

Step 9 执行菜单栏中的【编辑】/【反选】命令反选其他多边形，如图3-106所示。

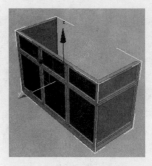

图 3-106

Step 10 按住【Alt】键单击飘窗底部的多边形将其从当前选择集中减去，只保留窗框模型的多边形，如图3-107所示。

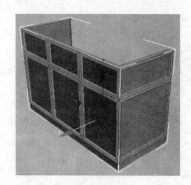

图 3-107

Step 11 再次在【多边形：材质 ID】卷展栏中设置【设置 ID】为 2，然后按数字键【4】退出【多边形】层级。

Step 12 这样该飘窗模型制作完毕，快速渲染透视图查看效果，结果如图 3-108 所示。

图 3-108

Step 13 最后执行【文件】/【保存】命令，将该场景保存为"飘窗.max"文件。

3.4.2 实训 2——制作别墅屋顶模型

1. 实训目的

本实训要求创建屋顶模型。通过本例的操作熟练掌握标准基本体的创建以及通过标准基本体创建建筑三维模型的技能。具体实训目的如下。

- 掌握长方体的创建技能。
- 掌握长方体的修改技能。
- 掌握使用长方体创建建筑三维模型的技能。

2. 实训要求

创建长方体模型，并设置各参数，然后将其转换为可编辑的多边形对象，编辑出别墅屋顶模型。本实训最终效果如图 3-109 所示。

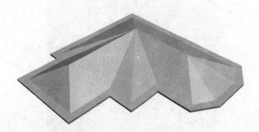

图 3-109

具体要求如下。

（1）启动 3ds Max 程序。
（2）创建长方体模型。
（3）将长方体转换为可编辑多边形对象。
（4）编辑修改创建出的别墅屋顶模型。
（5）为模型设置材质 ID 号。
（6）渲染场景并保存。

3. 完成实训

素材文件	CAD 文件/别墅二层平面.dxf
线架文件	线架文件\第 3 章\别墅屋顶.max
效果文件	渲染效果\第 3 章\别墅屋顶.tif
视频文件	视频文件\第 3 章\别墅屋顶.swf

（1）创建屋顶基本模型

Step 1 启动 3ds Max 程序。

Step 2 执行【导入】命令，导入"别墅二层平面.dxf"文件，如图 3-110 所示。

图 3-110

Step 3 选择导入的 CAD 文件，单击鼠标右键，在弹出的快捷菜单中选择【冻结当前选择】命令，将该文件冻结，结果如图 3-111 所示。

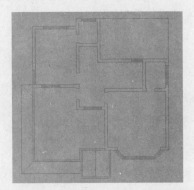

图 3-111

提示：冻结 CAD 图纸文件之后，该文件可以看到，但不能编辑，这样可以避免在创建模型时的错误操作。

Step 4 单击命令面板中的【创建】按钮 进入【创建】面板，在其下拉列表中选择【标准基本体】选项，如图 3-112 所示。

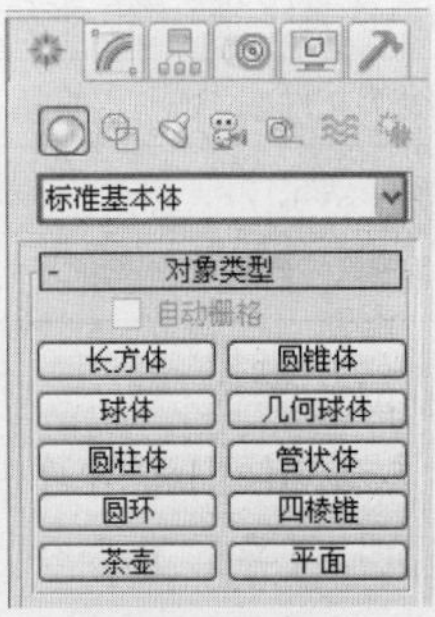

图 3-112

Step 5 展开【对象类型】卷展栏，同时激活 长方体 按钮，在顶视图中沿 CAD 图纸创建一个长方体基本体对象，如图 3-113 所示。

Step 6 选择创建的长方体基本体对象，单击命令面板中的【修改】按钮 进入【修改】面板。

Step 7 展开【参数】卷展栏，设置各参数如图 3-114 所示。

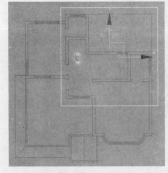

图 3-113

图 3-114

（2）编辑屋顶模型

Step 1 选择创建的长方体，单击鼠标右键，在弹出的快捷菜单中选择【转换为】/【转换为可编辑多边形】命令，将该对象转换为可编辑多边形对象。

提示：在对三维模型编辑的过程中，既可以为三维模型添加【编辑多边形】修改器，也可以将三维模型转换为"可编辑的多边形"对象，二者在编辑时没有区别，但是，转换后的模型将不能再设置其原始参数，因此，转换前一定要慎重考虑清楚。

Step 2 按【2】数字键进入【边】层级，在透视图中调整视角，然后按住【Ctrl】键选择两条水平边，如图 3-115 所示。

图 3-115

Step 3 展开【编辑边】卷展栏，单击 连接 按钮旁边的 按钮，设置【分段】为2，其他设置默认，如图 3-116 所示。单击 按钮确认，完成"连接"的操作。

Step 4 继续选择另一边的两条水平边，如图 3-117 所示。

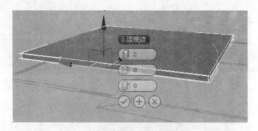

图 3-116

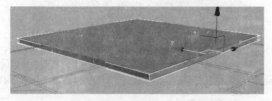

图 3-117

Step 5 单击 连接 按钮旁边的□按钮，设置【分段】为 1，其他设置默认，如图 3-118 所示。单击✓按钮确认，完成"连接"的操作。

图 3-118

Step 6 按【1】数字键进入【顶点】层级，在顶视图中以窗口选择方式分别选择"连接"后生成的各顶点，并调整顶点位置，如图 3-119 所示。

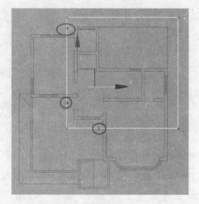

图 3-119

 提示：所谓窗口选择，是指按住鼠标左键拖曳，拖出选择框，将要选择的对象包围在选择框内，在此一定要是有窗口选择方式，这样才能将边的上下两个顶点全部选择。

（3）完善屋顶基本模型

Step 1 按【4】数字键进入【多边形】层级，在透视图中单击选中如图 3-120 所示的多边形面。

图 3-120

Step 2 展开【编辑多边形】卷展栏，单击 挤出 按钮旁边的□按钮，然后设置【高度】为 3400，如图 3-121 所示。单击✓按钮确认，完成"挤出"的操作。

图 3-121

Step 3 调整视角，再次在透视图中单击选中如图 3-122 所示的多边形。

图 3-122

Step 4 单击 挤出 按钮旁边的 □ 按钮，选择挤出方式为【按多边形】方式，然后设置【高度】为 3400mm，如图 3-123 所示。单击 ☑ 按钮确认，完成"挤出"的操作。按【4】数字键退出【多边形】层级。

图 3-123

（4）拉伸屋顶高度

Step 1 继续使用【导入】命令导入"别墅正立面.dxf"文件。

Step 2 设置【角度捕捉】为 90°，然后在顶视图中将导入的"别墅正立面.dxf"文件沿 y 轴旋转 90°，并在前视图中调整其位置，使其与二层平面图对齐，如图 3-124 所示。将导入的别墅正立面图冻结。

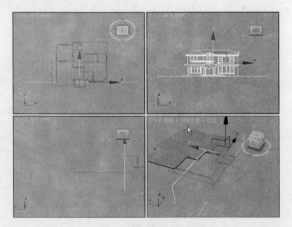

图 3-124

提示：有关捕捉设置以及角度设置的相关知识，请参阅本书第 2 章相关内容的介绍，在此不再赘述。

Step 3 选择创建的模型。按【2】数字键进入【边】层级，按住【Ctrl】键在透视图中单击

选中如图 3-125 所示的两条垂直边。

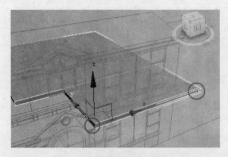

图 3-125

Step 4 单击 切角 按钮旁边的 □ 按钮，设置各参数，如图 3-126 所示。单击 ☑ 按钮确认，完成"切角"的操作。

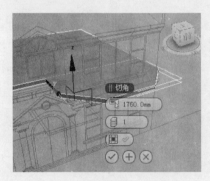

图 3-126

Step 5 按【4】数字键进入【多边形】层级，按住【Ctrl】键在透视图中单击选中如图 3-127 所示的多边形。

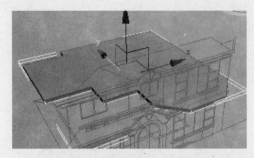

图 3-127

Step 6 展开【编辑多边形】卷展栏，单击 插入 按钮旁边的 □ 按钮，设置插入方式为【组】方式，设置【数量】为 550，如图 3-128 所示。单击 ☑ 按钮确认，完成"插入"的操作。

图 3-128

Step 7　单击 挤出 按钮旁边的□按钮，选择挤出方式为【组】方式，然后设置【高度】为 1640mm，使其与别墅正立面图的屋顶水平线对齐，如图 3-129 所示。单击☑按钮确认，完成"挤出"的操作。

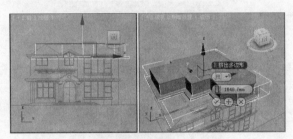

图 3-129

（5）创建屋顶斜面

Step 1　按【1】数字键进入【顶点】层级，在前视图中使用窗口选择方式框选左上角的顶点，如图 3-130 所示。

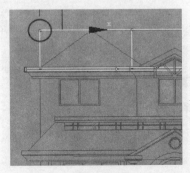

图 3-130

Step 2　使用移动工具将选择的顶点沿 x 轴向右移动，使其与别墅正立面图的屋顶坡面对齐，如图 3-131 所示。

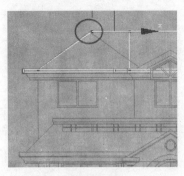

图 3-131

Step 3　继续框选右上角顶点，如图 3-132 所示，将其向左移动，使其与别墅正立面图的左上角屋面坡顶对齐，如图 3-133 所示。

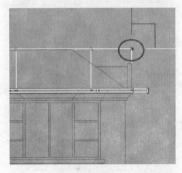

图 3-132

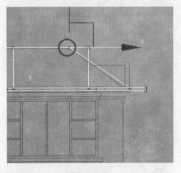

图 3-133

Step 4　继续选择如图 3-134 所示的顶点，将其沿 x 轴向左移动到如图 3-135 所示的位置。

Step 5　继续在前视图中框选如图 3-136 所示的点，将其沿 x 轴正方向移动，使其与如图 3-137 所示的点重合。

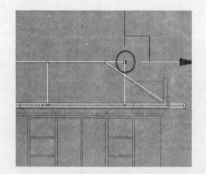

图 3-134

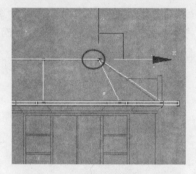

图 3-135

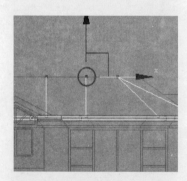

图 3-136

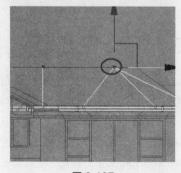

图 3-137

Step 6 在透视图中框选如图 3-138 所示的点，将其沿 y 轴移动，使其与如图 3-139 所示的点重合。

图 3-138

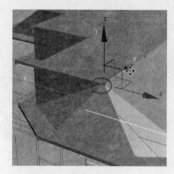

图 3-139

Step 7 在透视图中框选如图 3-140 所示的点，将其沿 y 轴移动，使其与如图 3-141 所示的点重合。

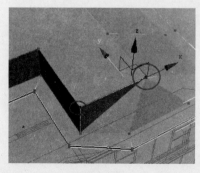

图 3-140

Step 8 在透视图中框选如图 3-142 所示的点，将其沿 y 轴移动，使其与如图 3-143 所示的点重合。

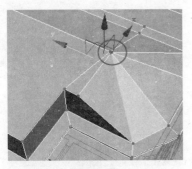

图 3-141

图 3-142

图 3-143

Step 9　在透视图中框选如图 3-144 所示的点，将其沿 y 轴移动，使其与如图 3-145 所示的点对齐。

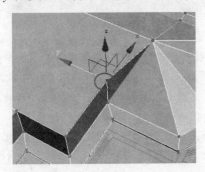

图 3-144

图 3-145

Step 10　在透视图中框选如图 3-146 所示的两个点，将其沿 y 轴移动，使其与如图 3-147 所示的点对齐。

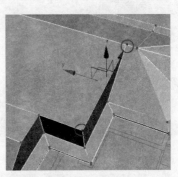

图 3-146

图 3-147

Step 11　在透视图中框选如图 3-148 所示的 3 个点，在左视图中将其沿 x 轴负方向移动到如图 3-149 所示的位置。

Step 12　在左视图中框选如图 3-150 所示的 2 个点，将其沿 x 轴正方向移动到如图 3-151 所示的位置。

图 3-148

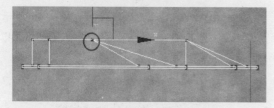

图 3-149

图 3-150

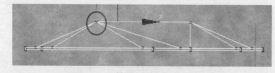

图 3-151

Step 13 在透视图中框选如图 3-152 所示的所有点，在前视图中将其沿 x 轴向右移动，使其与如图 3-153 所示的点对齐。退出【顶点】层级，在透视图中观察效果，结果如图 3-154 所示。

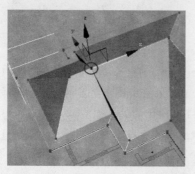

图 3-152

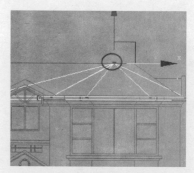

图 3-153

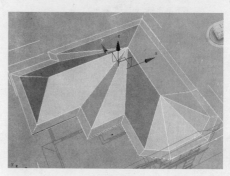

图 3-154

（6）创建屋顶屋檐模型

Step 1 在透视图中调整视角，然后进入【多边形】层级，按住【Ctrl】键将屋顶下面的多边形选择，如图 3-155 所示。

图 3-155

Step 2 展开【编辑多边形】卷展栏，单击 插入 按钮旁边的□按钮，设置插入方式为"组"方式，设置【数量】为 135，如图 3-156 所示。单击☑按钮确认，完成"插入"的操作。

Step 3 单击 挤出 按钮旁边的□按钮，选择挤出方式为【组】方式，然后设置【高度】为 65mm，如图 3-157 所示。单击☑按钮确认，完成"挤出"的操作。

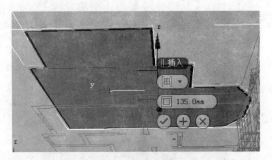

图 3-156

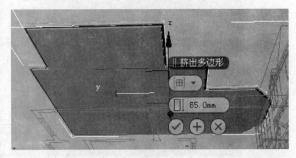

图 3-157

Step 4　单击 倒角 按钮旁边的 □ 按钮，选择倒角方式为【组】方式，然后设置【高度】为135mm，设置【轮廓】为-150mm，如图 3-158所示。

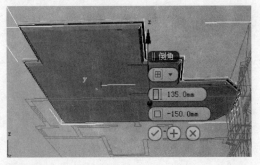

图 3-158

Step 5　单击 + 按钮，然后设置【高度】为95mm，【轮廓】为 0，在此倒角，如图 3-159所示。单击 ✓ 按钮确认，完成"倒角"的操作。

Step 6　在前视图中以窗交方式选择挤出的屋面模型，如图 3-160 所示。

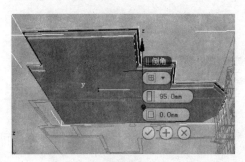

图 3-159

图 3-160

Step 7　在【修改】面板中展开【材质:ID】卷展栏，设置材质 ID 为 1，如图 3-161 所示。

Step 8　执行菜单栏中的【编辑】/【反选】命令，反选其他多边形，然后设置材质 ID 号为 2，如图 3-162 所示。

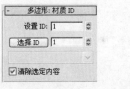

图 3-161　　　　　图 3-162

Step 9　按数字键【4】退出【多边形】层级，快速渲染透视图，查看制作完成的屋顶效果，结果如图 3-163 所示。

图 3-163

Step 10　最后执行【文件】/【保存】命令，将该场景保存为"别墅屋顶.max"文件。

▌3.5▌上机与练习

1. 单选题

（1）要创建具有方形底部的长方体，可以（　　）。

    A. 按住键盘上的【Alt】键

    B. 按住键盘上的【Ctrl】键

    C. 按住键盘上的【Shift】键

（2）创建一个立方体时，正确的操作是（　　）。

    A. 在【创建方法】卷展栏中勾选【立方体】选项，在视图中拖曳鼠标

    B. 按住键盘上的【Shift】键在视图中拖曳

    C. 按住键盘上的【Ctrl】键在视图中拖曳

（3）切角长方体除了具有长方体的所有参数设置之外，还增加了（　　）设置，用来产生切角效果。

    A.【圆角】和【圆角分段】

    B.【长度分段】和【圆角分段】

    C.【长度分段】、【宽度分段】和【高度分段】

2. 操作题

运用所学知识，使用切角圆柱体，结合【编辑多边形】命令创建如图 3-164 所示的沙发模型。

图 3-164

第**4**章

二维建模技术

📖 **学习目标**

了解二维图形的类型，掌握二维样条线的绘制、编辑技能，主要内容包括绘制线、绘制矩形、绘制圆、绘制弧、绘制多边形、编辑样条线等二维图形的绘制与编辑技能，为以后绘制室内模型奠定基础。

📖 **学习重点**

掌握线、矩形、多边形、圆的绘制技能以及编辑二维图形顶点、线段与样条线的技能，同时学习通过样条线结合相关修改器创建室内常用三维模型的技能。

📖 **主要内容**

◆　了解二维图形及其作用
◆　绘制二维图形
◆　编辑二维图形
◆　二维图形修改建模
◆　二维放样建模
◆　上机实训
◆　上机与练习

4.1 了解二维图形及其作用

在 3ds Max 软件中，二维图形对象包括 11 种，分别是"线""矩形""圆""椭圆""弧""圆环""多边形""星形""文本""螺旋线"和"截面"。

进入【创建】面板，单击【图形】按钮，在其下拉列表中选择【样条线】选项，展开【对象类型】卷展栏，即可显示这 11 种对象的创建按钮，如图 4-1 所示。激活相关按钮，即可在视图中创建这 11 种二维图形对象，如图 4-2 所示。

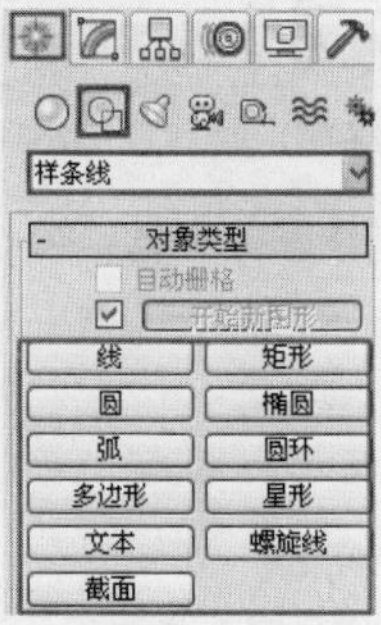

图 4-1　　　　　　图 4-2

所有这些二维图形对象是一个由一条或多条曲线或直线组成的对象，二维图形对象常用做其他对象组件的 2D 和 3D 直线以及直线组，大多数默认的二维图形对象都是由样条线组成。使用这些二维图形对象，可以执行下列操作。

◆ 生成面片和薄的三维曲面。使用二维样条线可以生成面片和薄的三维曲面模型，如图 4-3 所示。

图 4-3

◆ 定义放样组件，如路径和图形，并拟合曲

线。在使用【放样】创建模型的过程中，使用二维样条线作为放样组建的路径和截面图形，可以生成三维模型，如图 4-4 所示。

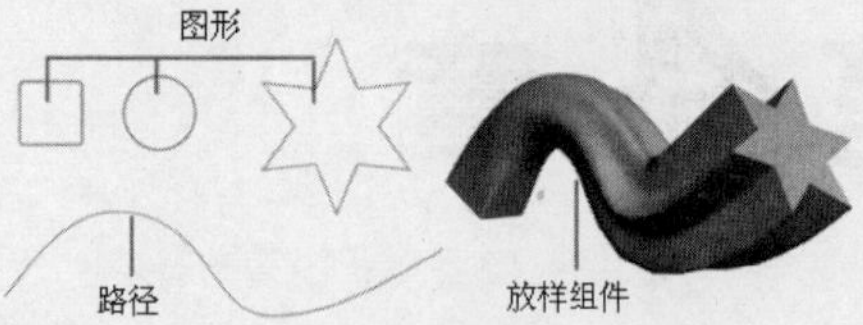

图 4-4

◆ 生成旋转曲面。使用二维样条线通过旋转，可以生成具有三维效果的旋转曲面，如图 4-5 所示。

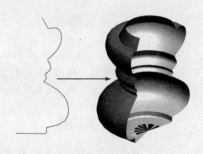

图 4-5

◆ 生成挤出对象。使用二维样条线通过挤出，可以生成具有三维效果的挤出模型，如图 4-6 所示。

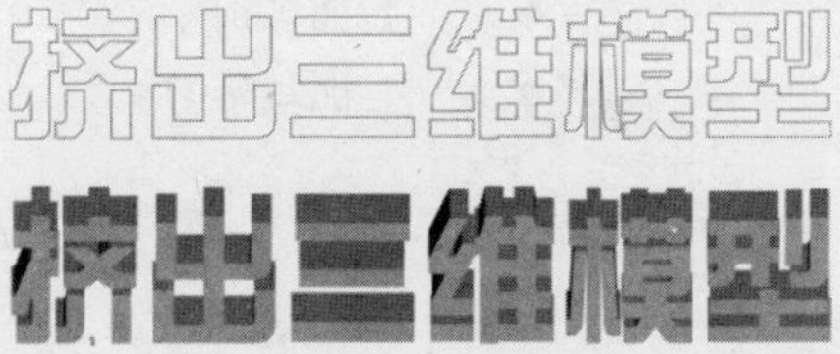

图 4-6

◆ 定义运动路径。在三维动画制作中，二维样条线可以作为物体的运动路径，图 4-7 所示是沿曲线路径运动的小球。

图 4-7

▌4.2▐ 绘制二维图形

在认识了二维图形及其作用之后，下面继续学习绘制二维图形的相关技能。

4.2.1 绘制线

在众多的二维图形对象中，线对象是最具二维图形特征的样条线对象，使用线可以创建多个分段组成的自由形式样条线，通过对样条线的编辑，从而创建三维模型对象。

【任务 1】绘制线。

Step 1 启动 3ds Max 程序。

Step 2 在【创建】面板中单击【图形】按钮 进入二维图形创建面板，在其下拉列表中选择【样条线】选项，在【对象类型】卷展栏下激活 线 按钮，如图 4-8 所示。

Step 3 展开【创建方法】卷展栏，选择一种创建方法，如图 4-9 所示。

图 4-8

图 4-9

◆ 【初始类型】：即开始绘制时线形顶点的类型，包括【角点】和【平滑】两个选项。选择【角点】类型，将产生一个尖端；选择【平滑】类型，将通过顶点产生一条平滑、不可调整的曲线，由顶点的间距来设置曲率的数量。

◆ 【拖动类型】：即线形结束时的点的类型，包括【角点】、【平滑】和【Bezier】。选择【Bezier】类型，通过顶点产生一条平滑、可调整的曲线，通过在每个顶点拖动鼠标来设置曲率的值和曲线的方向。

Step 4 选择【初始类型】为【角点】，【拖动类型】为【Bezier】，在任意视图中单击鼠标确定起点。

Step 5 移动鼠标指针到合适位置拖曳鼠标指针创建 "Bezier" 角点，依此方法绘制线对象。

Step 6 单击鼠标右键结束线对象的绘制，创建完成非闭合的线对象，如图 4-10 所示。

图 4-10

Step 7 将鼠标指针移动到线对象的起点位置单击，此时将弹出【样条线】提示框，询问是否闭合样条线，单击 是(Y) 按钮即可创建闭合样条线，如图 4-11 所示。

图 4-11

4.2.2 绘制与修改矩形

矩形是由 4 条样条线组成的二维图形。矩形的绘制比较简单，当绘制矩形图形后，可以进入【修改】面板，在【参数】卷展栏下修改其【长度】、【宽度】以及【角半径】参数，以创建不同尺寸、不同圆角度的矩形。

【任务 2】创建矩形并修改。

Step 1 启动 3ds Max 程序。

Step 2 在【创建】面板中单击【图形】按钮 进入二维图形创建面板，在其下拉列表中选择【样条线】选项，在【对象类型】卷展栏下激活 矩形 按钮，如图 4-12 所示。

Step 3 在任意视图中拖曳鼠标创建一个矩形，如图 4-13 所示。

Step 4 单击选择创建的矩形对象，单击命令面板中的【修改】按钮 进入【修改】面板，展开【参数】卷展栏，修改各参数，如图 4-14 所示，此时矩形效果如图 4-15 所示。

图 4-12

图 4-13

图 4-14

图 4-15

- ◆ 【长度】: 设置矩形的长度。
- ◆ 【宽度】: 设置矩形的宽度。
- ◆ 【角半径】: 设置矩形的角半径, 以创建具有圆角效果的矩形。

提示: 在创建矩形时, 可以在【创建方法】卷展栏下设置创建方法, 其中【边】是系统默认的创建方法, 即由矩形的一个边开始创建矩形, 如果选择【中心】方式, 即从矩形的中心开始创建矩形。另外, 展开【键盘输入】卷展栏, 如图 4-16 所示, 直接输入矩形的 x、y 和 z 的坐标值均为 0, 然后输入长度、宽度和角半径值, 单击 创建 按钮, 即可以视图的中心作为矩形的中心创建矩形, 如图 4-17 所示。

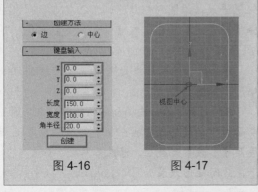

图 4-16   图 4-17

4.2.3　绘制与修改圆

圆是由 4 个顶点组成的闭合圆形样条线。圆的绘制也很简单, 当绘制圆后, 可以进入修改【面板】, 在其【参数】卷展栏下指定圆的"半径", 以创建不同半径的圆。

【任务 3】绘制圆。

Step 1　启动 3ds Max 程序。

Step 2　在【创建】面板中单击【图形】按钮 进入二维图形创建面板, 在其下拉列表中选择【样条线】选项, 在【对象类型】卷展栏下激活 圆 按钮, 如图 4-18 所示。

Step 3　在任意视图中拖曳鼠标指针创建一个圆, 如图 4-19 所示。

图 4-18   图 4-19

【任务 4】修改圆。

Step 1　单击选择创建的圆对象, 单击命令面板中的【修改】按钮 进入【修改】面板。

Step 2　展开【参数】卷展栏, 修改半径, 如图 4-20 所示, 以创建不同半径的圆, 如图 4-21 所示。

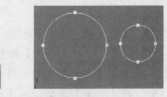

图 4-20   图 4-21

提示: 在创建圆时, 同样可以在【创建方法】卷展栏下设置创建方法, 其中【边】是系统默认的创建方法, 即由圆上的一个点开始创建圆, 如果选择【中心】方式, 即从圆的圆心开始创建圆。另外, 展开【键盘输入】卷展栏, 直接输入圆心的 x、y 和 z 的坐标值, 然后输入圆的半径, 单击 创建 按钮, 即可以视图中心创建圆。

4.2.4 绘制与修改弧

弧是由 4 个顶点组成的打开或闭合的圆形弧形。当绘制弧后，可以进入【修改】面板，在其【参数】卷展栏中修改各参数，以创建不同半径、不同形体的弧。

弧的创建方法有两种，一种是"端点-端点-中央"方式。所谓"端点-端点-中央"方式是指首先指定圆弧的起点和端点，然后拾取圆弧上的一点以绘制圆弧，这是系统默认的一种创建圆弧的方式。另一种是"中间-端点-端点"方式，这种方式是指首先确定圆弧的圆心，然后拾取圆弧的端点，再拾取圆弧的另一个端点。下面分别学习这两种创建圆弧的方式。

【任务5】"端点-端点-中央"方式创建一段圆弧。

Step 1 启动 3ds Max 程序。

Step 2 在【创建】面板中单击【图形】按钮进入二维图形创建面板，在其下拉列表中选择【样条线】选项，在【对象类型】卷展栏下激活 弧 按钮，如图 4-22 所示。

Step 3 展开【创建方式】卷展栏，勾选【端点-端点-中央】选项，如图 4-23 所示。

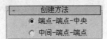

图 4-22　　　　　　图 4-23

Step 4 在任意视图中拖曳鼠标指针确定圆弧的两个端点，然后释放鼠标并向上或向下移动鼠标指针确定弧上的一点，单击鼠标完成弧的创建，如图 4-24 所示。

图 4-24

【任务6】"中间-端点-端点"方式创建一段圆弧。

Step 1 在【创建】面板中单击【图形】按钮进入二维图形创建面板，在其下拉列表中选择【样条线】选项，在【对象类型】卷展栏下激活 弧 按钮。

Step 2 展开【创建方式】卷展栏，勾选【中间-端点-端点】选项。

Step 3 在任意视图中按住鼠标左键拖曳，以确定圆弧的半径，同时确定圆弧的一个端点。

Step 4 释放鼠标，然后水平移动鼠标指针，确定圆弧的弧长。

Step 5 单击鼠标确定圆弧的另一个端点，完成圆弧的绘制，如图 4-25 所示。

图 4-25

【任务7】修改弧。

不管是使用哪种方式绘制的圆弧，都可以进入其【参数】卷展栏修改圆弧的半径以及弧长等。

Step 1 首先选择绘制的圆弧。

Step 2 单击命令面板中的【修改】按钮进入【修改】面板。

Step 3 展开【参数】卷展栏，修改圆弧的半径等参数，如图 4-26 所示。

♦ 【半径】：更改弧形的半径。

♦ 【从】：在从局部正 x 轴测量角度时指定起点的位置。

♦ 【到】：在从局部正 x 轴测量角度时指定端点的位置。

♦ 【饼形切片】：启用此选项后，以扇形形式创建闭合样条线，起点和端点将中心与直分段连接起来，如图 4-27 所示。

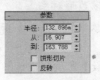

图 4-26　　　　　　图 4-27

4.2.5 绘制与修改多边形

多边形是由多条样条曲线组成的二维图形。多边形的创建与圆比较相似，直接在视图中拖曳鼠标指针即可创建一个多边形。当创建多边形之后，可以进入【修改】面板，展开其【参数】卷展栏修改多边形各参数，以创建不同边数和不同半径的多边形，如图 4-28 所示。

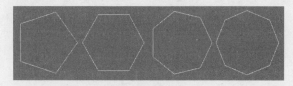

图 4-28

【任务 8】创建多边形。

Step 1 启动 3ds Max 程序。

Step 2 在【创建】面板中单击【图形】按钮进入二维图形创建面板，在其下拉列表中选择【样条线】选项，在【对象类型】卷展栏下激活 多边形 按钮，如图 4-29 所示。

Step 3 在任意视图中按住鼠标左键拖曳指针，创建一个多边形，如图 4-30 所示。

图 4-29

图 4-30

【任务 9】修改多边形。

系统默认下，多边形为 6 条边，用户可以展开【参数】卷展栏修改边数、半径、角半径等，以创建不同边数和半径的多边形。

Step 1 选择创建的多边形对象。

Step 2 单击命令面板中的【修改】按钮进入【修改】面板。

Step 3 展开其【参数】卷展栏，如图 4-31 所示，修改多边形的各参数。

♦ 【半径】：设置多边形的半径。

♦ 【内接】：勾选该选项，则绘制内接圆多边形，即多边形的半径是多边形的中心到多边形各边垂足的距离，如图 4-32 所示。

图 4-31

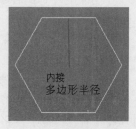

图 4-32

♦ 【外接】：勾选该选项，则绘制外接圆多边形，即多边形的半径是多边形的中心到多边形各角点的距离，如图 4-33 所示。

♦ 【边数】：设置多边形的边数，创建不同边数的多边形。

♦ 【角半径】：设置多边形的角半径，创建不同角半径的多边形。

图 4-34 所示是【边数】为 3、【角半径】为 5 的多边形。

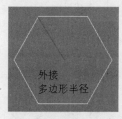

图 4-33

图 4-34

4.3 编辑二维图形

下面继续学习编辑图形的相关技能。在众多的二维图形中，只有线是可编辑的二维样条线对象，其他诸如矩形、圆、多边形、弧等都不是可编辑的二维图形，因此，在对这些二维图形进行编辑时，需要为其添加【编辑样条线】修改器，或者将其转换为可编辑的样条线，然后就可以进入样条线图形的【顶点】、【线段】和【样条线】

层级进行编辑。

需要注意的是，当将二维图形转换为可编辑的样条线之后，这些图形的原始参数将丢失，不便于对原始图形进行修改，因此，建议不要将图形转换为可编辑的样条线，而是为图形添加【编辑样条线】修改器，这样可以修改图形的原始参数。

4.3.1 了解二维图形的可渲染属性

一般情况下，二维图形不具备三维模型的特征，是不可渲染的，只有设置了二维图形的可渲染属性，二维图形才可渲染。选择任意二维图形，进入【修改】面板，展开【渲染】卷展栏，在该卷展栏下可设置二维图形的渲染属性，如图 4-35 所示。

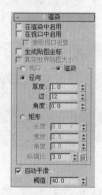

图 4-35

♦ 【在渲染中启用】：勾选该选项，只有在渲染时才启用二维图形的可渲染属性。

♦ 【在视口中启用】：勾选该选项，在当前视口即可启用二维图形的可渲染属性。如图 4-36 所示是圆图形启用可渲染属性前、后和渲染效果。

图 4-36

♦ 【径向】：勾选该选项，在【厚度】选项中设置二维图形的厚度，在【边】选项中

设置二维图形的边数，在【角度】选项中设置二维图形的边旋转角度，如图 4-37 所示，圆图形设置【径向】选项后的效果比较。

图 4-37

♦ 【矩形】：勾选该选项，设置【长度】、【宽度】、【角度】以及【纵横比】，以创建不同长宽度和纵横比的二维图形，如图 4-38 所示是圆图形设置【矩形】选项后的效果比较。

图 4-38

4.3.2 编辑顶点

在"可编辑样条线"对象中，顶点有 4 种类型，具体包括【Bezier 角点】、【Bezier】、【角点】和【平滑】，这 4 种类型的顶点是组成样条线对象的基本元素，进入【顶点】层级后，用户不仅可以在这 4 种类型的顶点之间进行切换，还可以删除或移动任何一个顶点，另外还可以对顶点进行焊接、连接、断开等操作，从而影响该顶点所连接的任何线段的形状。下面学习编辑顶点的方法。

1. 移动、删除顶点

可以移动或删除样条线中的任何一个顶点，从而影响样条线的形状。

【任务 10】移动、删除顶点。

Step 1 在视图中绘制圆，进入【修改】面板，在【修改器列表】中选择【编辑样条线】修改器。

Step 2 按键盘上的【1】数字键（或激活【选择】卷展栏下的【顶点】按钮）进入【顶点】层级，如图 4-39 所示。

Step 3 激活主工具栏中的【选择并移动】工具，单击选择一个顶点，选择的顶点显示红色，如图 4-40 所示。

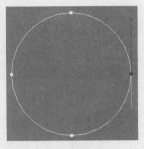

图 4-39　　　　　图 4-40

Step 4 将选择的顶点沿任意坐标移动到其他位置，或按键盘中的【Delete】键将其删除，此时圆图形形状发生变化，如图 4-41 所示。

图 4-41

2. 改变顶点类型

样条线中的每一个顶点，都有可能属于【Bezier 角点】、【Bezier】、【角点】和【平滑】这 4 种类型之一，这 4 种类型的顶点将产生不同形状效果的样条线，用户可以通过右键菜单在这 4 种类型的顶点之间切换。

【任务 11】改变顶点类型。

Step 1 单击选择一个顶点，被选择的顶点显示红色。

Step 2 单击鼠标右键，在弹出的快捷菜单中选择一种顶点类型，从而影响该顶点连接的一段线段的形状，如图 4-42 所示。

选择【Bezier】类型，将创建带有连续的切线控制柄的顶点，可以沿 x、y、xy 轴调节控制柄，从而影响顶点两端的曲线形状，创建平滑曲线，

顶点处的曲率由切线控制柄的方向和量级确定，如图 4-43 所示。

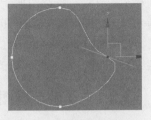

图 4-42　　　　　图 4-43

选择【平滑】类型，将创建不可调节的平滑连续的曲线，其平滑处的曲率是由相邻顶点的间距决定的，如图 4-44 所示。

选择【角点】类型，将创建不可调节的锐角转角的曲线，如图 4-45 所示。

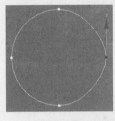
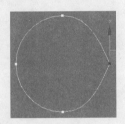

图 4-44　　　　　图 4-45

选择【Bezier 角点】类型，创建带有不连续的切线控制柄的顶点，可以沿 x、y、xy 轴调节控制柄，从而影响顶点一端的曲线，创建锐角转角曲线，线段离开转角时的曲率是由切线控制柄的方向和量级设置的，如图 4-46 所示。

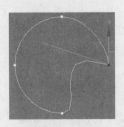

图 4-46

3. 焊接、连接、断开顶点

对于一个开放的样条线，可以将两个顶点焊接或连接，使其成为一个闭合的样条线。相反，对于一个闭合的样条线，也可以将其顶点断开，

使其成为一个开放的样条线。

【任务 12】连接、断开、焊接顶点。

Step 1　进入【顶点】层级，选择样条线一端的一个顶点，展开【几何体】卷展栏，激活 连接 按钮，将鼠标指针移动到顶点上，指针显示为十字形状，如图 4-47 所示。

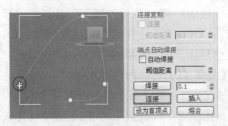

图 4-47

Step 2　按住鼠标左键将该顶点拖到样条线另一端的顶点上，指针显示为"连接"图标，此时释放鼠标即可将两个顶点连接，使开放的样条线成为闭合样条线，如图 4-48 所示。

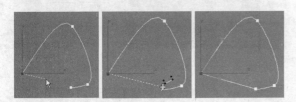

图 4-48

Step 3　选择另一个顶点，单击【几何体】卷展栏下的 断开 按钮，如图 4-49 所示。

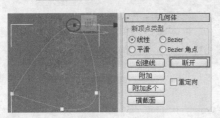

图 4-49

Step 4　使用【选择并移动】工具将该顶点向一边移动，发现该顶点已经被断开，如图 4-50 所示。

Step 5　使用窗口选择方式框选断开后的两个顶点，在【几何体】卷展栏下的 焊接 按钮旁的输入框输入一个焊接数值，如输入 10，如图 4-51 所示。

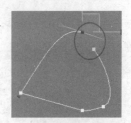

图 4-50

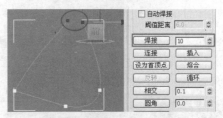

图 4-51

Step 6　单击 焊接 按钮，此时两个顶点被焊接在一起，如图 4-52 所示。

图 4-52

提示：对于距离较远的两个顶点，可以使用【连接】将其连接在一起，但对于距离较近的顶点，则可以使用【焊接】或【自动焊接】命令，输入一个合适的数值将其焊接。另外，当勾选【自动焊接】选项，在【阈值距离】输入框中输入一个合适的值，当两个顶点在该数值范围之内时会自动焊接。

4. 设置"圆角""切角"顶点

使用【圆角】和【切角】命令，可以对一个"角点"类型的顶点设置圆角或切角。

【任务 13】设置顶点的圆角和切角效果。

Step 1　依照前面所学知识，激活 线 按钮，绘制顶点为【角点】类型的闭合的样条线。

Step 2　进入样条线的【顶点】层级，选择

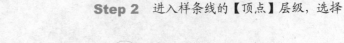

样体线的 4 个顶点，如图 4-53 所示。

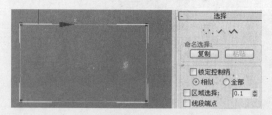

图 4-53

Step 3 在【几何体】卷展栏下激活 圆角 按钮，将鼠标指针移动到样条线的顶点上，指针显示圆角图标，如图 4-54 所示。

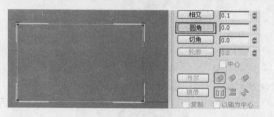

图 4-54

Step 4 按住鼠标左键拖曳指针，对顶点进行圆角设置，效果如图 4-55 所示。

图 4-55

> 提示：可以对顶点进行切角处理，效果如图 4-56 所示，其操作与处理圆角效果相同，在此不再赘述。另外，选择顶点，在 切角 按钮后的输入框中输入数值，单击 切角 按钮也可以对顶点进行切角处理。

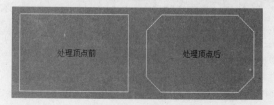

图 4-56

4.3.3 编辑线段

两个顶点之间即是线段。在进入【线段】层级时，用户可以选择一条或多条线段，并对其进行移动、旋转、缩放、删除甚至克隆操作。

1. 线段的"优化"与"插入"

线段的"优化"与"插入"是指在线段上插入点，以便对线段进行编辑调整。下面学习线段的优化与插入的相关技能。

【任务 14】在线段上插入点。

Step 1 在视图中绘制一段样条线。

Step 2 按键盘上的【2】数字键（或激活【选择】卷展栏下的【线段】按钮 ）进入样条线的【线段】层级，然后在视图中单击选择一段线段，选择的【线段】显示红色，如图 4-57 所示。

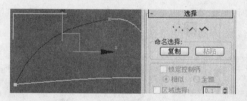

图 4-57

Step 3 激活【几何体】卷展栏下的 优化 按钮，将鼠标指针移动到选择的线段上，指针显示"优化"图标，如图 4-58 所示。

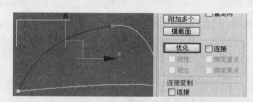

图 4-58

> 提示："优化"允许用户在线段上添加顶点，而不更改样条线的曲率值。激活 优化 按钮后，在选择的线段上单击鼠标即可添加一个顶点，添加的顶点类型取决于要"优化"的线段端点上的顶点类型。例如，如果边界顶点都是【平滑】类型，"优化"操作将创建一个【平滑】类型的顶点。

Step 4　在线段上单击鼠标，即可添加顶点，如图 4-59 所示。

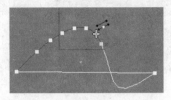

图 4-59

Step 5　选择另一段线段，激活 [插入] 按钮，将指针移动到线段上，指针显示"插入"图标，如图 4-60 所示。

图 4-60

提示："插入"允许用户在线段上插入一个或多个顶点，以创建其他线段。激活【插入】按钮，然后单击线段中的任意某处可以插入顶点并将鼠标指针附加到样条线上，移动指针并单击以放置新顶点，继续移动指针然后单击以添加新顶点。

Step 6　在选择的线段上单击，然后移动指针到其他位置继续单击，确定插入顶点的位置，依次移动指针并单击插入顶点，如图 4-61 所示。

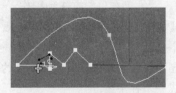

图 4-61

提示：通过"优化"或"插入"可以在样条线上添加更多的顶点，但需要注意的是，"优化"不会改变原样条线的曲率值，即不会改变原样条线的形状，而"插入"顶点时将改变曲线的曲率值，即改变原线段的形状。

2．拆分、分离线段

使用【拆分】命令可以通过添加由微调器指定的顶点数来细分所选线段，而使用【分离】命令则可以将选择的线段从该样条线中分离出来，成为独立存在的样条线。

【任务 15】拆分、分离线段。

Step 1　继续前面的操作。再次选择一段线段，在【几何体】卷展栏下的 [拆分] 按钮右边输入拆分的顶点数，如图 4-62 所示。

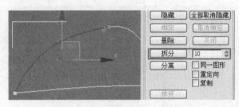

图 4-62

Step 2　单击 [拆分] 按钮，此时线段上添加了 10 个顶点，线段被拆分为 11 段，如图 4-63 所示。

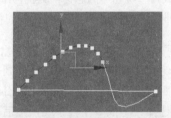

图 4-63

Step 3　选择另一段线段，在【几何体】卷展栏下的 [分离] 按钮旁选择一种分离的方式，如选择【复制】方式，如图 4-64 所示。

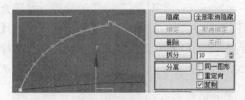

图 4-64

◆ 【同一图形】：选择该方式，"分离"操作将使分离的线段保留为形状的一部分（而不是生成一个新形状）。

◆ 【重定向】：选择该方式，"分离"的线段复制原对象的创建局部坐标系的位置和

方向。此时，将会移动和旋转新的分离对象，以便对局部坐标系进行定位，并使其与当前活动栅格的原点对齐。

♦ 【复制】：选择该方式，可以将选择的线段复制并分离出一个副本。该选项较常用。

Step 4 单击 分离 按钮，在弹出的【分离】对话框中为分离并复制的对象命名，单击 确定 按钮确认，线段被分离复制了一个副本，如图 4-65 所示。

图 4-65

4.3.4 编辑样条线

样条线是二维图形的总称，编辑样条线其实就是编辑二维图形。下面学习编辑样条线的相关技能。

1. 编辑轮廓

编辑轮廓其实就是制作样条线的副本，所有侧边上的距离偏移量由 轮廓 按钮右侧的微调器指定。选择一个或多个样条线，然后使用微调器动态地调整轮廓位置，或单击 轮廓 按钮后拖动样条线。如果样条线是开口的，生成的样条线及其轮廓将生成一个闭合的样条线。

【任务 16】制作样条线的副本图形。

Step 1 继续 4.3.3 小节的操作。按键盘上的【3】数字键（或激活【选择】卷展栏中的【样条线】按钮）进入【样条线】层级，单击选择样条线，选择的样条线显示红色，如图 4-66 所示。

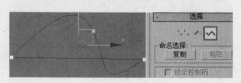

图 4-66

Step 2 在【几何体】卷展栏下激活 轮廓 按钮，将鼠标指针移动到样条线上，指针显示轮

廓形状，如图 4-67 所示。

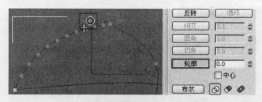

图 4-67

Step 3 按住鼠标左键拖曳指针，为样条线添加轮廓，如图 4-68 所示。

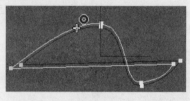

图 4-68

2. 二维"布尔"操作

通过二维"布尔"操作可将两个闭合样条线组合在一起。选择第一个样条线，单击 布尔 按钮并选择一个操作方法，然后选择第二个样条线进行"布尔"运算操作。

执行二维"布尔"操作必须具备以下 4 个条件。

（1）两个图形必须是附加的可编辑样条线图形。

（2）两个图形必须是在同一平面内。

（3）两个图形必须是闭合的样条线图形。

（4）两个图形必须有相交。

具备以上 4 个条件后，才可以进行二维"布尔"操作。二维"布尔"有 3 种操作。

♦ 【并集】：将两个重叠样条线组合成一个样条线，在该样条线中，重叠的部分被删除，保留两个样条线不重叠的部分，构成一个样条线。

♦ 【差集】：从第一个样条线中减去与第二个样条线重叠的部分，并删除第二个样条线中剩余的部分。

♦ 【相交】：仅保留两个样条线的重叠部分，删除两者的不重叠部分。

【任务 17】学习二维"布尔"运算的操作方法。

Step 1 在视图中绘制一个矩形，再绘制一个圆，并使其与矩形相交，如图 4-69 所示。

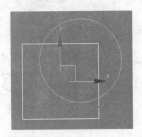

图 4-69

Step 2　选择矩形并单击鼠标右键，在弹出的快捷菜单中选择【转换为】/【转换为可编辑样条线】命令，将矩形转换为可编辑的样条线。

> 提示：由于矩形不属于"可编辑的样条线"，因此，再进行二维"布尔"操作时，需要将矩形转换为"可编辑的样条线"，然后才能和圆附加。

Step 3　进入【修改】面板，在【几何体】卷展栏下激活　附加　按钮，将鼠标指针移动到圆图形上，指针显示附加图标，此时单击鼠标将圆附加，如图 4-70 所示。

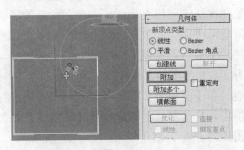

图 4-70

> 提示："附加"是将场景中的其他样条线对象附加到所选的"可编辑样条线"对象中，首先选择"可编辑的样条线"图形对象，激活　附加　按钮，再单击要附加的其他任何样条线对象，即可将其附加。该操作比较简单，后面不再赘述。

Step 4　按键盘上的【3】数字键进入【样条线】层级，然后在视图中单击选择矩形，矩形显示红色。

Step 5　在【几何体】卷展栏下激活　布尔　按钮，并激活【并集】按钮，然后在视图中单击圆进行"并集"的布尔操作。

Step 6　继续激活【差集】按钮，然后在视图中单击圆进行"差集"的布尔操作。

Step 7　继续激活【相交】按钮，然后在视图中单击圆进行"交集"的布尔操作，"布尔"操作的最终效果如图 4-71 所示。

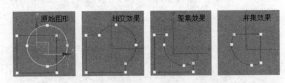

图 4-71

4.4　二维图形修改模型

对二维样条线进行编辑，只能调整样条线的形态，并不能创建出真正意义上的三维模型，要想使用样条线创建三维模型，还需要为其添加相关修改器。

4.4.1　通过【车削】创建三维模型

【车削】是通过绕轴旋转一个二维图形或 NURBS 曲线来创建三维模型。首先使用二维样条线创建出对象的一个外轮廓线，然后为其添加【车削】修改器，同时在其【参数】卷展栏中设置相关参数，以生成不同效果的三维模型。其【参数】卷展栏如图 4-72 所示。

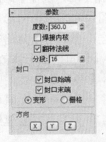

图 4-72

- 【度数】：确定对象绕轴旋转多少度，范围为 0～360，默认值是 360。
- 【焊接内核】：通过将旋转轴中的顶点焊接来简化网格。
- 【翻转法线】：依赖图形上顶点的方向和旋转方向，旋转对象可能会内部外翻，可切换【翻转法线】复选框来修正。
- 【分段】：在起始点之间确定在曲面上创建多少插值线段，值越大模型越平滑，反之模型不平滑。

> 提示：使用【分段】微调器可以创建多达 10000 条的线段，使车削的对象更光滑，但最好不要通过设置【分段】数来创建较为光滑的三维对象，这样就会使三维对象很复杂，通常可以使用"平滑组"或【平滑】修改器来获得满意的结果。

- 【方向】：包括 x、y、z，用于相对对象轴点来确定旋转的方向，使用不同的方向将产生不同的效果。
- 【对齐】：包括【最小】、【中心】和【最大】3 种对齐方式，将旋转轴与图形的最小、中心或最大范围对齐。不同的对齐方式同样产生不同的效果。

4.4.2　通过【倒角剖面】创建三维模型

　　【倒角剖面】修改器使用另一个图形路径作为"倒角截剖面"来挤出一个图形，它是【倒角】修改器的一种变量。在使用【倒角剖面】修改器创建模型时，首先在顶视图中创建一个图形作为截面图形，在前视图中创建一个图形作为路径图形，选择路径图形并应用【倒角剖面】修改器，单击【倒角剖面】修改器【参数】卷展栏中的 拾取剖面 按钮，然后单击截面图形即可。其【参数】卷展栏如图 4-73 所示，其创建结果如图 4-74 所示。

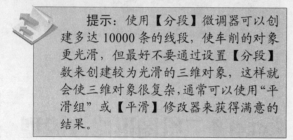

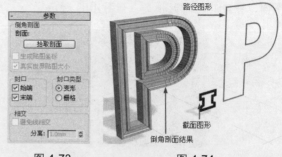

图 4-73　　　　　　　　图 4-74

> 提示：如果删除原始截面（即倒角剖面），则倒角剖面失效。与提供图形的放样对象不同，倒角剖面只是一个简单的修改器，尽管此修改器与包含改变缩放设置的放样对象相似，但实际上两者有区别，因为其使用不同的轮廓值而不是缩放值来作为线段之间的距离，此调整图形大小的方法更复杂，从而会导致一些层级比其他的层级包含或多或少的顶点。

4.4.3　【倒角】修改器

　　【倒角】修改器分 4 个层次将图形挤出为 3D 对象并在边缘应用平或圆的倒角。此修改器的一个常规用法是创建 3D 文本和徽标，而且可以应用于任意图形。首先创建一个闭合的二维图形，然后为其应用【倒角】修改器，同时展开其【参数】卷展栏和【倒角值】卷展栏设置相关参数进行倒角挤出。其【参数】卷展栏和【倒角值】卷展栏如图 4-75 所示，倒角结果如图 4-76 所示。

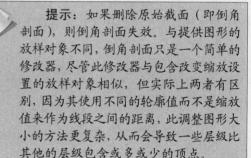

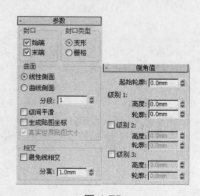

图 4-75

图 4-76

【倒角】包含设置高度和 4 个级别的倒角量的参数，倒角对象最少需要两个层级：始端和末端。添加更多的级别来改变倒角从开始到结束的量和方向，另外，可以将倒角级别看作蛋糕上的层，起始轮廓位于蛋糕底部，【级别 1】的参数定义了第一层的高度和大小，启用【级别 2】或【级别 3】对倒角对象添加另一层，将它的高度和轮廓指定为前一级别的改变量，最后级别始终位于对象的上部，必须始终设置【级别 1】的参数。

下面对这两个卷展栏中常用设置进行讲解。

- 【线性侧面】：激活此项后，级别之间会沿着一条直线进行分段插补。
- 【曲线侧面】：激活此项后，级别之间会沿着一条 Bezier 曲线进行分段插补。对于可见曲率，使用曲线侧面的多个分段。
- 【分段】：在每个级别之间设置中级分段的数量。

如图 4-77 所示，分别为 4 级别的【线性侧面】、【分段】为 1 和 2，【曲线侧面】、【分段】为 2 的效果。

图 4-77

- 【级间平滑】：控制是否将平滑组应用于倒角对象侧面，启用此项后，对侧面应用平滑组，侧面显示为弧状；禁用此项后不应用平滑组，侧面显示为平面倒角。当启用【封口】后会使用与侧面不同的平滑组。
- 【起始轮廓】：设置轮廓从原始图形的偏移距离，非零设置会改变原始图形的大

小，正值会使轮廓变大，负值会使轮廓变小。

4.4.4　【挤出】修改器

【挤出】修改器将深度添加到图形中，并使其成为一个参数对象。创建挤出时，首先创建一个图形，为其添加【挤出】修改器，然后在【参数】卷展栏设置【数量】和【分段】值，【数量】决定挤出的深度，【分段】用于设置挤出的分段。其【参数】卷展栏如图 4-78（左）所示，挤出结果如图 4-78（右）所示。

图 4-78

4.5　二维放样建模

放样是指将多个二维样条线图形（即截面）沿另一个二维样条线图形（即路径）挤出生成三维模型。要产生一个放样物体，至少需要两个以上的二维图形，这些二维图形可以是闭合的，也可以是开放的，其中一个作为路径，路径的长度决定了放样物体的深度，其他可以作为截面图形，截面图形用于定义放样物体的截面或横断面造型。

放样允许在路径的不同点上排列不同的二维样条线图形，从而生成复杂的三维模型。因此，在一个放样过程中，路径只能有一个，而截面可以是一个，也可以是多个。如图 4-79 所示，左图是有 4 个截面图形的放样效果，右图是只有一个截面图形的放样效果。

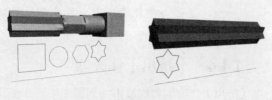

图 4-79

4.5.1 放样的一般流程

放样操作可供设置的参数比较多，但是基本操作过程很简单，首先创建用于放样的截面图形和路径图形，然后选择截面图形或路径图形，进入【创建】面板，在【几何体】⬡下拉列表中选择【复合对象】选项，在【对象类型】卷展栏下激活 [放样] 按钮，并在【创建方法】卷展栏选择一种创建方法，如图 4-80 所示。

图 4-80

- ◆ 【获取路径】：激活该按钮，在视图中单击拾取截面图形，将截面指定给选定的路径进行放样操作。
- ◆ 【获取图形】：激活该按钮，在视图中单击拾取路径图形，将路径指定给选定的截面进行放样操作。
- ◆ 【移动】、【复制】、【实例】：选择操作类型，选择【移动】方式，将不保留对象副本，如果选择【复制】或【实例】将保留对象副本。一般情况下，如果创建放样后要编辑或修改路径及截面图形，请使用【实例】类型。

4.5.2 了解放样的参数设置

创建一个放样对象后，可以在【曲面参数】卷展栏上控制放样曲面的平滑以及指定是否沿着放样对象应用纹理贴图，如图 4-81 所示。

- ◆ 【平滑长度】：勾选该选项，将沿着路径的长度提供平滑曲面。
- ◆ 【平滑宽度】：勾选该选项，将围绕横截面图形的周界提供平滑曲面，同时勾选【平滑长度】选项和【平滑宽度】选项，此时沿路径的长度和截面的周界提供平滑效果。

在【路径参数】卷展栏可以设置【路径】步数，

如图 4-82 所示，【路径】步数指截面在路径中的位置。

图 4-81

图 4-82

例如，一个放样操作中，有一个矩形和一个圆作为截面图形，同时有一条样条线作为路径图形，首先选择路径图形，激活 [获取图形] 按钮，在【路径】输入框中输入 0，拾取圆，然后输入 25，拾取矩形，再输入 50，再拾取圆，再输入 75，再拾取矩形，再输入 100，再拾取圆，最终的放样效果如图 4-83 所示。

> **提示：** 可以选择路径步数的计算方式。选择【百分比】，表示将路径级别表示为路径总长度的百分比；选择【距离】，表示将路径级别表示为路径第一个顶点的绝对距离；选择【路径步数】，表示将图形置于路径步数和顶点上，而不是作为沿着路径的一个百分比或距离。一般情况下使用【百分比】选项。

在【蒙皮参数】卷展栏上，可以调整放样对象网格的复杂性，还可以通过控制面数来优化放样对象的网格，如图 4-84 所示。

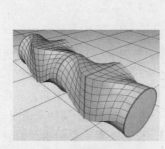

图 4-83

图 4-84

启用【封口始端】，则放样对象中路径第一个顶点处的放样端面被封口，如果禁用，则放样端面为打开或不封口状态；启用【封口末端】，则放样对象中路径最后一个顶点处的放样端面被封口，如果禁用，则放样端面为打开或不封口状态。如图 4-85 所示，左图为始端封口，末端未封口，中图为始端未封口，末端封口，而右图为始端和末端都封口。

图 4-85

在【图形步数】输入框中设置截面图形的每个顶点之间的步数，数值越高沿截面越光滑，如图 4-86 所示，依次为【图形步数】为 1 和 5 的效果。

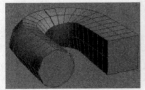

图 4-86

在【路径步数】输入框中设置路径的每个主分段之间的步数，数值越高沿路径越光滑，如图 4-87 所示，依次为【路径步数】为 0 和 5 的效果。

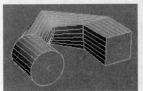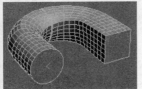

图 4-87

4.5.3 放样模型的编辑与修改

放样创建三维模型后，可以对放样模型对象进行修改。修改放样对象有两种途径，一是在进行放样操作时，如果在【创建方法】卷展栏中选择了【实例】类型进行放样，那么，在修改放样对象时，就可以直接修改截面图形和路径图形的参数，从而修改放样对象；二是在修改堆栈下进

入放样对象的子层级进行修改。

下面主要讲解通过修改截面和路径参数修改放样对象的方法。

【任务 18】通过原始截面和路径修改放样模型。

要想通过修改原始截面和路径修改放样模型，必须是在进行放样操作时，在【创建方法】卷展栏中选择了【实例】类型进行放样。

Step 1 创建截面图形和路径图形，以【实例】类型进行放样生成放样对象，如图 4-88（左、中、右）所示。

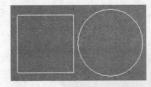
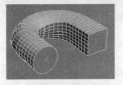

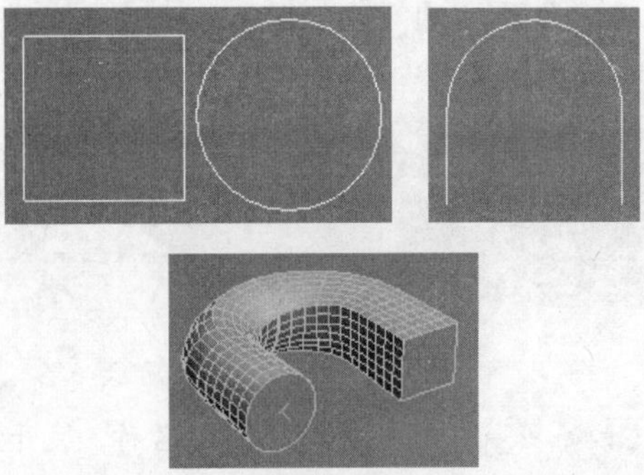

图 4-88

Step 2 在视图中选择截面矩形。

Step 3 进入【修改】面板，修改矩形长度以及"圆角度"，如图 4-89（左）所示。

Step 4 此时放样对象发生变化，如图 4-89（右）所示。

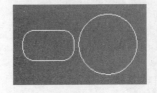

图 4-89

Step 5 在视图中选择路径图形。

Step 6 进入路径的【顶点】层级，选择一个顶点并移动其位置，如图 4-90（左）所示。

Step 7 此时放样对象也发生变化，如图 4-90（右）所示。

【任务 19】在子对象层级修改放样模型。

如果在进行放样时选择了【移动】或【复制】类型，这时可以进入放样对象的子层级进行修改。

图 4-90

Step 1 选择放样对象进入【修改】面板。

Step 2 在修改堆栈中展开【Loft】层级，激活【图形】选项，然后将鼠标指针移动到放样对象上。

Step 3 当指针显示为十字图标时单击选择截面，如图 4-91（左）所示，此时在堆栈下方显示截面图形名称，如图 4-91（右）所示。

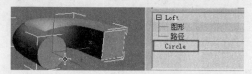

图 4-91

Step 4 在堆栈中选择图形名称，展开图形【参数】卷展栏，修改图形参数，如图 4-92（左）所示。

Step 5 此时放样对象也被修改，如图 4-92（右）所示。

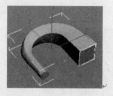

图 4-92

Step 6 使用同样的方法，可以修改路径，在此不再讲解。

4.5.4 放样的变形操作

通过对放样对象变形操作，可以使对象沿着路径【缩放】、【扭曲】、【倾斜】、【倒角】或【拟合】变形，制作更复杂的三维模型。

【任务 20】使用【缩放】变形命令变形放样对象的方法。

Step 1 以"直线"作为路径，以"圆"作为截面进行放样，创建如图 4-93 所示的圆柱体模型。

图 4-93

Step 2 选择放样创建的圆柱体模型，在【修改】面板中展开【变形】卷展栏，单击 缩放 按钮，打开【缩放变形】对话框，如图 4-94 所示。

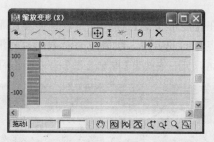

图 4-94

提示： 在该对话框中，用于 x 轴缩放的两条曲线为红色，而用于 y 轴缩放的曲线为绿色。

◆ 【均衡】按钮：按下该按钮，锁定 xy 轴，此时可以沿 xy 轴缩放图形。

◆ ：这 3 个按钮分别表示"显示 x 轴""显示 y 轴"和"显示 xy 轴"，按下哪个按钮将显示哪个轴线。

◆ 【移动控制点】按钮：激活该按钮，移动曲线上的控制点。

◆ 【缩放控制点】按钮：激活该按钮，缩放控制点。

◆ 【插入角点】按钮：激活该按钮，在曲线上插入角点。

◆ 【删除控制点】按钮：单击该按钮，删除当前选择的控制点。

◆ 【重置曲线】按钮：单击该按钮，使曲线恢复到初始状态。

提示：除了以上讲解的几个按钮之外，【缩放变形】对话框下方的按钮主要用于缩放、平移曲线，便于用户观察曲线的变形效果，这些按钮比较简单，在此不再讲解。

Step 3　单击【均衡】按钮 🔘，在弹出的【应用对称】对话框单击 Y 按钮，如图 4-95 所示。

图 4-95

Step 4　继续激活【插入角点】按钮，在曲线上 50% 的位置单击插入一个角点，如图 4-96 所示。

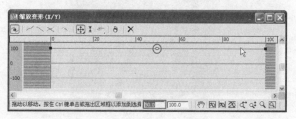

图 4-96

Step 5　激活【移动控制点】按钮 ✛，单击该角点将其选择，然后在下方【垂直数值】输入框中输入 30（或将该角点向下移动），此时发现圆柱体中间位置向内收缩，如图 4-97 所示。

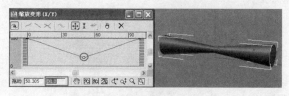

图 4-97

 提示：在变形模型时切记，默认曲线值为 100%，大于 100% 的值将使图形变得更大，介于 100% 和 0% 之间的值将使图形变得更小，而负值则缩放和镜像图形。在移动角点时可观察【缩放变形】对话框左下方输入框中的数值变化，也可以在该输入框中输入一个精确的数值进行精确变形。

Step 6　将鼠标指针移动到该角点上单击鼠标右键，在弹出的快捷菜单中选择【Bezier-角点】命令，然后拖动控制柄，调整曲线形态，如图 4-98 所示，此时发现圆柱体又发生了变化。

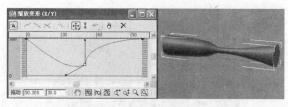

图 4-98

Step 7　关闭【缩放变形】对话框，完成对放样圆柱体的变形操作，结果如图 4-99 所示。

放样创建的圆柱体　　　变形后的放样圆柱体

图 4-99

 提示：关闭【缩放变形】对话框后发现，在【变形】卷展栏下 缩放 按钮后的 🔘 按钮显示白色，表示应用当前的变形操作，如果单击该按钮使其显示灰色，表示不应用变形效果。

4.6 上机实训

4.6.1　实训 1——创建室外石桌石凳模型

1. 实训目的

本实训要求创建室外石桌石凳模型。通过本例的操作熟练掌握使用二维图形创建室内三维模型的技能。具体实训目的如下。

● 掌握二维图形的创建技能。
● 掌握二维图形的编辑调整技能。
● 掌握编辑二维图形创建三维模型的技能。

2. 实训要求

创建样条线，然后通过编辑修改创建出相关模型的轮廓线，为其添加【车削】修改器，制作出三维模型，效果如图4-100所示。

图 4-100

具体要求如下。

（1）启动 3ds Max 程序。

（2）使用【线】在前视图中创建石桌和石凳的样条线轮廓。

（3）为其添加【车削】修改器，并设置相关参数，制作出三维模型。

（4）将场景文件与渲染结果分别保存。

3. 完成实训

线架文件	线架文件\第4章\石桌石凳.max
效果文件	渲染效果\第4章\石桌石凳.tif
视频文件	视频文件\第4章\石桌石凳.avi

（1）创建石桌模型

Step 1 启动 3ds Max 2012 软件，并设置系统单位为"毫米"。

Step 2 在【创建】面板中单击【图形】按钮进入二维图形创建面板，在其下拉列表中选择【样条线】选项，在【对象类型】卷展栏下激活 矩形 按钮，在前视图中绘制一个矩形作为辅助矩形，如图4-101所示。

Step 3 选择绘制的矩形，进入【修改】面板，修改其参数如图4-102所示。

Step 4 将绘制的矩形冻结，然后激活

线 按钮，在前视图中矩形内部创建如图4-103所示的二维线图形。

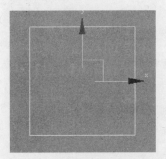

图 4-101   图 4-102

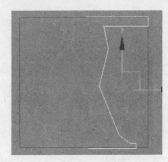

图 4-103

Step 5 按键盘上的【1】数字键进入【顶点】层级，按住【Ctrl】键单击选择如图4-104所示的顶点，单击鼠标右键，在弹出的快捷菜单中选择【平滑】命令，将其转换为【平滑】类型。

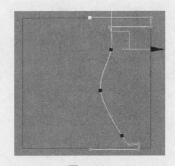

图 4-104

Step 6 继续选择如图4-105所示的两个顶点。在 圆角 按钮右侧的输入框中输入2.5，然后单击 圆角 按钮进行圆角处理，结果如图4-106所示。

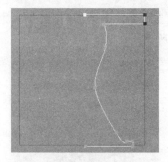

图 4-105

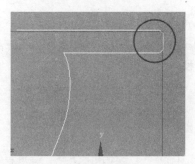

图 4-106

Step 7　再次按键盘上的【1】数字键退出
【顶点】层级，在【修改器列表】中选择【车削】
修改器，并在其【参数】卷展栏单击 [最小] 按钮，
制作石桌模型，如图 4-107 所示。

图 4-107

（2）美化石桌模型

Step 1　在修改堆栈下进入样条线的【顶
点】层级，然后展开【几何体】卷展栏，激活
[优化] 按钮，在轮廓线上单击添加一个点，如
图 4-108 所示。

Step 2　选择各顶点，在前视图中调整各顶
点的位置，如图 4-109 所示。

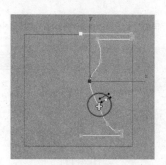

图 4-108

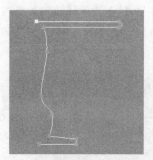

图 4-109

Step 3　回到【车削】层级，然后在【参数】
卷展栏增大【分段】的参数为 30，使其更光滑，
效果如图 4-110 所示。

图 4-110

> **提示**：车削时有时会因为法线的原
> 因出现内部外翻的情况，这时可以勾选
> 【参数】卷展栏中的【翻转法线】选项以
> 进行修正。有关【车削】修改器，请查阅
> 本章"补充知识"一节的相关知识讲解。

（3）创建石凳模型

Step 1　继续在前视图中石桌右下方位置

创建一个矩形，并修改其参数，如图 4-111 所示。

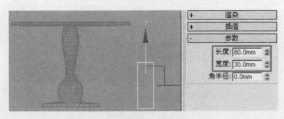

图 4-111

Step 2 为该矩形添加【编辑样条线】修改器，按数字键【2】进入【线段】层级，选择矩形左边的垂直边，按【Delete】键将其删除，结果如图 4-112 所示。

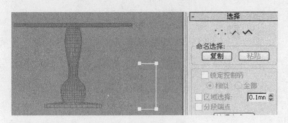

图 4-112

Step 3 按数字键【1】进入【顶点】层级，展开【几何体】卷展栏，激活 优化 按钮，在右侧的垂直边的上端和下端各添加两个点，在中间添加一个点，如图 4-113 所示。

Step 4 选择添加的各点，将其向右进行调整，调整结果如图 4-114 所示。

图 4-113   图 4-114

Step 5 退出【顶点】层级，为其继续添加【车削】修改器，并在其【参数】卷展栏单击 最小

按钮，设置【分段】为 30，制作石凳模型，如图 4-115 所示。

图 4-115

（4）旋转复制石凳模型

Step 1 设置角度捕捉为 60° 并激活【角度捕捉】按钮 ，如图 4-116 所示。

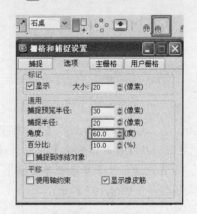

图 4-116

Step 2 激活【旋转并选择工具】按钮 ，在顶视图中选择制作的石凳模型，在主工具栏的坐标下拉列表选择【拾取】选项，如图 4-117 所示。

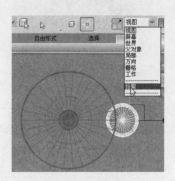

图 4-117

Step 3 在顶视图中单击选择石桌模型，此

时石凳将以石桌坐标中心作为参考中心，如图 4-118 所示。

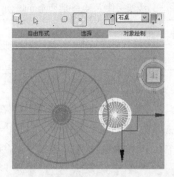

图 4-118

Step 4 继续在主工具栏中按住【使用轴点中心】按钮，在弹出的下拉列表中选择【使用变换中心】按钮，如图 4-119 所示。此时发现石凳将以石桌的中心作为参考中心，如图 4-120 所示。

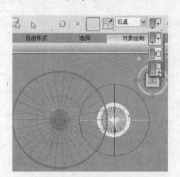

图 4-119

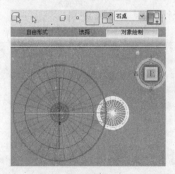

图 4-120

Step 5 在顶视图中按住【Shift】键，在 z 轴上拖曳鼠标指针，将石凳沿 z 轴旋转 90°，如图 4-121 所示。

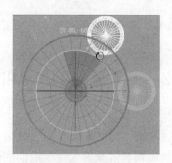

图 4-121

Step 6 释放鼠标，在弹出的【克隆选项】对话框中设置参数，如图 4-122 所示。

图 4-122

Step 7 单击 确定 按钮确认，此时石凳沿石桌旋转复制了 5 个，效果如图 4-123 所示。

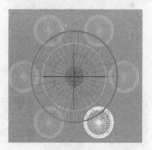

图 4-123

Step 8 调整透视图，快速渲染查看效果，结果如图 4-124 所示。

图 4-124

Step 9　将该场景保存为"石桌石凳.max"文件。

4.6.2　实训2——制作遮阳伞模型

1.　实训目的

本实训要求使用二维图形创建遮阳伞模型。通过本例的操作熟练掌握二维图形的创建、编辑以及使用二维图形创建三维模型的技能。具体实训目的如下。

● 掌握二维样条线的创建技能。
● 掌握二维样条线的修改编辑技能。
● 掌握【锥化】、【车削】修改器的应用技能。
● 掌握使用二维图形创建三维模型的技能。

2.　实训要求

首先创建二维图形，编辑出模型的轮廓线，为其添加【锥化】、【车削】等修改器，制作出三维模型，其渲染后的效果如图 4-125 所示。

图 4-125

具体要求如下。

（1）启动 3ds Max 程序。
（2）在顶视图中创建星形二维图形。
（3）添加【挤出】、【锥化】修改器编辑出遮阳伞的伞面模型。
（4）使用【线】创建伞骨、伞支撑杆以及其他模型。
（5）将场景文件与渲染结果分别保存。

3.　完成实训

线架文件	线架文件\第 4 章\遮阳伞.max
效果文件	渲染效果\第 4 章\遮阳伞.tif
视频文件	视频文件\第 4 章\遮阳伞.swf

（1）创建遮阳伞伞面模型

Step 1　继续 4.6.1 小节的操作。在【创建】面板中单击【图形】按钮 进入二维图形创建面板，在其下拉列表中选择【样条线】选项。

Step 2　在【对象类型】卷展栏下激活 星形 按钮，在顶视图中石桌中心位置创建星形。

Step 3　进入【修改】面板，修改其参数，如图 4-126 所示。

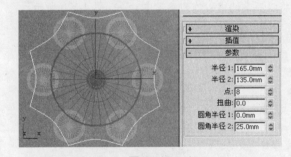

图 4-126

Step 4　在【修改器列表】中选择【挤出】修改器，然后在【参数】卷展栏设置各参数，如图 4-127 所示。

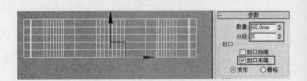

图 4-127

Step 5　继续在【修改器列表】中选择【锥化】修改器，然后在【参数】卷展栏设置各参数，如图 4-128 所示。

Step 6　调整透视图，查看效果，结果如图 4-129 所示。

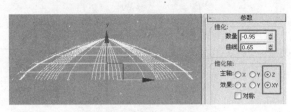

图 4-128

（2）创建遮阳伞伞头、伞骨和伞把模型

Step 1　激活 线 按钮，在前视图中伞面上方位置创建如图 4-129 所示的二维线图形。

图 4-129

Step 2　在【修改器列表】中选择【车削】修改器，并在其【参数】卷展栏单击 最小 按钮，设置【分段】为 30，制作出遮阳伞的伞头模型，如图 4-130 所示。

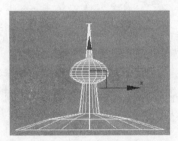

图 4-130

Step 3　将制作的伞头模型以【复制】方式将其复制为"伞头 01"，然后在修改器堆栈下进入【线段】层级，选择如图 4-131 所示的线段。

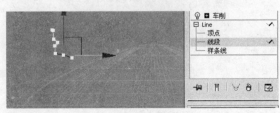

图 4-131

Step 4　按【Delete】键将其删除，然后在修改器堆栈下回到【车削】层级，效果如图 4-132 所示。

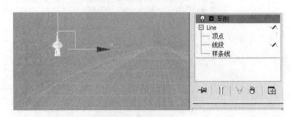

图 4-132

Step 5　选择"伞头 01"模型，在前视图和顶视图中对其进行旋转，并将其移动到伞面一端位置，如图 4-133 所示。

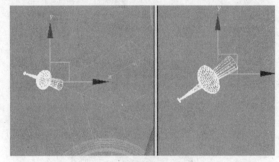

图 4-133

Step 6　进入【创建】面板，激活【几何体】按钮 ，在【对象类型】卷展栏下分别激活 圆柱体 按钮和 球体 按钮，在顶视图中伞面中心位置创建一个圆柱体和球体，在前视图中调整其位置，如图 4-134 所示。

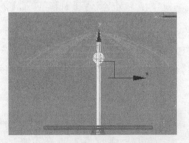

图 4-134

提示：球体与圆柱体的参数设置读者可以自定，只要比例协调即可。

Step 7 激活 线 按钮，在前视图中创建如图 4-135 所示的二维线图形。

图 4-135

Step 8 选择创建的线，展开【渲染】卷展栏，设置各参数，如图 4-136 所示。

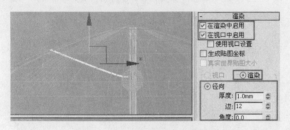

图 4-136

> 提示：一般情况下，二维图形是不可渲染的，如果要使二维图形具有三维模型的一切特征，就必须设置其可渲染属性，这样可以使用二维图形直接代替三维模型。在该操作中，对线图形设置可渲染属性，可以使二维线具有三维模型圆柱体的一切特性。

（3）旋转复制遮阳伞伞头和伞骨模型

Step 1 选择创建的线对象，在【创建】面板中单击 按钮，进入【层次】面板。

Step 2 激活 仅影响轴 按钮，然后在前视图中将线图形的坐标调整到球体中心位置，如图 4-137 所示。

> 提示：一般情况下，图形的坐标都位于图形中心位置，但在有些时候需要将图形的坐标移动到某一特定的位置，便于对图形进行编辑，激活 仅影响轴 按钮就可以对图形的坐标中心进行调整而不会影响图形本身。

图 4-137

Step 3 再次单击 仅影响轴 按钮退出对坐标的操作，然后在顶视图中使用旋转工具，将该线图形进行旋转，使其与"伞头 01"模型对齐，如图 4-138 所示。

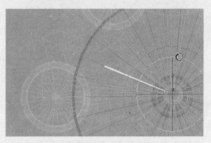

图 4-138

Step 4 按住【Ctrl】键单击"伞头 01"模型将其与该二维线图形一起选择，然后执行【组】/【成组】命令，将其成组。

Step 5 依照 Step 1 和 Step 2 的操作，再次调整该成组模型的坐标，使其与伞面的中心对齐，如图 4-139 所示。

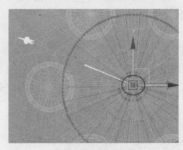

图 4-139

Step 6 设置角度捕捉为 45°并激活【角度捕捉】按钮 ，如图 4-140 所示。

图 4-140

Step 7　关闭该对话框，然后激活【旋转并选择工具】按钮，在顶视图中按住【Shift】键，将成组对象沿 z 轴旋转45°，如图 4-141 所示。

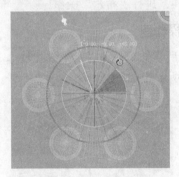

图 4-141

Step 8　释放鼠标，在弹出的【克隆选项】对话框中设置参数，如图 4-142 所示。

图 4-142

Step 9　单击 确定 按钮确认，此时"伞头 01"模型与线模型旋转复制了 7 个，效果如图 4-143 所示。

Step 10　调整透视图，在透视图中观察效果，结果如图 4-144 所示。

图 4-143

图 4-144

Step 11　调整视图并快速渲染查看效果，结果如图 4-145 所示。通过渲染发现，伞面内部成透明效果，下面我们就来解决这个问题。

图 4-145

Step 12　选择伞面模型，在【修改器列表】中选择【壳】修改器，参数设置为默认。

Step 13　再次对透视图进行渲染，查看效果，此时效果如图 4-146 所示。

图 4-146

Step 14 将该场景保存为"遮阳伞.max"文件。

4.7 上机与练习

1. 多选题

（1）要在一条线段上增加多个顶点，有效的操作有（ ）。

A. 进入【顶点】层级，使用【优化】命令在线段上插入"顶点"

B. 进入【顶点】层级，使用【插入】命令在线段上插入"顶点"

C. 进入【样条线】层级，使用【拆分】命令将样条线拆分为多个线段

D. 进入【线段】层级，使用【拆分】命令将线段拆分为多个线段

（2）要将一个开放的样条线编辑为一个闭合的样条线，有效的操作有（ ）。

A. 进入【顶点】层级，使用【焊接】命令将起点和端点焊接在一起

B. 进入【顶点】层级，使用【连接】命令将起点和端点连接在一起

C. 进入【顶点】层级，直接将起点拖到端点上进行自动焊接

（3）将一个二维样条线转换为三维模型的方法有（ ）。

A. 添加【挤出】修改器

B. 进行【放样】操作

C. 添加【车削】修改器

D. 添加【倒角】修改器

E. 进行"布尔"操作

2. 操作题

运用所学知识，使用二维放样技术，创建如图 4-147 所示的欧式柱。

图 4-147

第**5**章

建筑设计的材质效果表现

📖 **学习目标**

了解材质与贴图的概念，掌握建筑设计中常用材质与贴图的制作技能，主要内容包括认识【材质编辑器】，掌握【标准】材质、【多维/子对象】材质、【V-Ray 渲染器】材质、【位图】贴图、【衰减】贴图以及【VRayHDRI】贴图的制作技能。

📖 **学习重点**

重点掌握【标准】材质、【多维/子对象】材质、【V-Ray 渲染器】材质以及【位图】贴图、【衰减】贴图和【VRayHDRI】贴图的制作以及调整等技能。

📖 **主要内容**

◆ 认识材质与【材质编辑器】
◆ 制作材质
◆ 应用贴图
◆ 上机实训
◆ 上机与练习

5.1 认识材质与【材质编辑器】

在 3ds Max 中材质可以赋予模型生动、真实的生活气息，材质一般是在【材质编辑器】中制作完成的。本节首先来了解什么是材质，同时了解【材质编辑器】的组件构成以及相关功能。

5.1.1 材质及其作用

在现实生活中，任何物体都有它自身的表面特征，如石头表面是粗糙、坚硬的；织布表面是光滑、柔软的；金属表面具有反光效果；玻璃具有透明和反射的表面特性等。在 3ds Max 软件中，材质其实就是对物体表面特征的一种真实模拟，如颜色、光感、透明性、表面特性以及表面纹理结构等。

3ds Max 支持多种材质类型，包括【标准】材质、【光线跟踪】材质、【建筑】材质、【建筑与设计】材质、【mental ray】材质、【高级照明覆盖】材质以及【V-Ray 渲染器】材质等，这些材质类型都支持特定的渲染器，使用特定渲染器渲染就会得到逼真的模型表面纹理特征，真实再现模型的物理属性。

在 3ds Max 建筑设计中，当我们制作完成建筑三维模型之后，必须为模型赋予真实材质，这样才能真实再现建筑设计意图。如图 5-1 所示，左图是制作的别墅建筑模型，从模型外观来看，并不能真实反映该建筑的外墙装饰材料，其设计意图比较模糊，而右图是为该别墅建筑制作材质后，从外观就能真实反映该别墅建筑的外墙装饰材料，其设计意图非常明显。

图 5-1

5.1.2 【材质编辑器】的组件及其功能

单击主工具栏中的【材质编辑器】按钮 （或按键盘上的【M】键），即可打开【材质编辑器】窗口，如图 5-2 所示。

图 5-2

【材质编辑器】提供创建和编辑材质以及贴图的各功能，其组件主要包括"菜单栏"、"示例球"、"工具行/工具列"、"材质名称"和"卷展栏"等部分内容。下面对【材质编辑器】窗口的各主要功能组件进行详细讲解。

1. 示例球

"示例球"显示材质和贴图的预览效果，它是【材质编辑器】最突出的功能。【材质编辑器】共有 24 个示例球，一个示例球可以编辑一种材质或贴图。

系统默认下【材质编辑器】只显示 6 个示例球，将鼠标指针放在示例球上，指针显示小推手图标，此时按住鼠标左键拖曳指针，可以查看其他示例球，如图 5-3 所示。

另外，也可以在示例球上单击右键，选择【3×2 示例球】、【5×3 示例球】以及【6×4 示例球】，可以设置示例球的显示数目。

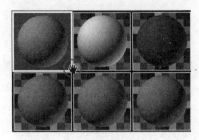

图 5-3

在制作材质时，需要先激活一个示例球，被激活的示例球边框显示白色，如图 5-4（左）所示，未被激活的示例球边框显示灰色，如图 5-4（中）所示，然后在激活的示例球上制作材质，制作好的材质会显示在示例球上，如图 5-4（右）所示。

图 5-4

当将制作好的材质指定给场景中的模型对象时，示例球四周显示白色三角形，如图 5-5（左）所示，则该示例球被称为"热材质（或热示例球）"，当调整该"热材质"时，场景中的材质也会同时更改，如图 5-5（右）所示。

图 5-5

提示：当删除指定了材质的对象或者为对象从新指定了其他材质后，当前"热材质"即可变为"冷材质"，"冷材质"也包括没有向任何对象指定的材质，"冷材质"示例球四周不显示白色三角形。

2．工具按钮

"示例球"的下方和右侧是"工具行/工具列"，"工具行/工具列"中的各种工具按钮主要用于向对

象指定材质、在场景显示材质以及获取材质、保存材质等，这些按钮与材质本身的设置无关。下面只对在建筑设计中常用的按钮进行讲解。

◆ 【采样类型】按钮 ◎：用于切换示例球的显示类型，按住该按钮不松手，可显示示例球的不同类型，包括圆柱体类型和立方体类型，便于用户观察同一种材质在不同形状的对象上的表现效果，如图 5-6 所示。

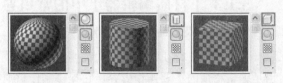

图 5-6

◆ 【背光】按钮 ◎：用于显示材质的背光效果，按下该按钮，将显示材质的背光效果，用于观察有背光时材质的表现效果，如图 5-7 所示，左图为不显示背光，右图为显示背光。

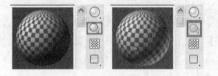

图 5-7

◆ 【背景】按钮 ▦：用于显示背景，该功能在制作玻璃、不锈钢金属等透明材质和反光较强的材质时非常有用，如图 5-8 所示是不锈钢金属材质在显示背景和不显示背景时的效果比较。

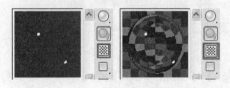

图 5-8

◆ 【获取材质】按钮 ☺：单击该按钮，将打开【材质/贴图浏览器】对话框，可用于从"材质库""场景"或其他位置加载以前存储的材质到场景。

◆ 【将材质指定给选定对象】按钮 ☺：单击

该按钮，将材质指定给选择的模型对象。

♦ 【在视口中显示贴图】按钮▣：激活该按钮将在视图中可以看到贴图和材质，但是只能显示一个层级的贴图和材质。

♦ 【转到父对象】按钮⌾：单击该按钮，回到上一级材质层级，该按钮只能在次一级的层级上才能被激活。

5.1.3 【材质编辑器】中的常用卷展栏详解

卷展栏是【材质编辑器】的主要组成部分，也是编辑材质的主要操作内容，它提供制作材质的各种参数设置。由于篇幅所限，下面我们只对【标准】材质卷展栏和【V-Ray 渲染器】材质卷展栏进行详细讲解，其他材质的卷展栏，请参阅其他书籍的讲解。

卷展栏会根据使用的材质的类型不同而发生变化，当制作【标准】材质时，其"卷展栏"包括【明暗器基本参数】、【Blinn 基本参数】、【扩展参数】、【超级采样】、【贴图】、【动力学属性】和【mental ray 连接】7 个，如图 5-9 所示。

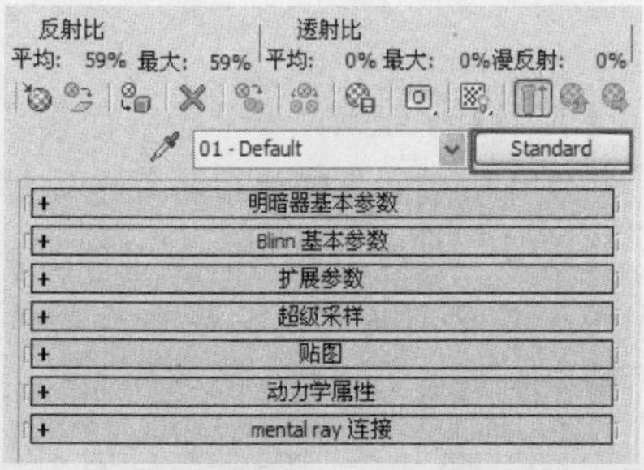

图 5-9

下面只对在建筑设计中较常用的【明暗器基本参数】、【Blinn 基本参数】、【扩展参数】3 个卷展栏进行讲解，其他卷展栏请参阅其他相关书籍的介绍。

1. 【明暗器基本参数】卷展栏

该卷展栏用于设置物体的着色类型和着色方式，在左边的【明暗类型】下拉列表中有 8 种着色类型，在右侧有 4 种着色方式，如图 5-10 所示。

图 5-10

♦ 【Blinn】：默认的着色类型，这种着色类型比较常用，一般用于较软的物体的表面着色，如布料、织物等。

♦ 【各向异性】：该着色类型可以在模型表面产出椭圆高光，用于模拟具有反光异向性的材料，如头发、玻璃和有棱角的金属表面等。

♦ 【金属】：专门用于模拟金属材质的表面着色效果。

♦ 【多层】：产生椭圆高光，但其拥有两套高光控制参数，能生成更复杂的高光效果。

♦ 【Oren-Nayar-Blinn】：主要用于模拟粗糙的布、陶土等物体的表面着色。

♦ 【Phong】：可以很好地模拟从高光到阴影区自然色彩变化的材质效果，适用于塑料质感更强的物体表面着色，也可用于大理石等较坚硬的物体的表面着色。

♦ 【Strauss】：用于生成金属材质，但比"金属"类型更简单。

♦ 【半透明明暗器】：同灯光配合使用可以制作出灯光的透射效果。

♦ 【线框】：该方式将以【线框】方式进行着色，只表现物体的线框结构，可以在【扩展参数】卷展栏下的【线框】选项下设置线框值，值越大线框越粗，如图 5-11 所示，左、中、右依次为【线框】为 0.5、1 和 3 的着色效果。

图 5-11

♦ 【双面】：该方式将使用双面材质对单面物体进行着色，尤其对于改善放样生成对

象（如窗帘等）时的法线翻转问题很有用。

- 【面贴图】：该方式在物体每个多边形的边上进行贴图，一般不常用。
- 【面状】：该方式使物体每一个面出现棱角，一般不常用。

2.【Blinn 基本参数】卷展栏

当选择不同的着色类型时，该卷展栏会显示所选着色类型的参数，不同着色类型的"基本参数"设置出入较大，下面以【Blinn】着色类型为例，对【Blinn 基本参数】卷展栏设置进行讲解。

【Blinn 基本参数】卷展栏如图 5-12 所示。

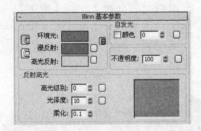

图 5-12

- 【环境光】：是物体在阴影中的颜色，单击该颜色块，打开【颜色选择器】对话框设置颜色，也可以使用一种纹理贴图来替代颜色。
- 【漫反射】：是物体在良好的光照条件下的颜色，单击该颜色块，打开【颜色选择器】对话框设置颜色，也可以使用一种纹理贴图来替代颜色，单击颜色块右边的【贴图通道】按钮，打开【材质/贴图浏览器】对话框选择一种贴图。
- 【高光反射】：是物体在良好的光照条件下的高光颜色，单击该颜色块，打开【颜色选择器】对话框设置颜色，可以使用一种纹理贴图来替代颜色，单击颜色块右边的【贴图通道】按钮，打开【材质/贴图浏览器】对话框选择一种贴图。如图 5-13 所示，左图是使用颜色时的环境光、漫反射以及高光反射的表现效果，而右图是漫反射以及高光反射使用贴图时的效果。

图 5-13

- 【自发光】：用于设置材质自发光效果。有两种方法可以指定自发光，一是启用【颜色】复选框，使用自发光颜色，如图 5-14（左）所示；二是禁用【颜色】复选框，使用单色微调器调整自发光度，如图 5-14（中和右）所示。

图 5-14

> 提示：勾选【颜色】选项，可以重新设置一种自发光颜色；取消【颜色】选项，则【自发光】使用漫反射颜色作为自发光颜色，可以通过调整自发光值设置发光强度。

- 【不透明度】：设置材质的不透明度，100 为完全不透明，0 为完全透明，50 为半透明，效果如图 5-15 所示。

图 5-15

- 【高光级别】：设置物体高光强度，不同质感的物体具有不同的高光强度，一般情况下，木头为 20～40、大理石为 30～40、墙体为 10 左右、玻璃为 50～70、金属为

100 或者更高。

♦ 【光泽度】：设置光线的扩散值，但这首先需要有高光值才行。

3.【扩展参数】卷展栏

【扩展参数】卷展栏包括【高级透明】、【线框】以及【反射暗淡】3 部分，如图 5-16 所示。

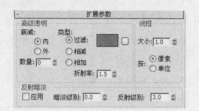

图 5-16

【高级透明】选项组包括【衰减】和【类型】，用于设置透明材质在"内部"还是"外部"衰减、衰减的程度以及如何应用不透明度等。

♦ 【内】：由中心向边缘增加透明的程度，通过设置【数量】值产生不同的透光效果。如图 5-17 所示，是【数量】值分别为 0、50 和 100 时的衰减效果。

图 5-17

♦ 【外】：与【内】相反，由边缘向中心增加透明的程度，通过设置【数量】值产生不同的透光效果。如图 5-18 所示，是【数量】值分别为 0、50 和 100 时的衰减效果。

图 5-18

♦ 【过滤】：计算与透明物体后面的颜色相乘的过滤色。单击色样可更改过滤颜色，单击色样右边的按钮可将贴图指定给过滤颜色组件。

> 提示：过滤或透射颜色是通过透明或半透明材质（如玻璃）透射的颜色。可以将过滤颜色与体积照明一起使用，以创建像彩色灯光穿过脏玻璃窗口这样的效果。透明对象投射的光线跟踪阴影将使用过滤颜色进行染色。

♦ 【相减】/【相加】：【相减】是从透明物体后面的颜色中减去；而【相加】是与透明物体后面的颜色相加。如图 5-19 所示，依次为过滤、相减和相加的过滤方式产生的效果。

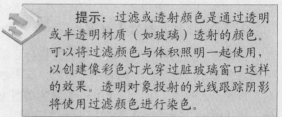

图 5-19

♦ 【折射率】：设置折射贴图和光线跟踪所使用的折射率（IOR）。IOR 用来控制材质对透射灯光的折射程度。1.0 是空气的折射率，这表示透明对象后的对象不会产生扭曲；折射率为 1.5，后面的对象就会发生严重扭曲，就像玻璃球一样；对于略低于 1.0 的 IOR，对象沿其边缘反射，如从水面下看到的气泡。常见的折射率（假设摄影机在空气或真空中）如图 5-20 所示。

图 5-20

提示：在物理世界中，折射率是由光线穿过眼睛或摄影机所在的透明材质和媒介时的相对速度所产生的。通常它与对象的密度有关，折射率越高，对象的密度就越高。折射率可以使用贴图来控制，IOR 贴图始终在 1.0（空气的 IOR）和 IOR 参数中的设置之间进行插补。例如，如果折射率设置为 3.55 并且使用黑白"噪波"来控制折射率，那么在对象上渲染的折射率值将会设置在 1.0～3.55 之间，该对象看起来就会比空气来的稠密。另一方面，如果 IOR 设置为 0.5，则同一贴图的值将在 0.5～1.0 之间渲染，这种情况就像摄影机位于水下，而对象的密度小于水一样。

图 5-21

Step 3 单击 Standard 按钮，在打开的【材质/贴图浏览器】对话框双击【标准】选项，为其指定【标准】材质，如图 5-22 所示。

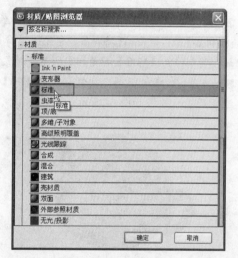

图 5-22

5.2 制作材质

在 3ds Max 建筑设计中，常用的材质主要有系统自带的【标准】材质、【多维/子对象】材质、【建筑】材质以及【V-Ray 渲染器】支持的【VRayMtl】材质，下面就来学习这几种材质的制作方法。对于其他材质类型，读者可以参阅其他书籍的详细讲解，由于篇幅所限，在此不再讲解。

5.2.1 制作【标准】材质

在 3ds Max 软件中，【标准】材质制作简单，可以模拟模型表面的反射属性，为表面建模提供非常直观的纹理效果，是建筑设计中较常用的一种材质类型。

系统默认下，【标准】材质为模型对象提供单一的颜色以模拟模型的表面特征。下面通过一个简单的实例操作，学习【标准】材质的制作技能。

【任务 1】制作【标准】材质。

Step 1 启动 3ds Max 程序，在场景中创建一个茶壶，如图 5-21 所示。

Step 2 打开【材质编辑器】并选择一个空的示例球。

Step 4 返回到【材质编辑器】，首先在【明暗器基本参数】卷展栏的明暗类型列表中选择【Phong】明暗类型，然后在【Phong 基本参数】卷展栏中单击【漫反射】颜色按钮，在打开的【颜色选择器：漫反射颜色】对话框中设置颜色，如图 5-23 所示。

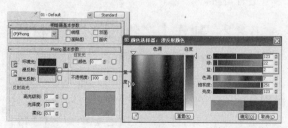

图 5-23

Step 5 单击 确定(O) 按钮，设置漫反射颜色。

Step 6 继续在【Phong 基本参数】卷展栏下设置【高光级别】、【光泽度】等其他参数，如图 5-24 所示。

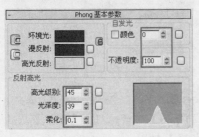

图 5-24

Step 7 选择场景中的茶壶模型对象，单击【材质编辑器】工具行中的【将材质指定给选定对象】按钮，将制作的【标准】材质指定给茶壶对象。

Step 8 激活透视图，按键盘上的【F9】键快速渲染场景，效果如图 5-25 所示。

图 5-25

由此可见，【标准】材质只是使用一种颜色来表现模型的外观效果，很显然，在大多数情况下，这种以颜色表现模型外观效果的材质并不能满足模型效果表现的要求，要想得到真实的模型外观效果，必须借助贴图。有关贴图的制作，在下面章节进行讲解。

5.2.2 制作【多维/子对象】材质

【多维/子对象】材质属于复合材质的一种。使用【多维/子对象】材质可以采用几何体的子对象级别分配不同的材质，也就是说，可以给一个对象指定多种不同的材质，被指定【多维/子对象】材质的对象一般属于"可编辑多边形""可编辑网格"或者施加了【编辑多边形】或【编辑网格】修改器的对象。

下面通过一个简单操作学习【多维/子对象】材质的操作方法。

【任务 2】 为茶壶制作【多维/子对象】材质。

（1）设置茶壶材质 ID 号

Step 1 继续 5.2.1 小节的操作。选择茶壶模型对象，进入【修改】面板，在【修改器列表】中选择【编辑多边形】命令，为茶壶添加一个修改器，如图 5-26 所示。

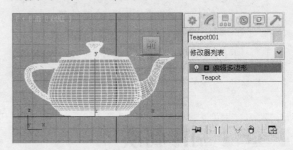

图 5-26

Step 2 按数字键【5】进入多边形对象的【元素】层级，然后在透视图中单击选择茶壶盖，向上推动【修改】面板，在【多边形：材质 ID】卷展栏下指定该元素的材质 ID 号为 1，如图 5-27 所示。

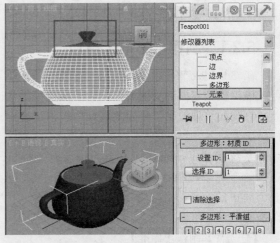

图 5-27

Step 3 继续单击选择茶壶壶身元素，在【多边形：材质 ID】卷展栏下指定该元素的材质 ID 号为 2，如图 5-28 所示。

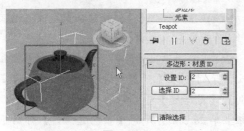

图 5-28

Step 4　继续选择壶把，设置其材质 ID 号为 3，如图 5-29 所示。

图 5-29

Step 5　选择壶嘴，设置其材质 ID 号为 4，如图 5-30 所示。

图 5-30

Step 6　再次按数字键【5】退出【元素】层级。

（2）制作【多维/子对象】材质

Step 1　打开【材质编辑器】，选择一个空白的示例球，单击【标准】按钮 Standard 。

Step 2　在打开的【材质/贴图浏览】对话框双击【多维/子对象】材质，如图 5-31 所示，此时将打开【替换材质】对话框，如图 5-32 所示。

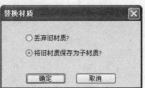

图 5-31　　　　　图 5-32

提示：此对话框有两个选项，如果当前示例球中有材质，则勾选【丢弃旧材质】选项，原有材质将被丢弃；如果勾选【将旧材质保存为子对象】选项，将当前示例球中的材质保存为【多维/子对象】材质的一个子对象材质。

Step 3　单击 确定 按钮关闭该对话框，同时在【材质编辑器】中展开【多维/子对象基本参数】卷展栏，如图 5-33 所示。

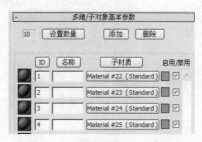

图 5-33

提示：该卷展栏一次最多显示 10 个子材质，如果【多维/子对象】材质包含的子材质超过 10 个，则可以通过右边的滚动栏滚动列表，以显示其他子材质。

Step 4　单击 设置数量 按钮，在打开的【设置材质数量】对话框中根据材质的需要设置【材质数量】，在此设置材质数量为 2，如图 5-34 所示。单击 确定 按钮确认并关闭【设置材质数量】对话框。

图 5-34

提示：由于茶壶有 4 个元素子对象，因此需要 4 个子材质，因此在此我们设置【材质数量】为 4，表示需要制作 4 种材质，如果对象需要 5 个或更多材质时，可以单击 添加 按钮，每单击一次该按钮添加一个子材质；当要删除某个子材质时，单击 删除 按钮，每单击一次将删除一个子材质。

Step 5 单击 "ID1" 子材质贴图按钮，如图 5-35 所示，返回到该子材质的【标准】材质层级，如图 5-36 所示。

图 5-35

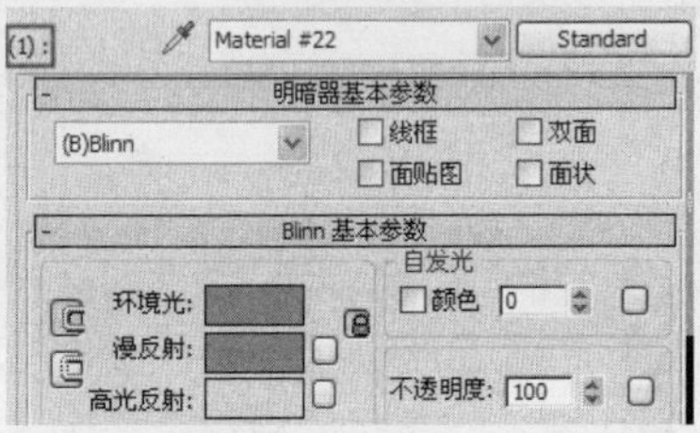

图 5-36

提示：设置好子材质的数目之后，可以在每一个子材质上应用【标准】材质、【VrayMtl】材质或其他各种材质，单击【标准】按钮 Standard ，在打开的【材质/贴图浏览器】对话框中选择所需的材质类型。

Step 6 在 1 号材质的【标准】材质层级，依照前面制作【标准】材质的方法，设置贴图的【明暗方式】以及【反射高光】等参数。

Step 7 单击【漫反射】颜色按钮，在打开的【颜色选择器】对话框中设置其颜色为蓝色，如图 5-37 所示。

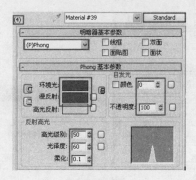

图 5-37

Step 8 单击【转到父对象】按钮🔁返回到【多维/子对象基本参数】卷展栏。

Step 9 单击 "ID2" 子材质的贴图按钮，进入该子材质的【标准】材质层级，设置【高光级别】、【光泽度】等参数，并在【漫反射】颜色按钮上单击，在打开的【颜色选择器】对话框设置其颜色为红色，如图 5-38 所示。

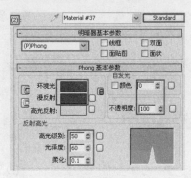

图 5-38

Step 10 使用相同的方法，分别为 "ID3" 和 "ID4" 子材质指定【标准】材质，并设置相关参数，如图 5-39 和图 5-40 所示。

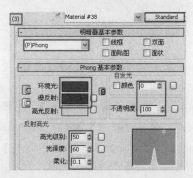

图 5-39

图 5-40

Step 11　此时【多维/子对象基本参数】卷
展栏显示制作的各材质，如图 5-41 所示。

图 5-41

Step 12　选择场景中的茶壶对象，单击【将
材质指定给选择对象】按钮把将制作好的材质指
定给茶壶对象，然后快速渲染，发现茶壶对象使
用了两种材质，如图 5-42 所示。

图 5-42

5.2.3　制作【VRayMtl】材质

当安装 Vray 渲染器，并指定【V-Ray 渲染器】
为当前渲染器时，在【材质/贴图浏览器】对话框
中展开【V-Ray Adv 2.00.03】卷展栏，会出现【V-Ray
渲染器】的相关材质，如图 5-43 所示。

其中，【VRayMtl】材质是建筑设计中较常用
的一种材质，使用该材质可以得到比其他渲染器
更好的照明、反射、折射、凹凸、纹理等材质的
一系列物理属性效果。

【VRayMtl】材质的操作与【标准】材质的操
作基本相同，但其参数设置要比【标准】材质的
设置复杂很多，当然，渲染效果也要比【标准】
材质更精准。

打开【材质编辑器】，选择一个空白的示例球，

单击【标准】材质按钮 Standard 打开【材质/贴图
浏览】对话框，展开【V-Ray Adv 2.00.03】卷展栏，
双击【VRayMtl】选项，将其应用到示例球，同时进
入该材质的【基本参数】卷展栏，如图 5-44 所示。

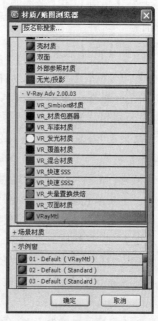

图 5-43

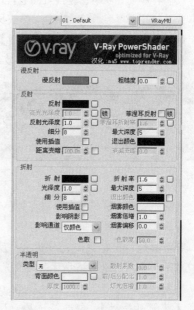

图 5-44

下面我们重点对【基本参数】卷展栏做详细

讲解，其他卷展栏的设置比较简单，由于篇幅所限，不再一一讲解。

【VRayMtl】材质的【基本参数】卷展栏不同于【标准】材质的【基本参数】设置，它提供【漫反射】、【反射】、【折射】和【半透明】4组设置，下面对其进行一一讲解。

1.【漫反射】与【反射】

【漫反射】与【反射】组主要提供材质的漫反射和反射的颜色、贴图、反射光泽度、粗糙度、高光光泽度等一系列设置，其中：

- 【漫反射】：设置材质的漫反射颜色，与【标准】材质的【漫反射】相同，但在实际渲染时，该颜色会受反射和折射颜色的影响。单击颜色块右边的贴图按钮，可以使用"位图"或其他贴图代替该颜色。

- 【反射】：设置材质的反射颜色，单击颜色块右边的贴图按钮，可以使用"位图"或其他贴图代替颜色。通过设置该颜色来表现材质的反射效果，颜色一般在黑色、白色之间（特殊情况除外），如在制作金属或玻璃材质时，该颜色越接近黑色，材质反射效果越不明显，越接近白色，材质反射效果越明显。如图 5-45 所示是【反射】颜色分别为黑色、灰色和白色时的反射效果。

图 5-45

- 【高光光泽度】：设置参数以控制【VRayMtl】材质的高光效果，单击 L 按钮使其浮起即可设置参数，值越大高光越明显，反之高光越不明显。如图 5-46 所示是【高光光泽度】分别为 0.8 和 0.5 时的高光效果。

- 【菲涅耳反射】：勾选该选项，反射的强度将取决于物体表面的入射角度，如玻璃等物体的反射就是这种效果，不过该效果

受材质折射率的影响较大。

图 5-46

- 【反射光泽度】：用于设置材质反射的锐利程度，值为 1 时是一种完美的镜面反射效果，如图 5-47（左）所示是一种完美的镜面反射效果，而随着该值的减小，反射效果会逐渐模糊，如图 5-47（右）所示。

图 5-47

- 【细分】：控制平滑反射的品质，默认值为 8，值越小渲染速度越快，但会出现很多噪波，一般在制作玻璃材质时，可以设置较大的【细分】值，也得到较平滑的反射效果。

- 【使用插值】：勾选该选项能够使用一种类似发光贴图的缓存方案来加快模糊反射的计算速度。

- 【最大深度】：定义反射能完成的最大次数，请注意，当场景中有大量反射/折射表面时，这个参数要设置的足够大才会产生真实效果。

- 【退出颜色】：设置反射追踪光线的颜色。

2.【折射】

【折射】组主要用于设置材质折射的相关设置。

- 【折射】：设置折射颜色，一般配合【反射】颜色制作透明材质。

- 【光泽度】：设置折射的光泽度，值为 1 时是一种完美的镜面反射效果，随着该值的减小，

折射效果会逐渐模糊，效果如图 5-48 所示。

图 5-48

◆ 【细分】：控制平滑反射的品质，默认值为
8，值越小渲染速度越快，但会出现很多噪
波，一般在制作玻璃材质时，可以设置较大
的【细分】值，会得到较平滑的折射效果。

◆ 【影响阴影】：勾选该选项，使物体投射
透明阴影，透明阴影的颜色取决于折射颜
色和雾的颜色，一般用于表现光照穿过玻
璃等透明材质时所投射的阴影。需要说明
的是，该效果仅在灯光的阴影为【V-Ray 阴
影】时有效。如图 5-49 所示，左图为没有
勾选【影响阴影】选项不产生透明阴影，右
图为勾选【影响阴影】选项产生透明阴影。

图 5-49

◆ 【影响 Alpha】：勾选时雾效将影响 Alpha
通道。

◆ 【烟雾颜色】/【烟雾倍增】：当光线穿透
透明材质时会变的稀薄，通过设置雾颜色
和强度，可以模拟厚的透明物体比薄的透
明物体透明度低的效果。如图 5-50 所示，
左图是【烟雾倍增】为 0.03 时的透明效果，
右图是【烟雾倍增】为 0.5 时的透明效果。

图 5-50

3.【半透明】

【半透明】组主要用于设置材质的半透明效
果。在【类型】下拉列表中有 3 种半透明类型，
分别是【无】、【硬模型】和【软模型】。

◆ 【无】：不产生半透明效果。

◆ 【硬模型】：产生较坚硬的半透明效果。

◆ 【软模型】：产生较柔软的类似于水的半
透明效果。

◆ 【背面颜色】：设置半透明物体的颜色，
当使用了贴图后，会在透明对象的背面应
用贴图。如图 5-51 所示，左图是【硬模型】
的半透明效果，中图是设置贴图的【硬模
型】的半透明效果，右图是【软模型】的
半透明效果。

图 5-51

5.2.4　制作【VR 发光】材质

【VR 发光】材质是 Vray 渲染器提供的一种特
殊材质，这种材质可以使物体产生自发光效果，
类似于【标准】材质中的"自发光"效果，不同
的是，【VR 发光】材质还可以使用纹理贴图作为
自发光的光源。如图 5-52 所示，左图是灯泡没有
使用【VR 发光】材质时的效果，右图是灯泡使用
了【VR 发光】材质时的效果。

图 5-52

打开【材质编辑器】并选择一个空的示例球，单击 Standard 按钮，在【材质/贴图浏览器】对话框展开【V-Ray Adv 2.00.03】卷展栏，双击【VR 发光材质】选项，进入其【参数】卷展栏，如图 5-53 所示。

图 5-53

【VR 发光】材质的设置比较简单。

♦ 【颜色】：设置自发光的颜色。在颜色块右边的微调器中设置自发光的强度，值越大自发光越强。

♦ 【背面发光】：勾选该选项，材质两面都产生自发光。

♦ 【不透明度】：单击该贴图按钮，进入【材质/贴图浏览器】对话框，选择一种纹理贴图作为自发光的光源。

5.3 应用贴图

在 3ds Max 建筑设计中，除了通过为模型制作材质模拟现实生活中物体表面特征之外，在大多数情况下还需要为材质制作贴图，通过贴图来模拟真实物体的表面特征。

贴图其实就是二维图像，使用贴图通常是为了改善材质的外观的真实感，模拟材质本身的纹理、反射、折射以及其他一些材质直接无法表现的效果。如图 5-54 所示是使用材质模拟玻璃容器的表面外观特征、使用贴图模拟地板的木质纹理特征。

图 5-54

因此，在建筑设计中，贴图是模拟模型表面特征不可缺少的内容。下面学习贴图的相关知识。

5.3.1 贴图类型及其应用方法

3ds Max 2012 的标准贴图类型有多种，这些贴图类型包含多种贴图方式，会产生不同的贴图效果，用户可以将这些贴图应用到【标准】材质、【多维/子对象】材质或【VRayMtl】材质的各贴图通道，以增加材质的真实感。

贴图的应用非常简单，下面通过简单操作，学习贴图的应用方法和操作流程。

【任务 3】应用贴图的方法。

Step 1 在场景中创建一个长方体。

Step 2 在【材质编辑器】中选择一个空白的示例球，为该示例球选择【VRayMtl】材质类型。

Step 3 快速渲染场景，发现该长方体模型显示与材质漫反射颜色相同的一种颜色效果，如图 5-55 所示。

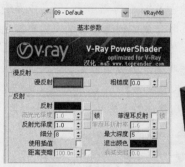

图 5-55

Step 4 单击该材质的【漫反射】贴图按钮，打开【材质/贴图浏览器】对话框。

Step 5　展开【贴图】卷展栏，将显示【标准】和【V-Ray Adv 2.00.03】两种贴图，如图 5-56 所示。

数设置卷展栏，如图 5-61 所示。

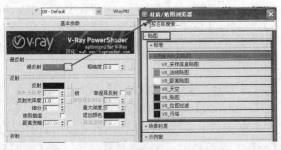

图 5-56

Step 6　继续展开【标准】和【V-Ray Adv 2.00.03】两个卷展栏，即可显示所有贴图方式，如图 5-57 所示。

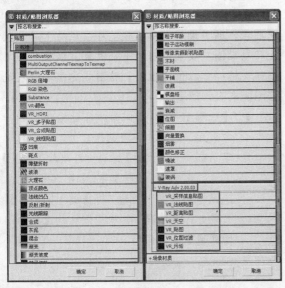

图 5-57

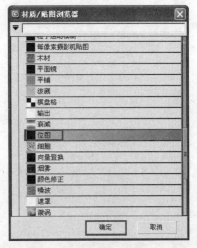

图 5-58

图 5-59

Step 7　用户可以选择任意贴图方式进行贴图，如选择【标准】贴图下的【位图】贴图方式，如图 5-58 所示。

Step 8　单击 确定 按钮，在打开的【选择位图图像文件】对话框中选择一个位图图像，如图 5-59 所示。

Step 9　单击 打开(O) 按钮，即可将该位图图像作为【位图】贴图应用到该材质的【漫反射】贴图通道，如图 5-60 所示，同时进入该贴图的参

图 5-60

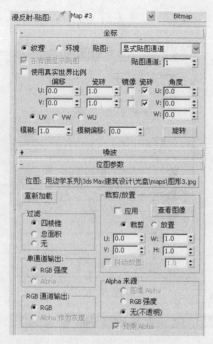

图 5-61

Step 10 选择场景中的长方体模型，单击【将材质指定给选择对象】按钮将制作好的材质指定给长方体对象，然后快速渲染，发现长方体表面显示该贴图的一切特征，如图 5-62 所示。

图 5-62

由此可见，当为模型应用【位图】贴图后，材质原来的漫反射颜色将被【位图】贴图代替，场景模型也将被赋予【位图】贴图的纹理效果，因此，贴图是表现模型表面特征的最重要的手段之一。

5.3.2 【位图】贴图的调整

【位图】贴图是最简单也最常用的 2D 贴图的一种贴图方式，该贴图方式一般使用位图图像作

为纹理贴图，如图 5-62 所示。位图图像很常见，如 Photoshop 合成的图像、3ds Max 输出的图像以及使用数码相机拍摄的图像等都属于位图图像，这些图像可以保存为多种格式，如.tga、.bmp、.jpg、.tif 等。另外，【位图】贴图还可以使用动画文件（动画本质上是静止图像的序列），如.avi、.mov 或 .ifl 格式的动画。

不管是在【标准】材质、【多维/子对象】材质或【VRayMtl】材质的任意贴图通道中使用了【位图】贴图后，系统会自动切换到【位图】贴图的【坐标】卷展栏中，在该卷展栏，可以对【位图】贴图进行一系列的设置，包括平铺、位置变化、角度等，使其符合材质的制作要求。

下面讲解【位图】贴图的相关设置与调整技能。

【任务 4】调整【位图】贴图。

Step 继续 5.3.1 小节操作。展开【坐标】卷展栏，通过调整坐标参数，可以相对于对象表面移动贴图、设置贴图的平铺次数、调整贴图角度等，这样可以使【位图】贴图能更真实地表现模型的表面物理属性。

◆ 【纹理】：将贴图作为纹理贴图应用到物体表面，除制作环境贴图之外，大多数情况下都使用【纹理】贴图。可以从【贴图】下拉列表中选择坐标类型，如图 5-63 所示，选择不同的贴图类型，将得到不同的贴图效果。一般情况下，采用默认的【显示贴图通道】选项即可。

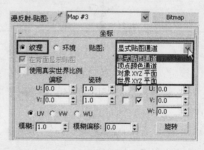

图 5-63

◆ 【环境】：当制作建筑背景贴图时使用该选项，可以将贴图作为环境贴图，然后从【贴图】下拉列表中选择坐标类型，如图 5-64

所示。一般情况下,采用系统默认的【屏幕】坐标类型即可。

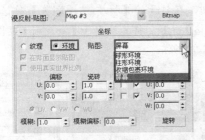

图 5-64

♦ 【使用真实世界比例】:启用此选项之后,使用位图本身真实的"宽度"和"高度"值应用于对象。禁用该选项,将使用 UV 值将贴图应用于对象。不管是否启用该选项,都可以通过设置【偏移】、【平铺】参数调整贴图。但一般情况下,应取消该选项的勾选。

♦ 【偏移】:沿 U(水平)或 V(垂直)对贴图进行水平和垂直偏移,如图 5-65 所示为水平偏移效果,如图 5-66 所示为垂直偏移效果。

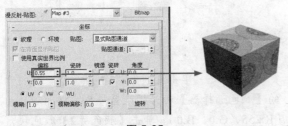

图 5-65

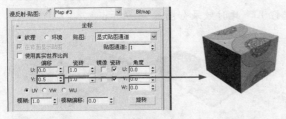

图 5-66

♦ 【瓷砖】:设置贴图 U 向或 V 向的平铺次数。如图 5-67 所示,U 向平铺次数为 1,V 向的平铺次数为 3,表示水平贴图平铺

1 次,垂直贴图平铺 3 次;如图 5-68 所示,U 向和 V 向的平铺次数为 3,表示水平和垂直贴图平铺 3 次。

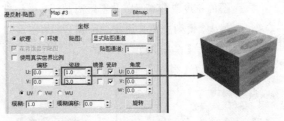

图 5-67

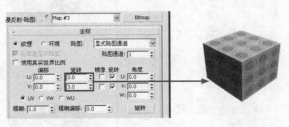

图 5-68

♦ 【镜像】/【瓷砖】:使贴图在 U 向或 V 向以镜像方式平铺或以平铺方式平铺。如图 5-69 所示,在 U 向镜像,在 V 向平铺;如图 5-70 所示,在 U 向平铺,在 V 向镜像。

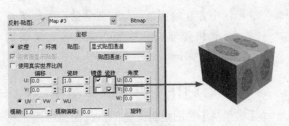

图 5-69

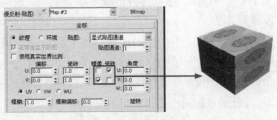

图 5-70

♦ 【角度】:设置贴图沿 U(x)、V(y)、W(z)

轴向的旋转角度。一般情况下选择默认设置即可。

◆ 【模糊】：基于贴图离视图的距离影响贴图的锐度或模糊度。贴图距离越远，模糊就越大。模糊主要是用于消除锯齿。如图 5-71 所示为【模糊】值为 1 时的效果，如图 5-72 所示为【模糊】值为 10 时的效果。

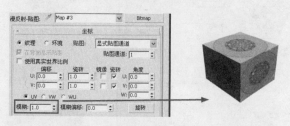

图 5-71

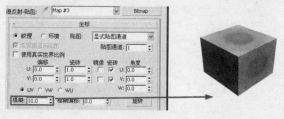

图 5-72

◆ 【模糊偏移】：影响贴图的锐度或模糊度，与贴图离视图的距离无关，只模糊对象空间中自身的图像。如果需要贴图的细节进行软化处理或者散焦处理以达到模糊图像的效果时，使用此选项。

5.3.3 制作【棋盘格】贴图

【棋盘格】贴图是将两色的棋盘图案应用于材质，默认方格贴图是黑白方块图案，方格贴图属于 2D 程序贴图，该组件方格既可以是颜色，也可以是贴图。

在建筑设计中，使用【棋盘格】贴图一般可以制作方格地面铺装、墙面等材质。下面通过一个简单的操作学习【棋盘格】贴图的应用方法。

【任务 5】制作【棋盘格】贴图。

Step 1 首先创建一个长方体对象。

Step 2 打开【材质编辑器】选择一个空白的示例球，并为该示例球应用【VRayMtl】材质，

然后将该材质指定给长方体。

Step 3 单击【VRayMtl】的【漫反射】贴图按钮，在打开的【材质/贴图浏览】对话框双击【棋盘格】选项，将其应用于【漫反射】贴图通道，如图 5-73 所示。

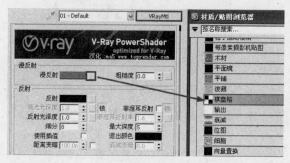

图 5-73

Step 4 在【材质编辑器】中展开【棋盘格参数】卷展栏，如图 5-74 所示，系统默认的"棋盘格"颜色为黑色和白色，效果如图 5-75 所示。

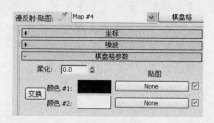

图 5-74

Step 5 单击【颜色#1】颜色块，在打开的【颜色选择器】对话框设置一个方格的颜色为（R:255、G:0、B:0）；单击【颜色#2】颜色块，设置另一个方格的颜色为黄色（R:255、G:255、B:0），此时效果如图 5-76 所示。

图 5-75   图 5-76

Step 6 单击【颜色#1】贴图按钮，在【材质/贴图浏览器】对话框双击【位图】，然后选择随书光盘 "maps" 文件夹下的 "胡桃 02.jpg" 的位

图作为贴图。使用相同的方法为【颜色＃2】选择"105.tif"位图，此时材质效果如图 5-77 所示。

Step 7 分别展开【棋盘格】贴图的【颜色＃1】贴图和【颜色＃2】贴图的【坐标】卷展栏，分别设置"U 向平铺"和"V 向平铺"数均为 5，此时贴图效果如图 5-78 所示。

图 5-77　　　　　图 5-78

由此可见，同样可以为【棋盘格】贴图的两种颜色通道再次使用【位图】贴图，同时还可以对【位图】贴图进行相关设置，使其更符合模型的材质要求。

5.3.4　制作【衰减】贴图

【衰减】贴图是 3D 贴图类型的一种，【衰减】贴图基于几何体曲面面法线的角度衰减来生成从白到黑的值。用于指定角度衰减的方向会随着所选的方法而改变。然而，根据默认设置，贴图会在法线从当前视图指向外部的面上生成白色，而在法线与当前视图相平行的面上生成黑色。

与【标准】材质【扩展参数】卷展栏的【衰减】设置相比，【衰减】贴图提供了更多的不透明度衰减效果。可以将【衰减】贴图指定为"不透明度"贴图，如在【VRayMtl】材质上使用【衰减】贴图，可以很好地表现玻璃材质、受光线影响的半透明塑料材质以及强反射效果的金属材质等。

下面通过一个简单操作，学习【衰减】贴图的应用方法和技巧。

【任务 6】制作【衰减】贴图。

（1）渲染材质

Step 1 解压本书配套光盘"场景文件"文件夹下的"衰减.zip"压缩文件，然后打开"衰减.max"文件。

Step 2 这是一个设置了部分材质的简单场景文件，按【F9】键快速渲染透视图，效果如图 5-79 所示。

图 5-79

（2）为茶壶制作玻璃材质

Step 1 确保当前渲染器为【V-Ray 渲染器】，打开【材质编辑器】选择一个空白的示例球，并为该示例球应用【VRayMtl】材质，然后将该材质指定给场景中的茶壶对象。

Step 2 单击【折射】贴图颜色按钮，在打开的【选择颜色器】对话框中设置其颜色为（R:255、G:255、B:255），然后按【F9】键快速渲染透视图，效果如图 5-80 所示。

图 5-80

（3）添加【衰减】贴图

Step 1 单击【反射】贴图按钮，在打开的【材质/贴图浏览器】对话框双击【衰减】，为【反射】应用【衰减】贴图，同时进入其【衰减参数】卷展栏，系统默认下，【衰减】贴图的【前:侧】颜色分别为黑色和白色，如图 5-81 所示。

图 5-81

提示：黑色颜色块代表"前"，白色颜色块代表"侧"，单击各颜色块可以从新设置【前：侧】颜色，通过颜色块右边的微调器可以设置颜色的强度，单击贴图按钮可以使用纹理贴图代替颜色。

Step 2 单击黑色颜色块，设置该颜色为（R:38、G:38、B:38）；单击白色颜色块，设置该颜色为浅灰色（R:179、G:179、B:179），其他参数默认。

Step 3 单击【转到父对象】按钮 ☜ 返回到【VRayMtl】材质层级，单击【折射】贴图按钮，为【折射】同样应用【衰减】贴图，并设置【前:侧】颜色分别为（R:170、G:170、B:170）和（R:201、G:201、B:201）。

Step 4 再次快速渲染视图，查看玻璃茶壶的透明效果。如图 5-82 所示，左图是没有应用【衰减】贴图的玻璃质感，右图是应用了【衰减】贴图后的玻璃质感。

图 5-82

【衰减】贴图有 5 种衰减类型。

◆ 【垂直/平行】：在与衰减方向相垂直的面法线和与衰减方向相平行的法线之间设置角度衰减范围。衰减范围为基于面法线方向改变 90°。

◆ 【朝向/背离】：在面向（相平行）衰减方向的面法线和背离衰减方向的法线之间设置角度衰减范围。衰减范围为基于面法线方向改变 180°。

◆ 【Fresnel】：基于折射率（IOR）的调整。在面向视图的曲面上产生暗淡反射，在有角的面上产生较明亮的反射，创建了就像在玻璃面上一样的高光。

◆ 【阴影/灯光】：基于落在对象上的灯光在两个子纹理之间进行调节。

◆ 【距离混合】：基于【近端距离】值和【远端距离】值在两个子纹理之间进行调节。多用于减少大地形对象上的抗锯齿和控制非照片真实级环境中的着色。

另外，还可以选择 5 种衰减的方向。

◆ 【查看方向（摄影机 Z 轴）】：设置相对于摄影机（或屏幕）的衰减方向。更改对象的方向不会影响衰减贴图。

◆ 【摄影机 X/Y 轴】：类似于摄影机 z 轴。例如，对【朝向/背离】衰减类型使用【摄影机 X 轴】会从左（朝向）到右（背离）进行渐变。

◆ 【对象】：使用其位置能确定衰减方向的对象。单击【模式特定参数】组中【对象】旁边的宽按钮，然后在场景中拾取对象。衰减方向就是从进行着色的那一点指向对象中心的方向。朝向对象中心的侧面上的点获取【朝向】值，而背离对象的侧面上的点则获取【背离】值。

◆ 【局部 X/Y/Z 轴】：将衰减方向设置为其中一个对象的局部轴。更改对象的方向会更改衰减方向。

◆ 【世界 X/Y/Z 轴】：将衰减方向设置为其中一个世界坐标系轴。更改对象的方向不会影响衰减贴图。

5.3.5 制作【VRayHDRI】贴图

【VRayHDRI】贴图主要用于使用高动态范围图像（HDRI）作为环境贴图。它不仅能很好地表现高反射物体（如不锈钢、玻璃等）的反射效果，使这些物体的反射更加丰富，同时能提供很好的光照效果，这在【标准】材质中是无法实现的。目前该渲染器仅支持.hdr 和.pic 格式的文件，其他格式的图像虽然可以使用，但不能提供照明效果。

下面通过一个简单的实例，首先学习【VRayHDRI】贴图的应用方法，然后再对【VRayHDRI】贴图的各设置进行详细讲解。

【任务7】制作【VRayHDRI】贴图。

Step 1 在场景中创建一个平面物体和一

个茶壶对象，然后为这两个对象应用【VRayMtl】材质。

Step 2　为平面物体的【漫反射】指定一种【位图】贴图（贴图路径：maps/格子布.jpg），其他设置默认。

Step 3　为茶壶制作不锈钢材质，设置【漫反射】为（R:240、G:240、B:240）、【反射】为（R:255、G:255、B:255）、【高光光泽度】为 0.9、【光泽度】为 1，其他设置默认。

Step 4　快速渲染场景，发现不锈钢茶壶靠近地面的部分有反射效果，而其他地方一片黑，如图 5-83 所示。

图 5-83

由渲染可以看出，因为没有光照，同时环境色为黑色，因此不锈钢只能反射平面对象和环境色。下面制作一个【VRayHDRI】贴图作为环境，使其反射效果更丰富。

Step 5　打开【材质编辑器】，选择一个示例球，单击【获取材质】按钮，在打开的【材质/贴图浏览】对话框中双击【VRayHDRI】贴图，此时进入【VRayHDRI】贴图的【参数】卷展栏，如图 5-84 所示。

图 5-84

Step 6　单击 浏览 按钮，选择本书配套光盘"maps"文件夹下的"A003.hdr"的图像，同时设置其他参数，如图 5-85 所示。

图 5-85

Step 7　执行【渲染】/【环境】命令打开【环境和效果】对话框，在【材质编辑器】中将 VRayHDRI 按钮拖到【环境和效果】对话框中的【环境贴图】按钮上释放鼠标，在弹出的【实例（副本）贴图】对话框中选择【实例】选项，单击 确定 按钮，将【VRayHDRI】贴图复制给环境，如图 5-86 所示。

图 5-86

Step 8　快速渲染场景，发现不锈钢茶壶有了环境反射效果，但没有灯光效果，如图 5-87 所示。

图 5-87

下面设置【VRayHDRI】贴图的光照效果。

Step 9 单击主工具栏中的【渲染设置】按钮打开【渲染设置】对话框。

Step 10 激活【VR_基项】选项卡，在【V-Ray::全局开关】卷展栏下的【默认灯光】下拉列表中选择【关】选项，如图5-88所示。

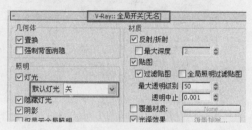

图 5-88

Step 11 展开【V-Ray::环境】卷展栏，勾选【开】选项，然后依照 Step 7 的操作，将【VrayHDRI】贴图以【实例】方式复制给环境，如图5-89所示。

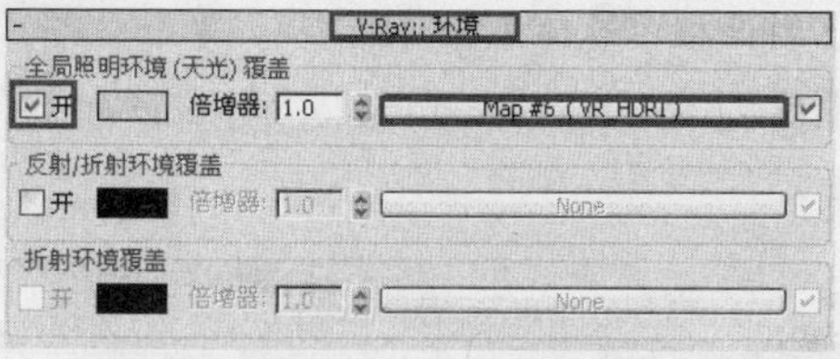

图 5-89

Step 12 继续在【V-Ray::间接照明（全局照明）】卷展栏下勾选【开】选项，如图5-90所示。

图 5-90

Step 13 在再次渲染场景，发现场景不仅有环境反射效果，同时也有了光照后产生的阴影效果，如图5-91所示。

由以上操作可见，【VRayHDRI】贴图对表现高反光材质是非常重要的。下面对【VRayHDRI】贴图的参数设置进行详细讲解。

图 5-91

- 【位图】：用于显示 HDRI 贴图的路径，单击 浏览 按钮可以选择一个.hdr 格式的图像。
- 【整体倍增器】：控制 HDRI 图像的亮度，这相当于灯光的倍增器，值越大，亮度越高。
- 【水平旋转/垂直旋转】：设置 HDRI 图像的水平和垂直旋转角度，旋转角度不同，环境贴图对场景的反射效果不同。
- 【水平翻转】：勾选该选项，使 HDRI 图像水平镜像。
- 【垂直翻转】：勾选该选项，使 HDRI 图像垂直镜像。
- 【伽玛】：设置 HDRI 图像的伽玛值。
- 【贴图类型】：设置环境贴图的类型，有5种类型，如图5-92所示。

图 5-92

- 【角式】：使 HDRI 图像成某种角度作为环境贴图。
- 【立方体】：使用立方体环境作为环境贴图。
- 【球体】：选择球状环境作为环境贴图，这是最常用的一种贴图方式，能得到很好的环境反射效果。

● 【反射球】：以球体反射作为环境贴图。

以上主要讲解了 3ds Max 建筑设计中常用的一些贴图，除了以上所讲的这些贴图之外，其他贴图在 3ds Max 建筑设计中不常用，由于篇幅所限，在此不再赘述，读者可以参阅其他书籍的详细讲解。

5.4 上机实训

5.4.1 实训1——为住宅楼制作材质和贴图

1. 实训目的

本实训要求为住宅楼制作材质和贴图。通过本例的操作熟练掌握【标准】材质、【多维/子对象】材质、【VRayMtl】材质以及【位图】贴图的制作方法和技能。具体实训目的如下。

● 掌握【位图】贴图的应用技能。
● 掌握【VRayMtl】材质的制作技能。
● 掌握【多维/子对象】材质的应用技能。
● 掌握【标准】材质的制作技能。

2. 实训要求

打开"住宅楼 02.max"场景文件，分别为住宅楼模型制作墙面材质、窗户材质等，最后进行渲染，其渲染结果如图 5-93 所示。

图 5-93

具体要求如下。

（1）启动 3ds Max 程序，打开名为"住宅楼 02.max"场景文件。

（2）使用【VRayMtl】材质结合【位图】贴图为住宅楼墙面制作砖墙和涂料材质。

（3）使用【多维/子对象】材质结合【位图】贴图制作窗户材质。

（4）使用【VRayHDRI】贴图制作背景贴图。

（5）对场景进行渲染，并将场景文件与渲染结果分别保存。

3. 完成实训

素材文件	场景文件\第 2 章\住宅楼 02.max
贴图文件	Maps 文件夹下
线架文件	线架文件\第 5 章\住宅楼 02（材质）.max
效果文件	渲染效果\第 5 章\住宅楼 02.tif
视频文件	视频文件\第 5 章\为住宅楼制作材质与贴图.swf

（1）制作一层外墙砖材质

Step 1 启动 3ds Max 2012 软件。

Step 2 打开场景文件"住宅楼 02.max"，这是一个已经制作完毕的建筑模型，快速渲染场景查看效果，结果如图 5-94 所示。

图 5-94

Step 3 打开【材质编辑器】，选择一个空的示例球，将其命名为"一层外墙"。

Step 4 单击【Standard】按钮，在打开的【材质/贴图浏览器】对话框中双击【VRayMtl】材质。

Step 5 在【材质编辑器】的【基本参数】

卷展栏单击【漫反射】按钮，在打开的【材质/贴图浏览器】对话框双击【位图】贴图。

Step 6 在打开的【选择位图图像文件】对话框中选择"maps"文件夹下的"红砖.jpg"贴图文件，如图 5-95 所示。

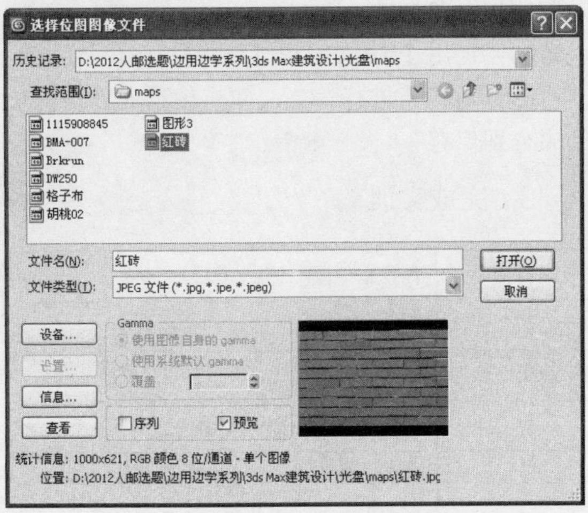

图 5-95

Step 7 单击 打开(O) 按钮，进入该贴图的【坐标】卷展栏，设置"U：偏移"为-0.005，"U：瓷砖"为 3.0，"V：瓷砖"为 1.5，其他设置默认，如图 5-96 所示。

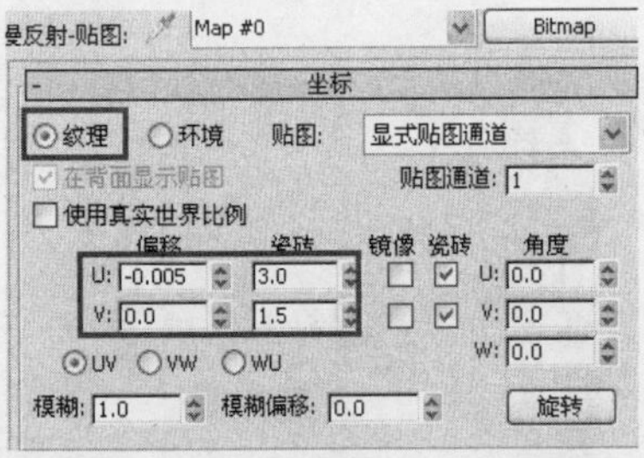

图 5-96

Step 8 单击【转到父对象】按钮返回到【VRayMtl】材质层级，展开【贴图】卷展栏，将【漫反射】贴图通道中的贴图拖到【凹凸】贴图通道按钮上，如图 5-97 所示。

Step 9 释放鼠标，此时弹出【复制（实例）贴图】对话框，选择【实例】选项，单击 确定 按钮，将该贴图复制到【凹凸】贴图通道按钮上，并设置其参数为 100，如图 5-98 所示。

图 5-97

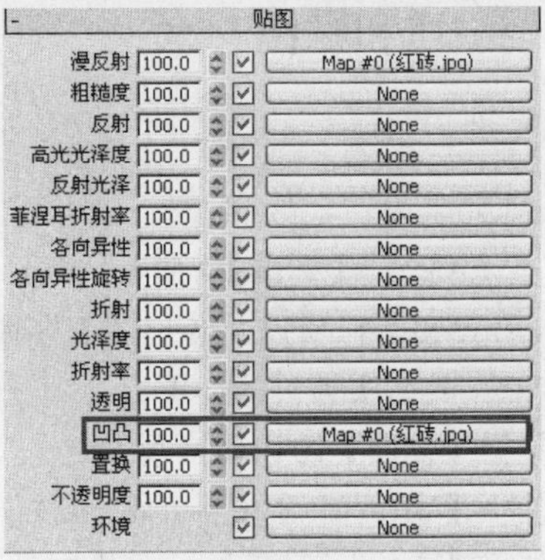

图 5-98

Step 10 选择场景中的"一层墙体"模型，将制作的材质指定给选择的对象。

Step 11 快速渲染场景查看效果，结果如图 5-99 所示。

图 5-99

Step 12 继续选择顶层阁楼中间人字型屋面外墙体以及左右两个方窗外墙体模型，将制作的材质指定给选择的对象，并分别为这些对象指定【UVW 贴图】修改器，选择【长方体】贴图方式。

Step 13 快速渲染场景查看效果，结果如

图 5-100 所示。

图 5-100

（2）制作其他楼层墙体乳胶漆材质

Step 1 重新选择一个空的示例球，将其命名为"墙体乳胶漆"，并为其指定【VRayMtl】材质。

Step 2 在【VRayMtl】材质的【基本参数】卷展栏设置【漫反射】颜色为乳白色（R:239、G:233、B:219），其他设置默认。

Step 3 在场景选择除一层墙体、窗户、六层中间飘窗外墙体、阁楼中间人字形屋面外墙体、人字形屋面、楼顶栏杆之外的其他所有模型，将制作好的材质指定给选择对象。

Step 4 快速渲染透视图查看效果，结果如图 5-101 所示。

图 5-101

（3）制作窗户【多维/子对象】材质

Step 1 重新选择一个空的示例球，将其命名为"窗户"。

Step 2 为该示例球选择【多维/子对象】材质，并设置其材质数量为 2。

Step 3 为 1 号材质选择【VRayMtl】材质，然后为【漫反射】指定"maps"文件夹下的"室

外玻璃 045.jpg"文件。

Step 4 为【反射】应用【衰减】贴图，进入【衰减参数】卷展栏，设置"前"颜色为深灰色（R:12、G:12、B:12），设置"后"颜色为浅灰色（R:133、G:133、B:133），如图 5-102 所示。

图 5-102

Step 5 返回到【VRayMtl】材质层级，勾选【折射】选项的【影响阴影】选项，并设置【烟雾倍增】为 0.03，如图 5-103 所示。

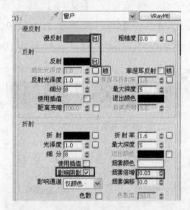

图 5-103

Step 6 将【反射】上的【衰减】贴图以【复制】方式复制给【折射】，如图 5-104 所示。

图 5-104

Step 7 进入其【衰减参数】卷展栏，设置"前"颜色为白色（R:253、G:253、B:253），设置"后"颜色为浅灰色（R:181、G:181、B:181），如图 5-105 所示。

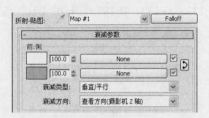

图 5-105

Step 8 返回到【多维/子对象】材质层级，为 2 号材质选择【VRayMtl】材质，设置【漫反射】颜色为绿色（R:53、G:93、B:51）。

Step 9 继续设置【反射】颜色为深灰色（R:5、G:5、B:5）、【高光光泽度】为 0.9、【反射光泽度】为 0.7，其他设置默认，如图 5-106 所示。

图 5-106

Step 10 选择场景中的除六层中间飘窗之外的其他所有窗户对象，将制作的材质指定给选择对象，并为这些对象指定【UVW 贴图】修改器，选择【长方体】贴图方式。

Step 11 继续选择一个示例球，将其命名为"窗户 01"，为其应用【多维/子对象】材质，设置材质数目为 3。

Step 12 依照前面制作窗户材质的方法再次制作六层中间的窗户和外墙材质，其中 1 号材质和 3 号材质的设置与"窗户"材质中的 1 号材质和 2 号材质设置相同，2 号材质的设置与"一层墙体"材质的设置相同。

Step 13 制作完毕后将该材质指定给六层中间飘窗模型，并为其指定【UVW 贴图】修改器，选择【长方体】贴图方式。

 提示： 场景中的所有窗户模型，我们已经为窗框和窗户玻璃分别指定了不同的材质 ID 号，因此，在制作【多维/子对象】材质时，要根据模型材质 ID 号制作相应的材质。

（4）制作屋面瓦材质

Step 1 重新选择一个空的示例球，将其命名为"屋面瓦"，并为其指定【VrayMtl】材质。

Step 2 为【漫反射】指定 "maps" 文件夹下的 "蓝瓦.jpg" 贴图文件，其他设置默认。

Step 3 展开【贴图】卷展栏，将【漫反射】贴图通道中的贴图以【实例】方式复制到【凹凸】贴图通道，然后设置其参数为 100。

Step 4 将制作好的"屋面瓦"材质指定给场景中的人字形屋面对象，然后为该对象添加【UVW 贴图】修改器，选择【长方体】贴图方式。

Step 5 快速渲染透视图查看效果，结果如图 5-107 所示。

图 5-107

Step 6 将场景文件保存为"住宅楼 02（材质）.max"文件。

Step 7 将渲染结果保存为"住宅楼 02.tif"文件。

5.4.2 实训 2——为石桌石凳、遮阳伞制作材质

1. 实训目的

本实训要求为石桌石凳以及遮阳伞制作材

质。通过本例的操作熟练掌握【VRayMtl】材质、
【位图】贴图的制作技能，具体实训目的如下。

● 掌握【位图】贴图的应用技能。
● 掌握使用【VRayMtl】材质的制作的技能。
● 掌握使用 Photoshop 制作贴图的技能。

2. 实训要求

首先为石桌石凳制作大理石材质，为遮阳伞面制作遮阳布材质，为遮阳伞把制作不锈钢金属材质，最后进行场景渲染，其渲染后的效果如图 5-108 所示。

图 5-108

具体要求如下。

（1）启动 3ds Max 程序，并打开场景文件"遮阳伞.max"文件。

（2）打开【材质编辑器】窗口，选择空白示例球，为其指定【VRayMtl】材质，并使用【位图】贴图制作大理石材质，将其指定给石桌石凳。

（3）选择空白示例球，为其指定【VRayMtl】材质，制作不锈钢材质，并将其指定给伞把。

（4）选择空白示例球，为其指定【VRayMtl】材质，制作塑料材质，并将其指定给伞头。

（5）使用 Photoshop 制作遮阳伞面的贴图文件，将其保存。

（6）选择空白示例球，为其指定【VRayMtl】材质，结合【位图】贴图，选择制作的伞面贴图文件，制作伞面材质并将其指定给伞面。

（7）渲染场景，并将场景文件与渲染结果分别保存。

3. 完成实训

素材文件	线架文件/第 4 章/遮阳伞.max
贴图文件	Maps 文件夹下
线架文件	线架文件\第 5 章\遮阳伞（材质）.max
效果文件	渲染效果\第 5 章\遮阳伞（材质）.tif
视频文件	视频文件\第 5 章\为石桌石凳、遮阳伞制作材质.swf

（1）制作石桌石凳材质

Step 1　打开"遮阳伞.max"文件，这是一个制作好的场景文件，按键盘上的【F9】键快速渲染场景，效果如图 5-109 所示。

图 5-109

Step 2　打开【材质编辑器】，选择一个空的示例球。

Step 3　单击 Standard 按钮，在打开的【材质/贴图浏览器】对话框双击【VRayMtl】选项，进入【VRayMtl】材质的【基本参数】卷展栏，设置其参数如图 5-110 所示。

图 5-110

Step 4　单击【漫反射】贴图按钮，在【材质/贴图浏览器】对话框双击【位图】选项，在打

开的对话框选择随书光盘 "maps" 文件夹下的 "SY100.BMP" 贴图文件，同时进入该贴图的【坐标】卷展栏，设置参数如图 5-111 所示。

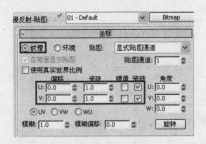

图 5-111

Step 5 选择场景中的石桌石凳模型，单击【将材质指定给选择对象】按钮，将该材质指定给选择的模型对象。

Step 6 快速渲染场景，结果如图 5-112 所示。

图 5-112

通过渲染发现，尽管使用了【位图】贴图，但模型仍然没有出现应有的纹理效果，这是因为贴图并没有按照正确的贴图方式指定给模型，下面我们进行调整。

Step 7 选择石桌模型，进入【修改】面板，在【修改器列表】中选择【UVW 贴图】修改器，在【参数】卷展栏下勾选【长方体】选项，如图 5-113 所示。

Step 8 选择石凳模型，进入【修改】面板，在【修改器列表】中选择【UVW 贴图】修改器，在【参数】卷展栏下勾选【长方体】选项，如图 5-114 所示。

图 5-113 　　　　　　 图 5-114

Step 9 按【F9】键快速渲染透视图，结果如图 5-115 所示。

图 5-115

提示： 在对模型指定了材质后，切记为模型添加【UVW 贴图】修改器，然后根据模型的形态选择合适的贴图类型，这样可以使贴图能正确赋予模型表面。

（2）制作遮阳伞把模型材质和【VRayHDRI】贴图

Step 1 重新选择一个空的示例球，将其命名为 "不锈钢"，然后依照前面的操作，为其选择【VRayMtl】材质。

Step 2 进入其【基本参数】卷展栏，设置【反射】颜色为白色，其他参数设置如图 5-116 所示。

图 5-116

图 5-118

Step 3　选择场景中的遮阳伞把、伞头模型，单击【将材质指定给选择对象】按钮，将该材质指定给选择的模型。

Step 4　按【F9】键快速渲染透视图，结果如图 5-117 所示。

图 5-117

通过渲染发现，在为"遮阳伞把"制作不锈钢材质后，渲染发现遮阳伞把似乎看不见了，这是由于不锈钢反射白色背景造成的。下面我们制作一个【VRayHDRI】背景贴图来改善该效果。

Step 5　打开【材质编辑器】，选择一个示例球，单击【获取材质】按钮，在打开的【材质/贴图浏览】对话框中双击【VRayHDRI】贴图，此时进入【VRayHDRI】贴图的【参数】卷展栏。

Step 6　单击 浏览 按钮，选择本书配套光盘 "maps" 文件夹下的 "A003.hdr" 的图像，同时设置其他参数，如图 5-118 所示。

Step 7　执行【渲染】/【环境】命令打开【环境和效果】对话框，在【材质编辑器】将 VRayHDRI 按钮拖到【环境和效果】对话框中的【环境贴图】按钮上释放鼠标，在弹出的【实例（副本）贴图】对话框选择【实例】选项，单击 确定 按钮，将【VRayHDRI】贴图复制给环境，如图 5-119 所示。

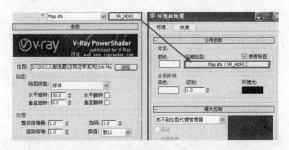

图 5-119

Step 8　快速渲染场景，发现遮阳伞不锈钢伞把有了环境反射效果，如图 5-120 所示。

图 5-120

通过渲染发现，尽管有了背景贴图，但是场景缺少光影效果，下面设置【VRayHDRI】贴图的

光照效果。

Step 9 单击主工具栏中的【渲染设置】按钮打开【渲染设置】对话框。

Step 10 激活【VR_基项】选项卡，在【V-R::全局开关】卷展栏下的【默认灯光】下拉列表中选择【关】选项，如图 5-121 所示。

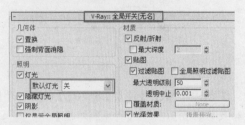

图 5-121

Step 11 展开【V-Ray::环境】卷展栏，勾选【开】选项，然后依照 Step 16 的操作，将【VRayHDRI】贴图以【实例】方式复制给环境，如图 5-122 所示。

图 5-122

Step 12 继续在【V-Ray::间接照明（全局照明）】卷展栏下勾选【开】选项，如图 5-123 所示。

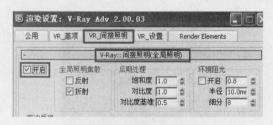

图 5-123

Step 13 再次渲染场景，效果如图 5-124 所示。

（3）制作地面材质

通过渲染发现，尽管场景有了光照效果，但缺少投影。下面制作一个地面物体以接受投影。

图 5-124

Step 1 在顶视图中遮阳伞中间位置创建一个圆柱体，在前视图中将其向下移动到石凳底部，其参数设置如图 5-125 所示。

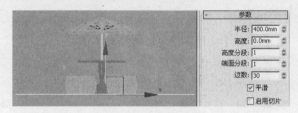

图 5-125

Step 2 选择一个空的示例球，单击 Standard 按钮，在打开的【材质/贴图浏览器】对话框双击【Vray Mtl】选项，进入【Vray Mtl】材质的【基本参数】卷展栏，设置其参数如图 5-126 所示。

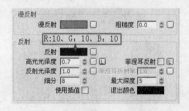

图 5-126

Step 3 单击【漫反射】贴图按钮，在【材质/贴图浏览器】对话框双击【位图】选项，在打开的对话框中选择随书光盘 "maps" 文件夹下的 "DW250.JPG" 贴图文件，同时进入该贴图的【坐标】卷展栏，设置参数如图 5-127 所示。

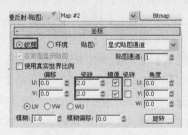

图 5-127

Step 4 选择场景中的圆柱体模型，单击【将材质指定给选择对象】按钮，将该材质指定给选择的模型对象。

Step 5 进入【修改】面板，在【修改器列表】中选择【UVW 贴图】贴图修改器，并设置贴图方式为【长方体】。

Step 6 再次渲染场景，发现场景有了环境反射效果，同时也有了光照后产生的阴影效果，如图 5-128 所示。

图 5-128

（4）制作遮阳伞面的贴图文件

Step 1 启动 Photoshop 软件。

Step 2 按【Ctrl】+【N】组合键，打开【新建】对话框，设置参数，如图 5-129 所示。

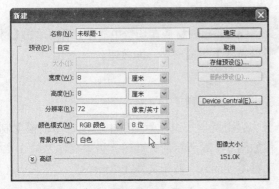

图 5-129

Step 3 单击【确定】按钮，新建一个图像文件。

Step 4 打开【图层】面板，新建【图层1】，然后设置前景色为红色。

Step 5 激活【多边形】工具，在其工具选项栏中设置参数，如图 5-130 所示。

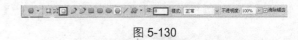

图 5-130

Step 6 在【图层1】中拖曳鼠标指针，绘制一个多边形图形，如图 5-131 所示。

图 5-131

Step 7 按【Ctrl】+【J】组合键，将【图层1】复制为【图层1副本】，然后按【Ctrl】+【T】组合键，为【图层1副本】添加自由变换工具，然后按住【Alt】+【Shift】组合键，将【图层1副本】等比例缩小。

Step 8 设置前景色为黄色，按下【图层】面板中的【锁定透明像素】按钮锁定【图层1副本】的透明像素，然后按【Alt】+【Delete】组合键向【图层1副本】中填充前景色，效果如图 5-132 所示。

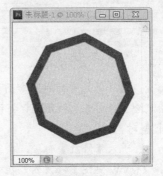

图 5-132

Step 9 依照相同的方法，将【图层1副本】复制为【图层1副本2】层、【图层1副本3】层、【图层1副本4】层，并将其等比例缩小，然后向其填充绿色、蓝色、紫色等，结果如图 5-133 所示。

Step 10 将图层全部合并，然后将其保存为"遮阳伞面贴图.jpg"文件。

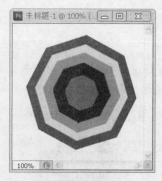

图 5-133

图 5-135

Step 11 回到 3ds Max 场景，选择一个空的示例球，为该实例球指定【VRayMtl】材质。

（5）制作伞面贴图

Step 1 进入【VRayMtl】材质的【基本参数】卷展栏，单击【漫反射】贴图按钮，在【材质/贴图浏览器】对话框双击【位图】选项，在打开的对话框选择随书光盘"maps"文件夹下的"遮阳伞面贴图.jpg"贴图文件，同时进入该贴图的【坐标】卷展栏，设置参数如图 5-134 所示。

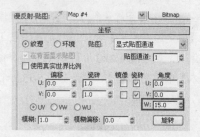

图 5-134

Step 2 选择场景中的遮阳伞面模型，单击【将材质指定给选择对象】按钮，将该材质指定给选择的模型对象。

Step 3 进入【修改】面板，在【修改器列表】中选择【UVW 贴图】修改器，在【参数】卷展栏下勾选【圆柱体】选项。

Step 4 按【F9】键快速渲染透视图，结果如图 5-135 所示。

Step 5 至此，遮阳伞材质制作完毕，将场景文件保存为"遮阳伞（材质）.max"文件。

Step 6 将渲染结果保存为"遮阳伞（材质）.tif"文件。

▌5.5▌上机与练习

1. 单选题

（1）要将材质指定给选择对象，需要单击【材质编辑器】中的（　）按钮。

　　　A. 　　　　B. 　　　　C.

（2）要转到材质的上一层级，需要单击【材质编辑器】中的（　）按钮。

　　　A. 　　　　B. 　　　　C.

（3）要显示材质的背光效果，需要单击【材质编辑器】中的（　）按钮。

　　　A. 　　　　B. 　　　　C.

（4）要想使材质在场景中显示，需要单击【材质编辑器】中的（　）按钮。

　　　A. 　　　　B. 　　　　C.

2. 操作题

运用所学知识，为场景中的别墅屋顶模型制作如图 5-136 所示的瓦贴图。场景文件为第 3 章/别墅屋顶.max，贴图文件在"maps"文件夹下。

图 5-136

第6章

建筑设计场景
照明与渲染

📖 **学习目标**

了解室内场景照明的意义、掌握照明系统的应用、室内场景的渲染设置等，主要内容包括灯光类型、灯光属性、灯光参数设置、3ds Max 软件灯光的应用、【V-Ray 渲染器】灯光的应用以及【V-Ray 渲染器】渲染场景的相关设置技能。

📖 **学习重点**

重点掌握泛光灯、目标聚光灯、目标平行光、VR 灯光的应用以及使用【默认扫描线渲染器】和【V-Ray 渲染器】渲染场景的相关设置。

📖 **主要内容**

◆ 建筑设计中照明的意义与重要性
◆ 了解 3ds Max 照明系统
◆ 创建【标准】灯光系统
◆ 【标准】灯光系统的参数设置
◆ 创建其他灯光系统
◆ 建筑场景的渲染
◆ 上机实训
◆ 上机与练习

6.1 建筑设计中照明的意义与重要性

3ds Max 软件有默认的照明来着色以渲染场景。默认照明包含两个不可见的灯光。一个灯光位于场景的左上方，而另一个位于场景的右下方。但是，默认照明系统光照层次感较差，不能很好地表现建筑场景的光影效果以及材质质感，如图 6-1 所示。

图 6-1

为了更好地表现场景效果，一般情况下，用户需要根据场景布局、表现要求等，重新设置照明系统。当用户创建了照明系统之后，系统默认的照明系统就会被禁用，场景将使用用户设置的照明系统进行照明。如果删除建筑场景中用户设置的照明系统，则系统重新启用默认照明系统。

在 3ds Max 建筑设计中，当创建好建筑场景模型，并为模型制作材质之后，需要重新设置场景照明系统，增强场景的清晰度和三维效果，使场景光影效果更逼真，如图 6-2 所示。

图 6-2

6.2 了解 3ds Max 照明系统

3ds Max 提供了两种类型的照明系统，即【标准】灯光照明系统与【光度学】灯光照明系统。另外，当安装了 Vray 渲染器后，还会有【VRay】灯光照明系统，这些照明系统有各自的照明特点，会产生不同的照明效果。下面来了解这些照明系统。

6.2.1 【标准】灯光照明系统

【标准】灯光照明系统是 3ds Max 软件自带的照明系统，也是最常用也最简单的灯光照明系统。【标准】灯光是基于计算机的对象，可以模拟如家用灯光或办公室灯、舞台和电影工作者使用的灯光设备以及太阳光本身等的照明效果。【标准】灯光供提供了 8 种不同种类的照明系统，这 8 种照明系统可用不同的方式投射灯光，用于模拟真实世界不同种类的光源。

进入【创建】面板，激活【灯光】按钮，在其下拉列表中选择【标准】选项，在【对象类型】卷展栏下即可显示这 8 种不同的灯光类型，如图 6-3 所示。

图 6-3

激活相关灯光按钮，即可在视图中创建相关的灯光系统。

6.2.2 【光度学】灯光照明系统

【光度学】灯光照明系统使用光度学（光能）值使用户可以更精确地定义灯光，就像在真实世界一样。用户可以设置它们分布、强度、色温和其他真实世界灯光的特性，另外，也可以导入照明制造商的特定光度学文件以便设计基于商用灯光的照明。

3ds Max 软件提供了 3 种【光度学】灯光照明系统，这 3 种照明系统不仅可用不同的方式投射灯光，用于模拟真实世界不同种类的光源，同时，其【Mr Sky 门户】灯光系统提供了一种"聚集"

内部场景中的现有天空照明的有效方法，无需高度最终聚集或全局照明设置。

进入【创建】面板，激活【灯光】按钮，在其下拉列表中选择【光度学】选项，然后展开【对象类型】卷展栏，可显示【光度学】灯光的3种照明，如图6-4所示。

图6-4

6.2.3 【VRay】灯光照明系统

【VRay】灯光是【V-Ray渲染器】自带的专用灯光系统，它在与【V-Ray渲染器】专业材质、贴图以及阴影类型相结合使用的时候，其效果显然要优于使用3ds Max的【标准】灯光类型。

进入【创建】面板，激活【灯光】按钮，在其下拉列表中选择【VRay】选项，然后展开【对象类型】卷展栏，即可显示【VRay】灯光的几种灯光，如图6-5所示。

图6-5

6.3 创建【标准】灯光系统

在3ds Max的【标准】灯光系统中，3ds Max建筑设计中常用的灯光系统并不多，在此我们主要讲解3ds Max建筑设计中常用的几种【标准】灯光系统的创建方法，由于篇幅所限，其他灯光系统的创建，读者可以参阅其他相关书籍的讲解。

6.3.1 创建【目标聚光灯】照明系统

【目标聚光灯】使用目标对象指向摄像机，当创建【目标聚光灯】后，系统将为该灯光自动指定注视控制器，灯光目标对象被指定为"注视"目标，并像闪光灯一样投射聚焦的光束，适合模拟射灯等聚光的灯光效果。在建筑设计中，【目标聚光灯】可以创建室外局部照明效果，如室外的

射灯照明。当在场景中创建目标聚光灯后，该目标聚光灯将成为场景的一部分，可以使用移动、旋转、缩放工具对灯光进行调整。

【任务1】创建【目标聚光灯】照明系统。

Step 1 打开随书光盘"线架文件/第4章"文件夹下的"遮阳伞.max"文件，按【F9】键快速渲染场景，查看默认灯光照明下的场景效果，如图6-6所示。

Step 2 进入【创建】面板，激活【灯光】按钮，在其下拉列表中选择【标准】选项，然后展开【对象类型】卷展栏，单击 目标聚光灯 按钮，如图6-7所示。

图6-6　　　　　　　图6-7

Step 3 在前视图中遮阳伞左上方向右下方拖动鼠标以创建目标聚光灯，拖动的初始点是聚光灯的位置，释放鼠标的点就是目标位置，如图6-8所示。

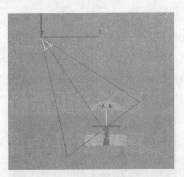

图6-8

Step 4 再次按【F9】键快速渲染场景，查看设置【目标聚光灯】照明系统后的照明效果，如图6-9所示。

图 6-9

【任务2】修改【目标聚光灯】照明参数。

Step 1 选择创建的【目标聚光灯】照明系统，进入【修改】面板，展开【聚光灯参数】卷展栏，如图 6-10 所示。

Step 2 【泛光化】。默认设置下，【目标聚光灯】的光照范围受【聚光区/光束】参数的影响，该参数越大，光照范围越大，反之越小。当勾选【泛光化】选项后，【目标聚光灯】的光照范围不受任何参数的影响，具有泛光灯的照明效果，如图 6-11 所示。

图 6-10　　　　　　图 6-11

Step 3 【聚光区/光束】。设置【目标聚光灯】的光照范围，该参数越大，光照范围越大，反之越小。如图 6-12 所示，是【聚光区/光束】值为 25 时的照明效果，如图 6-13 所示，是【聚光区/光束】值为 100 时的照明效果。

图 6-12

图 6-13

Step 4 【衰减区/区域】。设置【目标聚光灯】的光线衰减值，衰减是指光线强度由聚光区向外慢慢变弱，值越大，衰减越大，反之衰减越小，该值最小不能小于【聚光区/光束】值。如图 6-14 所示，是【聚光区/光束】值为 25，【衰减区/区域】为 40 时的照明效果；如图 6-15 所示，是【聚光区/光束】值为 25，【衰减区/区域】为 100 时的照明效果。

图 6-14

图 6-15

6.3.2　创建【目标平行光】照明系统

【目标平行光】照明系统主要用于模拟太阳光，可以调整灯光的颜色和位置并在 3D 空间中旋转灯光。与【目标聚光灯】相同，【目标平行光】使用目标对象指向灯光。但由于平行光线是平行的，所以

平行光线呈圆形或矩形棱柱而不是"圆锥体"。

在 3ds Max 建筑设计中，【目标平行光】照明系统可用于模拟太阳光照明场景。

【任务 3】创建【目标平行光】照明系统。

Step 1 删除上一节创建的【目标聚光灯】照明系统。

Step 2 在【对象类型】卷展栏下激活 目标平行光 按钮，在前视图中遮阳伞左上角向右下角拖动鼠标以创建【目标平行光】照明系统，拖动的初始点是平行光的位置，释放鼠标的点就是目标位置，如图 6-16 所示。

图 6-16

Step 3 按【F9】键快速渲染场景，查看【目标平行光】照明系统的照明效果，如图 6-17 所示。

图 6-17

【任务 4】修改【目标平行光】照明参数。

Step 1 选择创建的【目标平行光】照明系统，进入【修改】面板，展开【平行光参数】卷展栏，调整参数，如图 6-18 所示。

Step 2 【泛光化】参数。默认设置下，【目标平行光】的光照范围受【聚光区/光束】参数的影响，该参数越大，光照范围越大，反之越小。当勾选【泛光化】选项后，【目标平行光】的光照范围不受任何参数影响，具有泛光灯的照明效果，如图 6-19 所示。

图 6-18

图 6-19

Step 3 【聚光区/光束】参数。设置【目标平行光】的光照范围，该参数越大，光照范围越大，反之越小。例如，图 6-20 所示是【聚光区/光束】值为 25 时的照明效果，而图 6-21 所示是【聚光区/光束】值为 100 时的照明效果。

图 6-20

图 6-21

Step 4 【衰减区/区域】参数。设置【目标平行光】的光线衰减值，衰减是指光线强度由聚光区向外慢慢变弱，值越大，衰减越大，反之衰减越小，该值最小不能小于【聚光区/光束】值。例如，图 6-22 所示是【聚光区/光束】值为 25、【衰减区/区域】为 40 时的照明效果，而图 6-23 所示是【聚光区/光束】

值为 25、【衰减区/区域】为 100 时的照明效果。

图 6-22

图 6-23

6.3.3　创建【泛光灯】照明系统

【泛光灯】从单个光源向各个方向投射光线。【泛光灯】用于将"辅助照明"添加到场景中，或模拟点光源。【泛光灯】可以投射阴影与投影，单个投射阴影的泛光灯等同于 6 个投射阴影的聚光灯，从中心指向外侧。在建筑设计中，【泛光灯】既可以模拟太阳光进行整体照明，也可以用于局部照明。

【任务 5】创建【泛光灯】照明系统。

Step 1　继续 6.3.2 小节的操作。将创建的【目标平行光】选择并删除，然后在【对象类型】卷展栏下激活 泛光灯 按钮，在前视图中遮阳伞左上方位置单击，创建一盏【泛光灯】照明系统，如图 6-24 所示。

图 6-24

Step 2　按【F9】键快速渲染场景，查看创建【泛光灯】照明系统后的照明效果，如图 6-25 所示。

图 6-25

6.4　【标准】灯光系统的参数设置

前面章节主要学习了 3ds Max 建筑设计中常用的【标准】灯光系统的创建，这一节继续学习【标准】灯光系统的相关参数设置。

当创建【标准】灯光系统之后，需要对灯光进行相关的设置，如灯光强度、光线颜色、灯光阴影等，这些设置一般分布在【常规参数】卷展栏、【强度/颜色/衰减】卷展栏和【阴影参数】卷展栏中。

6.4.1　【常规参数】卷展栏设置

【常规参数】卷展栏用于启用和禁用灯光、使灯光排除或包含场景中的对象，另外还控制灯光的目标对象，并将灯光从一种类型更改为另一种类型。

下面以【目标平行光】为例，通过一个简单实例的操作，讲解【常规参数】卷展栏中的相关设置。其他灯光类型与【目标平行光】的设置相同，在此不再赘述。

【任务 6】设置灯光的常规参数。

Step 1　继续 6.3.3 小节的操作。删除场景中创建的【泛光灯】系统，然后在顶视图中为该场景创建一盏【目标平行光】，并调整灯光的方向和位置，如图 6-26 所示。

Step 2　进入【修改】面板，展开【常规参数】卷展栏，如图 6-27 所示。

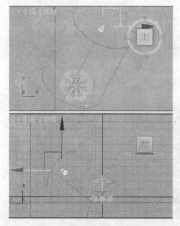

图 6-26　　　　　　　图 6-27

Step 3　在【灯光类型】选项组中勾选【启用】选项，表示将使用该灯光着色和渲染以照亮场景（取消该选项的勾选，进行着色或渲染时不使用该灯光，默认设置为勾选状态）。

Step 4　在【启用】右侧下拉列表中可以更改灯光的类型，如将平行光更改为泛光灯、聚光灯等。

Step 5　在【阴影】选项组中设置当前灯光是否投射阴影。勾选【启用】选项，灯光将产生阴影，取消【启用】选项的勾选，灯光将不投射阴影。如图 6-28 所示，是启用阴影时灯光产生阴影；如图 6-29 所示，是禁用阴影时灯光不产生阴影。

图 6-28

图 6-29

提示：可以设置被照明的对象产生或不产生阴影，方法是选择被照明对象，单击右键，在弹出的快捷菜单中选择【对象属性】命令，在打开的【对象属性】对话框取消【投射阴影】选项的勾选，此时，不管灯光是否产生阴影，该对象将不产生阴影。

Step 6　当启用阴影后，可以在阴影方法下拉列表中选择生成阴影的类型，有【阴影贴图】、【光线跟踪阴影】、【高级光线跟踪】或【区域阴影】。另外，如果按装了 VRay 渲染器，还可以选择【V-Ray 阴影】，如图 6-30 所示。

图 6-30

Step 7　单击 排除 按钮，打开【排除/包含】对话框，如图 6-31 所示。该对话框是一个无模式对话框，使用该对话框可以基于灯光包括或排除对象。当排除对象时，对象不由选定灯光照明，并且不接收阴影。

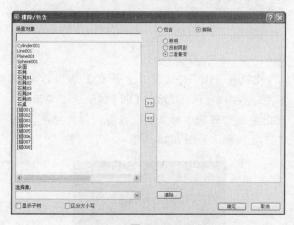

图 6-31

Step 8　在该对话框中，左边显示场景中的所有对象，右边是要"包含"或"排除"的对象，如要使当前灯光不照射场景中的"石凳"对象，

则在对话框左边选择【石凳】，如图 6-32 所示。

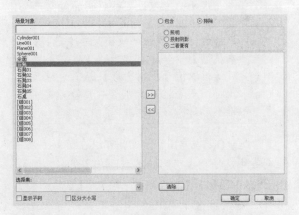

图 6-32

Step 9 单击 >> 按钮将其调入右边，并勾选【排除】选项，表示当前灯光将排除"石凳"对象，也就是说不照射"石凳"对象，如图 6-33 所示。

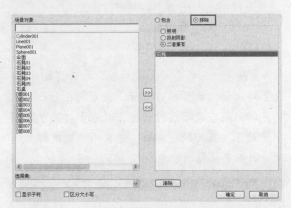

图 6-33

Step 10 勾选【二者兼有】选项，单击 确定 按钮确认，然后按【F9】键快速渲染场景，此时发现"石凳"对象没有被当前灯光照亮，也不产生投影，如图 6-34 所示。

图 6-34

提示：

如果勾选【照明】选项，表示当前灯光只排除对"石凳"对象的照亮，但"石凳"对象会产生投影，如图 6-35 所示。

图 6-35

如果勾选【投射阴影】选项，表示当前灯光只排除"石凳"对象的阴影，但"石凳"对象会被照明，如图 6-36 所示。

图 6-36

如果勾选【包含】选项和【二者兼有】选项，则表示当前灯光只包含对"石凳"对象的照射，而排除了场景中的其他对象，结果如图 6-37 所示。

图 6-37

如果要取消灯光对"石凳"对象的排除，可以在对话框右侧选择【石凳】选项，单击 << 按钮将其调入左边即可。

尽管灯光排除在自然情况下不会出现，但该功能在需要精确控制场景中的照明时非常有用。例如有时专门添加灯光来照亮单个对象而不是其周围环境，或希望灯光从一个对象（而不是其他对象）投射阴影时，就可以使用【排除】/【包含】工具。

6.4.2 【强度/颜色/衰减】卷展栏

【强度/颜色/衰减】卷展栏用于设置灯光的强度、灯光颜色和设置灯光衰减等，如图 6-38 所示。

- ◆ 【倍增】：设置灯光的功率（强度）。例如，如果将【倍增】设置为 2，灯光将亮两倍。如图 6-39 所示，是【倍增】为 1 时的照明效果；如图 6-40 所示，是【倍增】为 2 时的照明效果。

图 6-38   图 6-39

图 6-40

- ◆ 【色样】：单击【色样】按钮▭将显示【颜色选择器】对话框，用于设置灯光的颜色。例如，设置色样为绿色，则光照效果如图 6-41 所示。

图 6-41

- ◆ 【衰退】：设置远处灯光强度减小的另一种方法，可以在【类型】下拉列表中选择一种类型。选择【无】，将不应用衰退，从其源到无穷大灯光仍然保持全部强度，除非启用【远距衰减】；选择【反向】，应用反向衰退；选择【平方反比】，应用平方反比衰退。

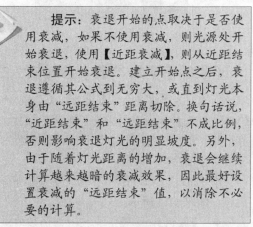

提示：衰退开始的点取决于是否使用衰减，如果不使用衰减，则光源处开始衰退，使用【近距衰减】，则从近距结束位置开始衰退。建立开始点之后，衰退遵循其公式到无穷大，或直到灯光本身由"远距结束"距离切除。换句话说，"近距结束"和"远距结束"不成比例，否则影响衰退灯光的明显坡度。另外，由于随着灯光距离的增加，衰退会继续计算越来越暗的衰减效果，因此最好设置衰减的"远距结束"值，以消除不必要的计算。

- ◆ 【近距衰减】：不常用的衰减，其设置与【远距衰减】设置相同，在此不介绍。
- ◆ 【远距衰减】：最常用的衰减，勾选【使用】选项，将应用远距离衰减，可以在【开始】与【结束】选项中设置灯光开始淡入以及灯光减弱到 0 的距离。勾选【显示】选项，在视口中显示远距衰减范围，"远距开始"为浅黄色区域，"远距结束"为深棕色区域，如图 6-42 所示。

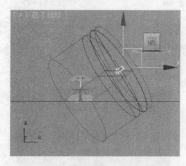

图 6-42

需要说明的是，衰减会使灯光产生由强到弱的变化，因此，处于衰减开始范围的对象会比处于衰减结束范围的对象较暗，处于衰减结束之外的对象几乎不受灯光的照射，如图 6-43 所示。

图 6-43

6.4.3 【阴影参数】卷展栏

所有灯光类型（除了【天光】、【IES 天光】和【VRay 灯光】）和所有阴影类型都具有【阴影参数】卷展栏，使用该卷展栏可以设置阴影颜色和其他常规阴影属性。

继续 6.4.2 小节的操作，打开【阴影参数】卷展栏，如图 6-44 所示。

◆ 【颜色】：选择灯光投射的阴影的颜色，默认颜色为黑色，如设置颜色为红色，则阴影颜色为红色，如图 6-45 所示。

图 6-44　　　　图 6-45

◆ 【密度】：调整阴影的密度，值越大阴影越明显，反之阴影不明显，如设置【密度】为 0.3，则阴影不明显，如图 6-46 所示。

图 6-46

提示："密度"可以有负值，使用该值可以帮助模拟反射灯光的效果。白色阴影颜色和负"密度"渲染黑色阴影的质量没有黑色阴影颜色和正"密度"渲染的质量好。

◆ 【贴图】：启用该复选框可以使用"贴图"按钮指定贴图作为阴影，贴图颜色与阴影颜色混合起来。

◆ 【灯光影响阴影颜色】：启用此选项后，将灯光颜色与阴影颜色（如果阴影已设置贴图）混合起来。

◆ 【大气阴影】：该组件可以让大气效果投射阴影，该设置不常用，在此不作详细讲解。

6.5　创建其他灯光系统

除了【标准】灯光之外，3ds Max 系统还提供了其他灯光系统，如【日光】系统、【自由灯光】以及【VR_太阳】等，这些灯光系统在 3ds Max 建筑设计中应用也很广泛，只是这些灯光系统需要使用特定的渲染器进行渲染。

6.5.1 创建【日光】照明系统

在 3ds Max 软件中，默认的灯光提供场景中的基本照明并应用纹理和材质，但是渲染的图像显得很平淡，不太逼真。这时用户需要将日光添加到场景中，这将由包括两个 mental ray 光度学光源的日光系统生成，分别是：【mr 太阳】模拟来自于太阳的直接光；【mr 天空】模拟由大气中太阳光的散射创建的间接光。这两个光源将附带【mr 物理天空】环境明暗器，将生成太阳和天空的物理外观。

【任务 7】创建【日光】照明系统。

（1）创建日光照明系统

Step 1　删除 6.4.3 小节操作中创建的【目标平行光】照明系统。

Step 2　单击主工具栏中的【渲染设置】按

钮 ，打开【渲染设置】对话框，在【公用】选项卡下展开【指定渲染器】卷展栏，单击【产品级】右侧的 … 按钮，在打开的【选择渲染器】对话框中设置【mental ray 渲染器】为当前场景渲染器，如图 6-47 所示。

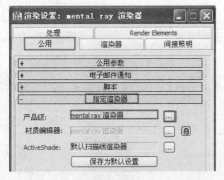

图 6-47

Step 3　激活【创建】面板上的【系统】按钮 ，在【对象类型】卷展栏下激活 日光 按钮，如图 6-48 所示，此时打开【创建日光系统】对话框，如图 6-49 所示。

图 6-48

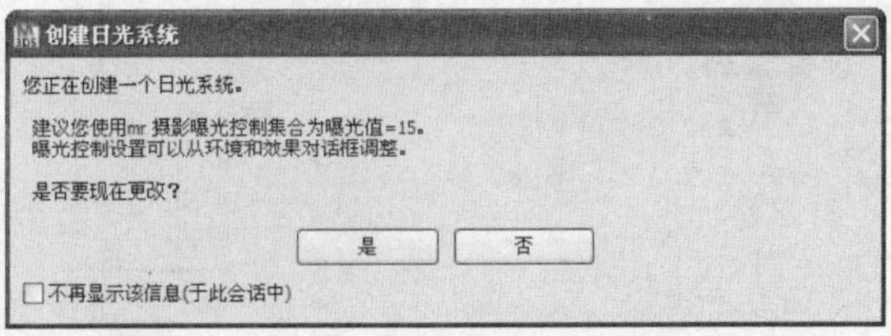

图 6-49

Step 4　单击 是 按钮，然后在顶视图中按住鼠标左键拖曳鼠标指针，创建指南针。

Step 5　松开鼠标，继续向上拖曳指针，将日光对象定位在天空。可以在前视图中查看对象的位置。

Step 6　【日光】对象在天空中的精确高度并不重要，再次单击鼠标，完成【日光】系统的创建，如图 6-50 所示。

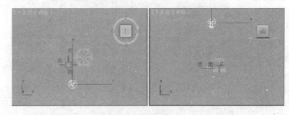

图 6-50

（2）设置日光灯参数

Step 1　选中日光对象，转到【修改】面板，然后在【日光参数】卷展栏上单击 设置… 按钮，如图 6-51 所示。3ds Max 将显示【运动】面板。

Step 2　在【运动】面板中展开【控制参数】卷展栏，在【位置】组中单击 获取位置… 按钮，如图 6-52 所示。

图 6-51　　　　　　　图 6-52

Step 3　在打开的【地理位置】对话框上可以选择地理位置，如选择【Beijing,China】。

Step 4　单击 确定 按钮后，3ds Max 将定位【日光】太阳光对象以模拟所选地区在真实世界中的经度和纬度。

Step 5　可以使用【控制参数】卷展栏下的【时间】组中显示的控件修改日期和时间，这也会影响太阳的位置。例如，将其要照亮和渲染的场景的时间设置为上午 9 点钟，那么在【时间】组的【小时】微调器框中将时间设置为 9，如图 6-53 所示。

Step 6　在【位置】组中，将【北向】设置为 110，如图 6-54 所示。

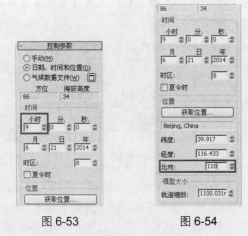

图 6-53　　　　　　图 6-54

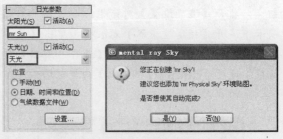

图 6-56　　　　　　　　图 6-57

图 6-58

Step 7　右键单击透视图并按【F9】键以渲染场景，如图 6-55 所示。此时，对象已被照亮并投射出阴影，但天空仍是一片空白。

Step 5　设置下午 4 点左右的光照效果。继续选择【日光】系统，在【控制参数】卷展栏下的【时间】组的【小时】微调器框中，将时间设置为 16，如图 6-59 所示。

Step 6　在【位置】组中，将【北向】设置为 110，如图 6-60 所示。

图 6-55

（3）调整日光灯参数

Step 1　选定【日光】对象，转到【修改】面板。

Step 2　在【日光参数】卷展栏上，打开【太阳光】下拉列表并选择【mr Sun】，继续打开【天光】下拉列表并选择【天光】，如图 6-56 所示。

Step 3　此时 3ds Max 将打开一个对话框，询问是否要将 "mr Physical Sky" 环境贴图添加到场景中，如图 6-57 所示。单击　是(Y)　按钮添加【mr 物理天空】明暗器作为环境贴图。

Step 4　再次渲染透视图查看效果，结果如图 6-58 所示。

图 6-59　　　　　　图 6-60

Step 7　右键单击透视图并按【F9】键以渲染场景，如图 6-61 所示。

Step 8　设置下午 19:30 左右的光照效果。继续选择【日光】系统，在【控制参数】卷展栏下的【时间】组的【小时】微调器框中，将时间设置为 19:30，如图 6-62 所示。

图 6-61

Step 9　在【位置】组中，将【北向】设置为 110，如图 6-63 所示。

图 6-62　　　　　图 6-63

Step 10　右键单击透视图并按【F9】键以渲染场景，如图 6-64 所示。

图 6-64

Step 11　设置黄昏的日光照明效果。继续选择【日光】系统，在【控制参数】卷展栏下的【时间】组的【小时】微调器框中，将【小时】设置为 20，【分】设置为 30。

Step 12　快速渲染场景查看效果，效果如

图 6-65 所示。

图 6-65

Step 13　发现光线太暗，下面进行曝光设置。执行【渲染】/【曝光控制】命令，打开【环境和效果】对过框，在【曝光控制】卷展栏下的下拉列表中选择【mr 摄影曝光控制】选项，如图 6-66 所示。

图 6-66

Step 14　继续在【mr 摄影曝光控制】卷展栏下的【曝光】组中选择【摄影曝光】选项，然后将【光圈（f 制光圈）】的值设置为 6，如图 6-67 所示。

图 6-67

Step 15 再次渲染透视图查看效果，结果如图 6-68 所示。

图 6-68

由此可见，【日光】系统可以模拟真实世界里一天中任何时间、地球上任意位置的户外照明条件。【mental ray】渲染器提供一系列用于定义合适曝光设置的预设，用户可以根据需要手动调整。

6.5.2 创建【自由灯光】照明系统

【自由灯光】系统属于广度学灯光，使用该灯光系统可以模拟室外吊灯的光照效果。

【任务 8】创建【自由灯光】照明系统。

（1）创建并调整自由灯光照明

Step 1 删除 6.5.1 小节操作中创建的【日光】照明系统。

Step 2 使用圆柱体以及球体、样条线等，在遮阳伞上方创建一个吊灯模型，如图 6-69 所示。

Step 3 在【创建】面板上，单击【灯光】按钮，在下拉列表中选择【广度学】，然后在【对象类型】卷展栏上，单击【自由灯光】按钮，如图 6-70 所示。

图 6-69   图 6-70

Step 4 此时 3ds Max 将打开一个对话框，询问是否将"mr 摄影曝光控制"添加到场景中，如图 6-71 所示。单击 [是] 按钮添加曝光控制。

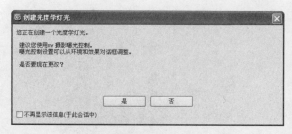

图 6-71

Step 5 在顶视图制作的吊灯位置单击以创建灯光对象。

Step 6 查看前视图，默认情况下，灯光对象在场景的曲面平面上创建，如图 6-72 所示。

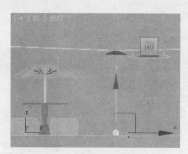

图 6-72

Step 7 使用【选择并移动】工具 沿其 y 轴移动灯光对象，直至其恰好位于灯泡下方，如图 6-73 所示。

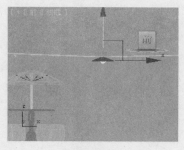

图 6-73

Step 8 转至【修改】面板。在【模板】卷展栏上，打开下拉列表并选择【400W 街灯（Web）】，如图 6-74 所示。

Step 9 调整要投射的灯光颜色。执行此操作的方法有两种：根据射出灯光的对象类型指定颜色，如白炽灯泡或荧光灯管；或者，可以根据其温度（单位：开尔文温度）指定灯光颜色。

Step 10 在【强度/颜色/衰减】卷展栏的【颜色】组中，打开下拉列表并选择【白炽灯】，如图 6-75 所示。

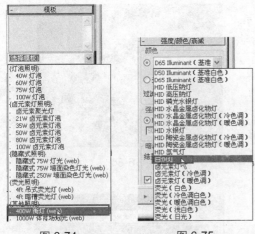

图 6-74　　　　　　图 6-75

Step 11 此时此列表正下方的色样将更新以匹配所选灯光的色温，卷展栏还将显示以开尔文温度为单位的相应值，如图 6-76 所示。

Step 12 激活透视图快速渲染查看效果，结果如图 6-77 所示。

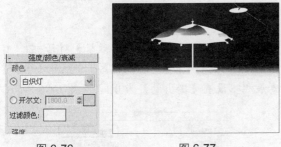

图 6-76　　　　　　图 6-77

Step 13 打开【渲染】菜单并选择【曝光控制】命令，以打开【环境和效果】对话框。

Step 14 在【mr 摄影曝光控制】卷展栏的【曝光】组中选择【摄影曝光】，将【快门速度】指定为 50，如图 6-78 所示。

Step 15 再次渲染场景查看效果，结果如图 6-79 所示。

图 6-78

图 6-79

（2）添加自由灯光阴影与背景对象

Step 1 选中灯光，转到【修改】面板，在【常规参数】卷展栏的【阴影】组中，勾选【启用】选项，如图 6-80 所示。

Step 2 打开【阴影贴图参数】卷展栏，将【偏移】减小到 0.5，以便将阴影设置到距离投射阴影对象较近的位置，然后将【采样范围】更改为 10.0，如图 6-81 所示。

图 6-80　　　　　　图 6-81

Step 3 再次渲染场景查看效果，结果如图 6-82 所示。

Step 4 打开【渲染】菜单并选择【环境】命令，以打开【环境和效果】对话框。

图 6-82

Step 5 在【公用参数】卷展栏上，单击【环境贴图】按钮，在打开的【材质/贴图浏览器】对话框双击【位图】选项，然后选择 "maps" 文件夹下的 "BMA-007.JPG" 贴图文件。

Step 6 继续在【曝光控制】卷展栏上，确保【处理背景及环境贴图】处于关闭状态，如图 6-83 所示。

图 6-83

提示：如果启用该选项，3ds Max 将曝光控制应用于背景贴图自身。对于大多数位图（没有保存高动态范围的位图）而言，启用该选项将实际上使背景和其他环境贴图不可见。

Step 7 确保未选中任何对象，右键单击视口，然后从弹出的菜单中选择【隐藏未选定对象】命令。

Step 8 快速渲染透视图查看效果，发现背景为一幅天空的图像，如图 6-84 所示。

Step 9 隐藏所有对象后，3ds Max 仅渲染

了背景图像。显然，我们需要使图像更暗些，以便符合夜间场景。暂时将【环境和效果】对话框保持为打开状态。打开【材质编辑器】窗口，将【环境贴图】按钮从【环境和效果】对话框以【实例】方式拖动到未使用的示例球中，如图 6-85 所示。

图 6-84

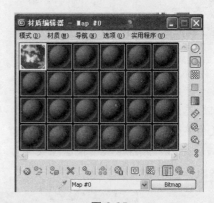

图 6-85

Step 10 关闭【环境和效果】对话框。

Step 11 在【材质编辑器】中展开【输出】卷展栏，设置【输出量】为 0.1，如图 6-86 所示。

图 6-86

Step 12 再次渲染透视图查看效果，结果如图 6-87 所示。结果图像严重曝光不足，从而类似于夜晚天空：一种摄影 "夜晚时分" 的数字形式。

Step 13 右键单击视口，从弹出的菜单中

选择【全部取消隐藏】命令显示被隐藏的对象，然后再次渲染场景，结果如图 6-88 所示。

图 6-87

图 6-88

6.5.3　创建【VR_太阳】照明系统

【VR_太阳】照明系统是【V-Ray 渲染器】自带的专用灯光系统，在与【V-Ray 渲染器】专业材质、贴图以及阴影类型相结合使用的时候，其效果显然要优于使用 3ds Max 的【标准】灯光类型，该灯光系统主要用于建筑室外环境。

【任务 9】创建【VR_太阳】照明系统。

（1）创建【VR_太阳】照明系统

Step 1　继续 6.5.2 小节操作。删除背景贴图以及创建的【自由灯光】系统。

Step 2　进入【创建】面板，激活【灯光】按钮，在其下拉列表中选择【VRay】选项，然后展开【对象类型】卷展栏。

Step 3　单击 VR_太阳 按钮，在前视图中场景窗口位置拖曳鼠标，创建一个【VR_太阳】照明系统，如图 6-89 所示。此时弹出询问对话框，询问是否自动添加天空环境贴图，如图 6-90 所示。

Step 4　单击 是 按钮添加环境贴图。

图 6-89　　　　　　　　　　图 6-90

Step 5　进入【修改】面板，展开【VR_太阳参数】卷展栏，设置【混浊度】为 2.0，【臭氧】为 0，【强度倍增】为 0.02，【尺寸倍增】为 3.0，【阴影细分】为 15，【光子发射半径】为 145，如图 6-91 所示。

Step 6　快速渲染场景查看灯光效果，结果如图 6-92 所示。

图 6-91　　　　　　　　　　图 6-92

（2）定位并设置【VR_太阳】照明

由于【VR_太阳】照明系统不能像【日光】系统那样具有定位罗盘，可以模拟真实世界里一天中任何时间、地球上任意位置的户外照明条件。但是，用户可以借助【日光】系统的定位功能对其进行定位。

Step 1　激活【创建面】板上的【系统】按钮，在【对象类型】卷展栏下激活 日光 按钮，然后在顶视图中按住鼠标左键拖曳，创建指南针。

Step 2　松开鼠标，继续向上拖曳指针，将日光对象定位在天空。可以在前视图中查看对象的位置。

Step 3　日光对象在天空中的精确高度并不重要，再次单击鼠标，完成【日光】系统的创建，如图 6-93 所示。

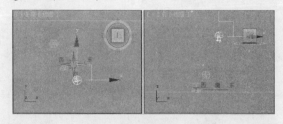

图 6-93

Step 4 选中日光对象，转到【修改】面板，然后在【常规参数】卷展栏上的【灯光类型】组中取消【启用】选项的勾选，不使用该【日光】系统，如图 6-94 所示。

Step 5 单击选择创建的【VR_太阳】照明系统，然后单击主工具栏上的【选择并连接】按钮，将光标移到到【VR_太阳】照明系统拖曳鼠标指针到【日光】照明系统上释放鼠标，将其进行链接，如图 6-95 所示。

图 6-94   图 6-95

Step 6 激活主工具栏上的【对齐】按钮，在【日光】系统上单击，在弹出的【对齐当前选择】对话框中设置参数，如图 6-96 所示。

图 6-96

Step 7 确认将【VR_太阳】照明系统与【日光】照明系统进行对齐，如图 6-97 所示。

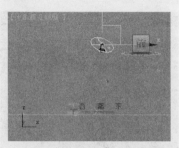

图 6-97

（3）设置【VR_太阳】照明系统下具体时段的光照效果

Step 1 选择【日光】系统，在【日光参数】卷展栏上单击 设置... 按钮，如图 6-98 所示，3ds Max 将显示【运动】面板。

Step 2 在【运动】面板中展开【控制参数】卷展栏，在【位置】组上单击 获取位置... 按钮，如图 6-99 所示。

图 6-98   图 6-99

Step 3 在打开的【地理位置】对话框上可以选择地理位置，如选择【Beijing,China】。

Step 4 单击 确定 按钮后，3ds Max 将定位【日光】太阳光对象以模拟所选地区在真实世界中的经度和纬度。

Step 5 可以使用【控制参数】卷展栏下的【时间】组中显示的控件修改日期和时间，这也会影响太阳的位置。例如，将其要照亮和渲染的场景的时间设置为上午 9 点钟，那么在【时间】组的【小时】微调器框中将时间设置为 9，如图 6-100 所示。

Step 6 在【位置】组中，将【北向】设置为 110，如图 6-101 所示。

图 6-100　　　　　图 6-101

Step 7 右键单击透视图，并按【F9】键以渲染场景，如图 6-102 所示。

图 6-102

Step 8 继续将时间设置为 15:30，再次进行渲染，查看灯光效果，结果如图 6-103 所示。

图 6-103

6.6 建筑场景的渲染

渲染是指对建筑场景进行着色，真实再现场景质感、纹理以及光影效果。渲染输出是使用 3ds Max 进行建筑设计不可缺少的重要操作环节，通过渲染输出建筑场景，可以将设计意图真实再现在人们面前。

在 3ds Max 软件中，有【默认扫描线渲染器】、【mental ray 渲染器】以及【VUE 文件渲染器】。除了这三款渲染器之外，用户还可以安装一款 3ds Max 的外挂插件渲染器，即【V-Ray 渲染器】。下面我们首先来认识这些渲染器，然后再对常用渲染器进行讲解。

6.6.1　认识渲染器

1. 默认扫描线渲染器

该渲染器是一款最常用的渲染器，这种渲染器可以较好地表现场景的光、色以及材质纹理等，但不能很好地表现灯光的反射、折射以及环境光效果，往往需要在场景中设置较多的灯光来表现反射和环境光效果。该渲染器支持【标准】材质和【标准】灯光。

2. mental ray 渲染器

该渲染器是一种通用渲染器，与【默认扫描线渲染器】相比，【mental ray 渲染器】使用户不用手工或通过生成光能传递解决方案来模拟复杂的照明效果，它可以生成灯光效果的物理校正模拟，包括光线跟踪反射和折射、焦散和全局照明效果。该渲染器支持光度学灯光照明系统、【标准】灯光中的【mr 区域泛光灯】和【mr 区域聚光灯】照明系统以及【mental ray】材质。

3. V-Ray 渲染器

这款渲染器是 3ds Max 的外挂插件，支持 3ds Max 的大多数功能，同时也支持许多第三方的 3ds Max 插件。它不仅可以生成灯光效果的物理校正模拟，包括光线跟踪反射和折射、焦散和全局照明，同时还支持 HDRI 高动态范围图像作为环境贴图，支持包括具有正确纹理坐标控制的 "*.hdr" 和 "*.rad" 格式的图像，直接映射图像，不需要进行衰减，也不会产生失真，可以很好地表现三维场景的光、色以及质感纹理，是一款很好的渲染器。该渲染器支持【VR】材质以及【标准】灯光、【VR】灯光照明系统。

6.6.2 使用【默认扫描线渲染器】渲染场景

在使用【默认扫描线渲染器】渲染场景时，场景模型尽量使用【标准】材质，同时场景照明系统也尽量是【标准】灯光。

【任务 10】使用【默认扫描线渲染器】渲染场景。

Step 1 打开本书配套光盘"场景文件"文件夹下的"遮阳伞（材质）.max"文件。该场景模型使用了【标准】材质，并且为场景设置了【标准】灯光系统。

Step 2 单击主工具栏中的【渲染设置】按钮 打开【渲染设置】对话框，如图 6-104 所示。

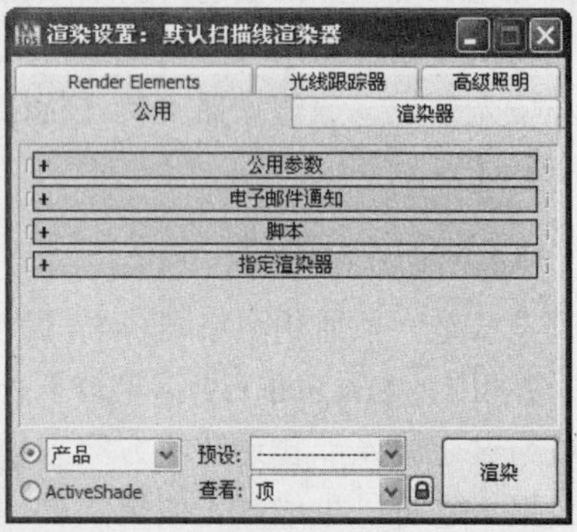

图 6-104

Step 3 在【公用】选项卡下展开【指定渲染器】卷展栏，在此我们发现系统默认的渲染器为【默认扫描线渲染器】，如图 6-105 所示。

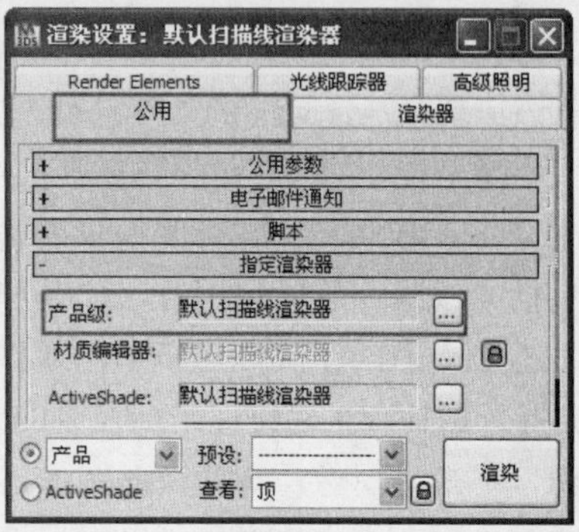

图 6-105

提示：单击【产品级】右边的【选择渲染器】按钮 ，打开【选择渲染器】对话框，在该对话框列出了 3ds Max 支持的所有渲染器，用户可以根据需要选择不同的渲染器作为当前场景的渲染器。另外，如果用户安装了【V-Ray 渲染器】插件，即可在该对话框显示该渲染器插件，选择该渲染器，单击 确定 按钮，即可将该渲染器指定为当前渲染器，如图 6-106 所示。

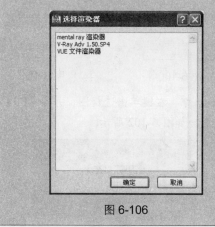

图 6-106

Step 4 设置渲染方式与分辨率。展开【公用参数】卷展栏，即可显示该渲染器的相关设置，包括输出方式、渲染区域、输出大小以及存储路径等，如图 6-107 所示。

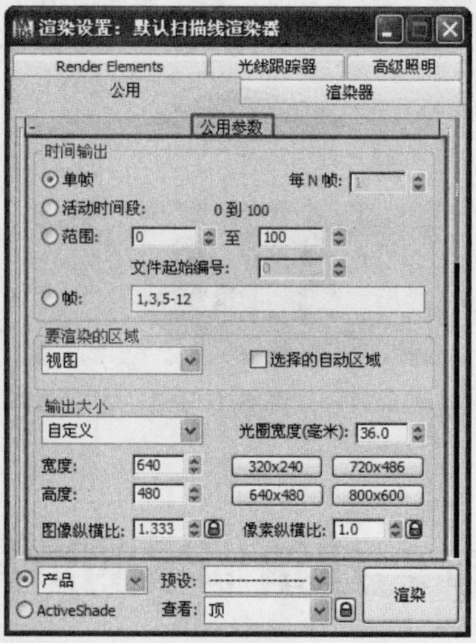

图 6-107

Step 5 在【时间输出】组中选项勾选【单帧】选项，表示只输出当前视图的静态图像。

- 【活动时间段】：可以输出动画场景从 0 帧到 100 帧的全部动画。
- 【范围】：通过设置输出范围的帧，可以输出动画场景中某一时间段的动画。
- 【帧】：可以输出单帧的动画。

Step 6 在【要渲染的区域】组中设置渲染的区域，在其下拉列表中包括【视图】、【选定对象】、【区域】、【裁剪】和【放大】选项。

- 【视图】：系统默认的设置，选择该选项，单击 渲染 按钮，系统弹出【渲染】对话框开始渲染视图，如图 6-108 所示。同时会打开【透视，帧 0（1:1）】对话框，查看渲染效果，如图 6-109 所示。

图 6-108

图 6-109

Step 7 系统首先会在【渲染】对话框中进行预处理，预处理完成后，系统将根据用户设置的出图分辨率对当前视图进行全部渲染，其渲染结果会显示在【透视，帧 0（1:1）】对话框中。

> **提示**：【渲染】对话框用于在渲染前对场景进行预处理，同时会显示渲染所用时间。例如，当场景中使用了折射/反射、镜面反射、薄壁折射、光线跟踪、凹凸等贴图后，在渲染前系统要首先对这些贴图进行计算，也就是预处理，预处理完成后，系统再进行最后的渲染，同时会将渲染结果显示在【Camera01，帧 0（1:1）】对话框。单击【渲染】对话框中的 暂停 按钮，可以暂时停止渲染；单击 取消 按钮，将取消渲染。

- 【选定的对象】选项用于渲染当前场景中被选定的对象。
- 选择【区域】选项，此时当前场景中出现区域框，如图 6-110 所示，通过调整区域框上的节点以调整区域大小，将光标移动到区域框内移动区域框到要渲染的位置，单击 渲染 按钮，系统只对该区域内的图像进行渲染，如图 6-111 所示。

图 6-110

- 【裁剪】渲染方式与【区域】渲染方式比较相似，同样只渲染区域框内的图像，但与【区域】方式不同的是，【裁剪】方式会裁剪掉区域框之外的图像，只渲染并输出区域框之内的图像，如图 6-112 所示。
- 【放大】选项可以将区域框内的图像放大

到实际分辨率大小进行渲染。

图 6-111

图 6-112

Step 8 在【输出大小】组的下拉列表中选择【自定义】选项，然后在【宽度】和【高度】选项中直接输入输出的宽度和高度，或单击右边的各按钮，即可选择一个系统预设的输出分辨率，系统将根据输入的分辨率输出场景。例如，将当前场景以 800×600 的分辨率进行输出，则在【宽度】选项中输入 800，在【高度】选项中输入 600，如图 6-113 所示。

图 6-113

Step 9 设置完成后单击 渲染 按钮，系统首先进行预处理，然后对当前视图进行最后渲染。

> **提示：** 需要注意的是，输出分辨率将直接影响场景的品质，输出分辨率越高，输出品质越好，同时输出时间越长，反之，输出品质较差，输出时间较短。另外，3ds Max 只对当前激活的视图进行渲染输出，因此在渲染前，用户需要激活所要渲染的视图，或者在 渲染 按钮左边的【查看】选项中选择要渲染的视图。

使用【默认扫描线渲染器】进行渲染的设置比较简单，而且【默认扫描线渲染器】支持 3ds Max 所有的贴图、材质以及灯光设置，但不支持 VR 材质、VR 灯光与光度学灯光系统。

当渲染结束后，需要对渲染的图像进行保存，保存渲染图像有两种方法，一种方法是在渲染前在【公用】选项卡的【公用参数】卷展栏下的【渲染输出】组中单击 文件... 按钮，在打开的【渲染输出文件】对话框中选择文件存储路径、命名文件以及设置存储格式等，然后单击 保存(S) 按钮，这样渲染完成后系统会自动将渲染结果根据用户设置的路径、名称、格式进行保存，如图 6-114 所示。

另一种方法是直接进行渲染，渲染完成后，单击【透视，帧 0（1∶1）】对话框中的【保存图像】按钮 ，在打开的【保存图像】对话框选择文件存储路径、命名文件以及设置存储格式等，然后单击 保存(S) 按钮即可，这样就可以将渲染后的图像根据我们的设置进行保存，如图 6-115 所示。

不管使用哪种方式存储渲染文件，一般情况下，用户可以将渲染后的图像存储为 .tif、.jpg、.tga、.bmp 等标准格式的文件。

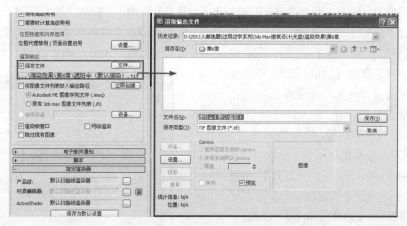

图 6-114

图 6-115

6.6.3　使用【V-Ray 渲染器】渲染场景

【V-Ray 渲染器】属于外挂渲染器，它支持 3ds Max 大多数的材质、贴图以及照明系统，但是，也有部分贴图、材质以及功能是【V-Ray 渲染器】不支持的，具体如下。

◆ 光线跟踪贴图：【V-Ray 渲染器】不支持此类贴图，由于此类贴图在【V-Ray 渲染器】下会产生明显的人工修饰的光影痕迹。可以使用【VRayMap】代替此类贴图。

◆ 反射/折射贴图：【V-Ray 渲染器】不支持此类贴图，可以使用【VRayMap】代替此类贴图。

◆ 平面镜贴图【V-Ray 渲染器】不支持此类贴图，可以使用【VRayMap】代替此类贴图。

◆ 光线跟踪材质：【V-Ray 渲染器】不支持此类材质，由于此类材质在【V-Ray 渲染器】下会产生明显的人工修饰的痕迹，可以使用【VRayMvtl】代替。

◆ 高级照明覆盖材质：【V-Ray 渲染器】不支持此类材质，可以使用【VRayMtlWrapper】材质代替。

◆ 光线跟踪阴影：此类阴影在【V-Ray 渲染器】下无法使用。

◆ 半透明明暗处理器：【V-Ray 渲染器】不支

持此类明暗处理器，可以使用【VRayMtl】材质中【半透明】选项代替。

- ◆ 天光：【V-Ray 渲染器】不支持 3ds Max 的天光，可以使用【VrayLight】中的【穹顶】模式或者 Vray 环境卷展栏中的【全局光环境】选项代替。

为了得到更好的渲染效果，建议场景使用 VR 材质，同时使用 VR 灯光照明系统。

当安装了该插件后，打开【渲染设置】对话框，在【公用】选项卡下展开【指定渲染器】卷展栏，单击【产品级】右边的【选择渲染器】按钮 ，如图 6-116 所示。在打开的【选择渲染器】对话框选择【V-Ray Ady 2.00.03】选项，如图 6-117 所示。

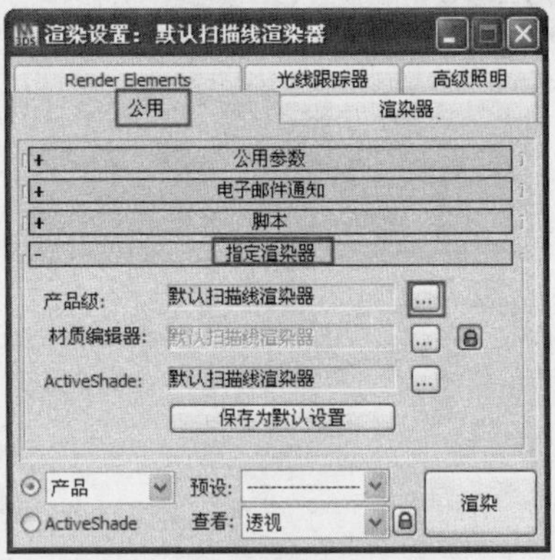

图 6-116

图 6-117

单击 确定 按钮，即可将【V-Ray 渲染器】指定为当前渲染器，当指定【V-Ray 渲染器】为当前渲染器后，在【渲染设置】对话框中分别进入【VR_

基项】选项卡、【VR_间接照明】选项卡和【VR_设置】选项卡，将显示【V-Ray 渲染器】的各种参数设置卷展栏，如图 6-118、图 6-119、图 6-120 所示。

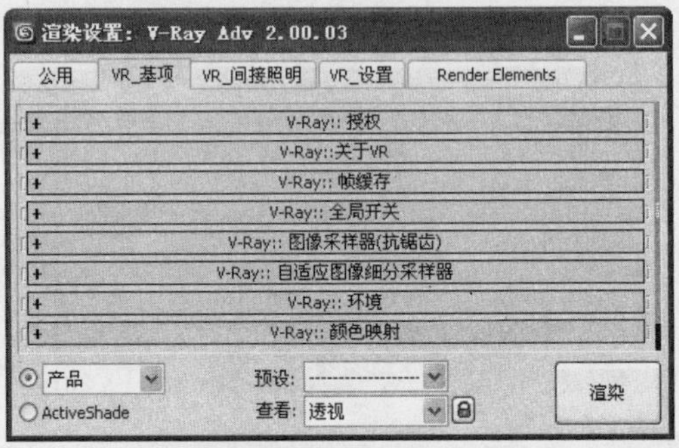

图 6-118

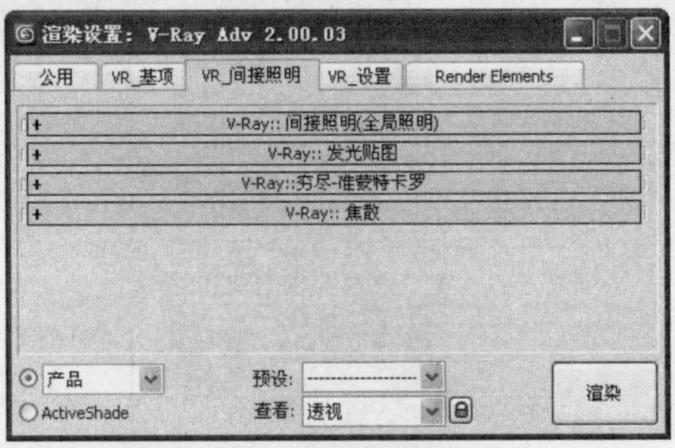

图 6-119

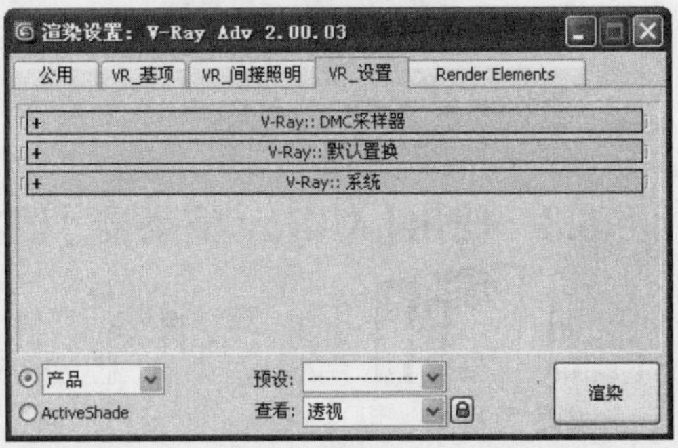

图 6-120

以上这些卷展栏的设置对渲染场景非常重要，由于篇幅所限，下面我们只对常用的一些设置进行讲解，其他设置在此不做讲解，读者可以参阅其他相关书籍的详细介绍。

1.【V-Ray::帧缓存】卷展栏

【V-Ray::帧缓存】卷展栏用于指定使用 VRay

帧缓存还是使用 3ds Max 帧缓存，同时还可以设置出图分辨率等，如图 6-121 所示。

图 6-121

- 【启用内置帧缓存】：勾选该选项，将使用【V-Ray 渲染器】内建的帧缓存渲染场景，但由于技术原因，3ds Max 的帧缓存依旧启用，这样会占用很多内存，此时可以在 3ds Max 的【公用参数】卷展栏中取消【渲染帧窗口】的勾选，这样可以减少占用系统内存。

- 【渲染到内存帧缓存】：勾选该选项，将创建【V-Ray 渲染器】的帧缓存，用以存储色彩数据便于观察渲染效果。如果要渲染较大的场景，建议取消该选项，这样可以节约内存。

- 【输出分辨率】：勾选【从 MAX 获取分辨率】选项，可以在 3ds Max 的常规渲染设置中设置输出图像的大小，如果取消该选项的勾选，则下方的【宽度】、【高度】选项被激活，可以在【V-Ray 渲染器】的虚拟帧缓存获取图像的分辨率，其设置结果与在 3ds Max 的常规渲染设置中设置的出图分辨率相同。

2.【V-Ray::全局开关】卷展栏

【V-Ray::全局开关】卷展栏用于对渲染器不同特性的全局参数进行控制，包括使用默认灯光、使用反射/折射、使用替代材质等，如图 6-122 所示。

- 【灯光】：勾选该选项，将使用场景设置的灯光渲染，不勾选将使用 3ds Max 默认灯光渲染。

- 【缺省灯光】：当场景中不存在灯光时，勾选该选项将使用 3ds Max 默认灯光渲染。

- 【隐藏灯光】：勾选该选项，系统会渲染隐藏灯光的光照效果，取消该选项的勾选，隐藏的灯光不会被渲染。

- 【阴影】：勾选该选项，渲染灯光产生的阴影，反之不渲染灯光产生的阴影。

- 【反射/折射】：勾选该选项，计算 VRay 的贴图、材质的反射和折射效果。

- 【最大深度】：勾选该选项，可以设置贴图或材质的反射/折射的最大反弹次数，否则，反射/折射的最大反弹次数将使用材质、贴图的局部参数来控制。

- 【替代材质】：在进行场景灯光调试时，通常使用一个"替代材质"代替场景中模型的材质，由于"替代材质"不具备任何纹理质感，只是一个灰色颜色，因此可以快速进行渲染以方便查看灯光效果。当使用"替代材质"调试好场景灯光后，取消【替代材质】选项的勾选，即可使用场景模型自身的材质进行着色渲染。

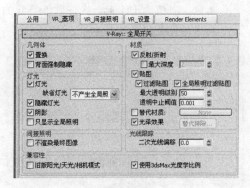

图 6-122

3.【V-Ray::图像采样器（抗锯齿）】卷展栏

【V-Ray::图像采样器（抗锯齿）】卷展栏用于选择图像采样器和抗锯齿过滤器。这是采样和过滤图像的一种算法，通过这种算法将产生最终的像素数来完成图像的渲染。它是渲染场景最主要的设置，如图 6-123 所示。

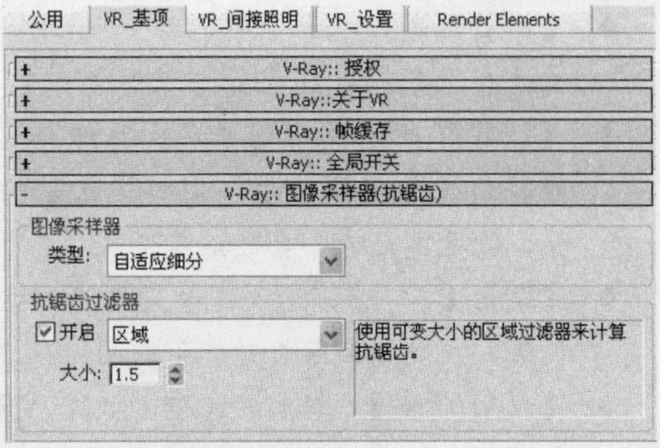

图 6-123

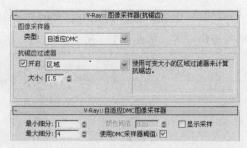

图 6-125

【V-Ray 渲染器】提供了多种图像采样器以及抗锯齿过滤器,在【类型】下拉列表中选择不同的图像采样器,会显示其相应的参数设置卷展栏。

下面首先讲解"图像采样器"的选择与设置。

(1)【固定】采样器

这是最简单的采样器,对于每一个像素,【固定】采样器将使用一个固定数量的样本进行渲染。当选择该采样器时,会出现【V-Ray:固定图像采样器】卷展栏,如图 6-124 所示。

- ◆ 【细分】:设置每个像素使用的样本数量,当值为 1 时,表示每一个像素使用一个样本数,当值大于 1 时,将按照低差异的蒙特卡洛序列来产生样本数。

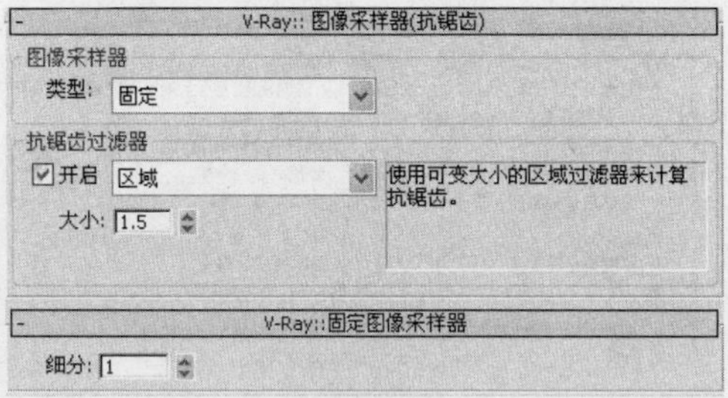

图 6-124

(2)【自适应 DMC】采样器

该采样器会根据每个像素和与其相邻像素的亮度差异来产生不同数量的样本,对于具有大量微小细节的场景或物体,使用该采用器比较合适,它占用的内存较小。使用该采样器,同样会出现【V-Ray:自适应 DMC 图像采样器】卷展栏,如图 6-125 所示。

- ◆ 【最小细分】:定义每个像素使用的样本的最小数量,一般情况下设置为 1,但当场景中有细小细节无法正确表现时,该值可以设置的较大一些。

- ◆ 【最大细分】:定义每个像素使用的样本的最大数量。

(3)【自适应细分】采样器

这是一个高级采样器,也是一般渲染的首选采样器,该采样器使用较少的样本就可以达到很好的渲染品质,但是对于场景的一些细节或模糊特效渲染效果不是很好。使用该采样器,会出现【V-Ray:自适应细分图像采样器】卷展栏,如图 6-126 所示。

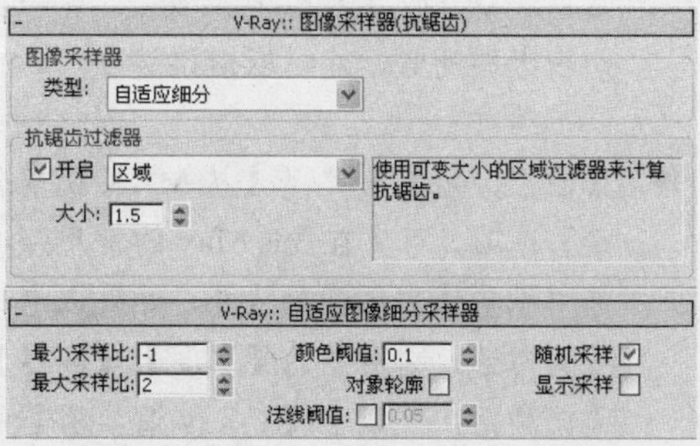

图 6-126

- ◆ 【最小采样比】:定义每个像素使用的样本的最小数量,值为 0 意味着一个像素使用一个样本,值为 -1 表示每两个像素使用一个样本,依次类推。

- ◆ 【最大采样比】:定义每个像素使用的样本的最大数量。值为 0 意味着一个像素使用一个样本,值为 1 表示每个像素使用 4 个样本,依次类推。

- ◆ 【颜色阈值】:用于确定采样器在改变颜

色亮度方面的灵敏性，值越低效果越好，但渲染时间会很长。

◆ 【对象轮廓】：勾选该选项，采样器会强行在物体边缘进行超级采用。

下面继续来看【抗锯齿过滤器】选项组，开启该选项后，可以在其下拉列表中选择不同的过滤器，同时在右边会显示该过滤器的过滤说明，如图 6-127 所示。

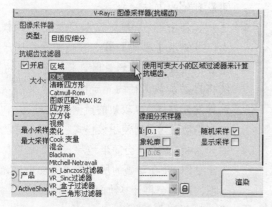

图 6-127

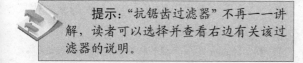

提示："抗锯齿过滤器"不再一一讲解，读者可以选择并查看右边有关该过滤器的说明。

4.【V-Ray::颜色映射】卷展栏

【V-Ray::颜色映射】卷展栏用于设置图像最终的色彩转换，在【类型】下拉列表中可以选择需要的类型。下面我们只讲解常用的一些选项，由于篇幅所限，其他的不作介绍。其卷展栏如图 6-128 所示。

◆ 【VR_线性倍增】：默认的模式，这种模式将基于最终图像色彩的亮度来进行简单的倍增，限制太亮的颜色成分，但是常常会使靠近光源的区域亮度过高。

◆ 【指数】：该模式将基于亮度使图像颜色更饱和而不限制颜色范围，这对预防曝光效果很有效。

◆ 【暗部倍增器】：控制暗的颜色的倍增。

◆ 【亮部倍增器】：控制亮的颜色的倍增。

图 6-128

5.【V_Ray::间接照明（全局照明）】卷展栏

进入【VR_间接照明】选项卡，展开【V_Ray::间接照明（全局照明）】卷展栏，该卷展栏提供了几种计算间接照明的方法。勾选【开启】选项，将计算场景中的间接照明，不勾选【开启】选项，将不计算场景的间接照明效果，如图 6-129 所示。

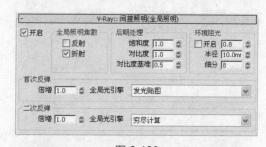

图 6-129

（1）【首次反弹】设置

◆ 【倍增】：用于确定为最终渲染图像提供初级漫反射反弹，一般使用默认的取值1.0 效果最好。

◆ 【全局光引擎】：在该下拉列表中选择初级漫反射反弹的 GI 渲染引擎，选择不同的渲染引擎，会弹出该引擎的相关设置卷展栏进行相关设置。例如，选择【发光贴图】引擎，将弹出【V-Ray::发光贴图】卷展栏，如图 6-130 所示。

下面我们对该卷展栏中常用设置进行讲解，其他设置不做介绍。

在【内建预置】选项组中选择预设模式，系统提供了 8 种预设模式，用户可以根据具体情况选择不同的模式进行渲染场景。一般情况下在测试渲染或调整灯光阶段，可以选择【非常低】模式，该模式只表现场景中的普通照明，因而渲染速度较快，但当调试好灯光等设置后，做最后渲染出图时，可以选择【高】模式，这是一种高品质的模式,可以对场景灯光效果进行精细渲染,但渲染时间较长。其实一般情况下,我们可以首先使用【高】预置模式渲染场景的光子图,并将其保存,然后再调用光子图进行最后的渲染,这样可以节省很多渲染时间。

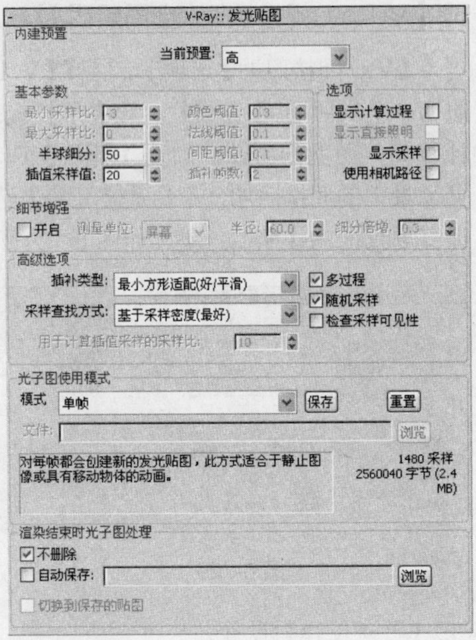

图 6-130

在【基本参数】选项组中设置"发光贴图"的基本参数,常用设置包括【半球细分】和【插值采样值】,其设置可以使用默认。

- ◆ 【半球细分】:该设置决定了单个 GI 样本的品质,值越小渲染速度较快,但场景中可能会出现黑斑,值越高将得到较平滑的渲染效果,一般情况下设置为 80 左右较好。

- ◆ 【插值采样值】:该设置被用于定义插值计算的 GI 样本数量,值越大越趋向于模糊 GI 细节,值越小将得到更光滑的细节,但使用过低的半球光线细分值,最终渲染效果会出现黑斑,一般使用默认设置较好。

在【光子图使用模式】选项组中选择使用"发光贴图"的方法,在渲染静态场景时,可以使用【单帧】方法渲染光子图并将其保存,渲染最终效果时使用【从文件】模式调用保存的光子图进行最后的渲染。

- ◆ 【单帧】:该模式下系统对整个图像计算

一个单一的发光贴图,每一帧都计算新的发光贴图。当使用【单帧】模式时,可以在【渲染结束时光子图处理】选项组中勾选【自动保存】和【切换到保存的贴图】选项,然后单击【自动保存】选项后的 浏览 按钮,将光子图命名保存,在进行最终渲染时,系统会自动加载保存的光子图进行最终的效果渲染,这是节省渲染时间最有效的方法。

- ◆ 【从文件】:这是最终渲染场景常用的模式,当使用【单帧】模式渲染并保存光子图后,在最终渲染场景时选择该模式,系统将自动加载保存的光子图,而不必再次计算发光贴图,以较短的时间完成渲染,而在渲染动画场景时使用该模式,在渲染序列的开始帧,渲染器会简单地导入一个保存的光子贴图,并在动画的所有帧中都使用该光子图,而不会再计算新的发光贴图。

(2)【二次反弹】设置

- ◆ 【倍增】:用于确定在场景照明计算中次级漫反射反弹的效果,一般使用默认的取值 1.0 效果最好。

- ◆ 【全局光引擎】:在该下拉列表中选择次级漫反射反弹的计算方法,可以选择不同的 GI 渲染引擎,其设置与【首次反弹】的【全局照明引擎】的相关设置相同,可以将光子图保存并在最终渲染时调用,以节省渲染时间。

6.【V-Ray::DMC 采样器】卷展栏

【V-Ray::DMC 采样器】卷展栏是【V-Ray 渲染器】的核心,它贯穿于 VRay 的每一种效果的计算中,如抗锯齿、景深、间接照明、面积光计算、模糊反射/折射、半透明以及运动模糊等。该采样器一般用于确定获取哪些样本以及最终所要跟踪的光线.

进入【VR_设置】选项卡,展开该卷展栏,如图 6-131 所示。

- ◆ 【自适应数量】:控制早期终止应用的范

围，值为 0 意味着早期终止不会被使用，一般采用默认设置较好。

- ◆ 【噪波阈值】：控制最终渲染效果的品质。设置较小的值可以减少场景噪波，获得更好的图像品质。

- ◆ 【最小采样】：确定在早期终止算法被使用前必须获得最少的样本数量。值越高渲染速度越慢，但会使早期算法更可靠。

- ◆ 【全局细分倍增器】：用于倍增场景中任何参数的细分值，它将直接影响灯光贴图、光子贴图、焦散、抗锯齿等细分值以外的所有细分值，其他包括景深、运动模糊、发光贴图、准蒙特卡洛 GI、面积光/阴影以及平滑反射/折射等都受此参数的影响。

- ◆ 【独立时间】/【路径采用器】：用于渲染动画效果，不再介绍。

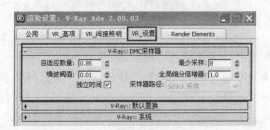

图 6-131

以上主要介绍了【V-Ray 渲染器】中常用的一些设置，尽管【V-Ray 渲染器】设置繁多，但是只要掌握以上相关设置，对于建筑设计来说已足矣，如果读者对其他设置感兴趣，可参阅其他书籍的介绍。

▌6.7▌上机实训—住宅楼早晨 6 时灯光设置与渲染

1. 实训目的

本实训要求为住宅楼设置早晨 6 时的照明系统

并进行渲染。通过本例的操作熟练掌握使用【V-Ray 渲染器】渲染场景的技能。具体实训目的如下。

- ● 掌握【VR_太阳】灯光系统的应用技能。
- ● 掌握使用【V-Ray 渲染器】渲染建筑场景的技能。

2. 实训要求

打开场景文件，设置【VR_太阳】灯光系统，然后使用【V-Ray 渲染器】进行渲染，其渲染结果如图 6-132 所示。

图 6-132

具体要求如下。

（1）启动 3ds Max 程序，打开场景文件。

（2）为场景设置【VR_太阳】灯光系统。

（3）设置当前渲染器为【V-Ray 渲染器】，然后设置相关参数进行渲染。

（4）将渲染结果保存。

3. 完成实训

素材文件	线架文件\第 5 章\住宅楼 02（材质）.max
线架文件	线架文件\第 6 章\住宅楼 02（灯光与渲染）.max
效果文件	渲染效果\第 6 章\住宅楼 02（灯光与渲染）.tif
视频文件	视频文件\第 6 章\住宅楼早晨 6 时灯光与渲染.swf

（1）创建并设置【VR_太阳】照明系统

Step 1　启动 3ds Max 2012 软件，打开素材文件"住宅楼 02（材质）.max"。

Step 2　进入【创建】面板，激活【系统】

按钮，在其【对象类型】卷展栏下激活 太阳光 按钮，在顶视图中创建一个太阳光系统，如图 6-133 所示。

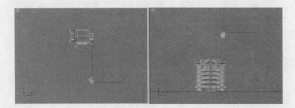

图 6-133

Step 3 进入【修改】面板，在【常规参数】卷展栏取消【启用】选项的勾选，表示不使用该灯光系统，如图 6-134 所示。

图 6-134

技巧：创建【太阳光】系统而不使用该灯光系统，目的是应用该灯光系统的定位功能，引导其他灯光系统来照明。

Step 4 进入 V_Ray 灯光创建面板，激活 VR_太阳 按钮，在顶视中图创建一个 VR 阳光，如图 6-135 所示。

图 6-135

Step 5 进入【修改】面板，展开【VR_太阳参数】卷展栏，设置【混浊度】为 2.0，【臭氧】为 0，【强度倍增】为 0.02，【尺寸倍增】为 3.0，【阴影细分】为 15，【光子发射半径】为 145，如

图 6-136 所示。

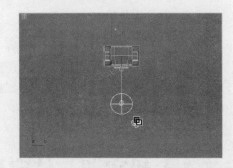

图 6-136

技巧：【VR_太阳】是一个设置非常简单的灯光系统，它可以与 3ds Max 的太阳光关联起来进行调整，可以模拟出一天中不同时间的日光和天空效果。

Step 6 选择【VR_太阳】系统，单击主工具栏中的【选择并链接】按钮，将光标移动到场景中的【VR_太阳】系统上拖曳鼠标到【太阳光】上释放鼠标，将其作为子物体链接到【太阳光】上，如图 6-137 所示。

图 6-137

Step 7 继续选择【VR_太阳】系统，激活主工具栏中的【对齐】按钮，然后单击【太阳光】，在弹出的【对齐当前选择】对话框中勾选【X 位置】、【Y 位置】、【Z 位置】，同时勾选【轴点】选项，单击 确定 按钮关闭该对话框，使其【VR_太阳】系统与【太阳光】对齐，结果如图 6-138 所示。

Step 8 在场景中选择【太阳光】，进入【运动】面板，在【控制参数】卷展栏下可以设置地区为北京，然后设置年、月、日、时、分、秒等，以定位【VR_太阳】系统在该地区某一天某一时的光照效果，如图 6-139 所示。此时灯光位置如图 6-140 所示。

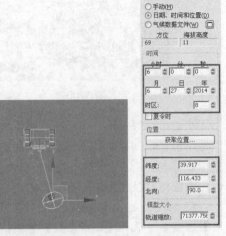

图 6-138　　　　　图 6-139

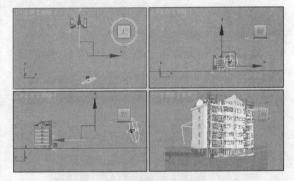

图 6-140

Step 9　快速渲染透视图查看效果，结果如图 6-141 所示。

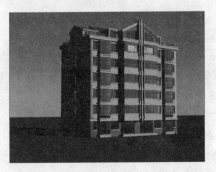

图 6-141

（2）创建辅助灯光与摄像机

通过渲染发现，光照效果符合早晨 6 时的光照效果，但是楼体左侧面光线太暗，不符合实际情况，下面我们对其进行调整。

Step 1　在顶视图中楼体左边位置创建一盏泛光灯，在前视图中调整其高度，如图 6-142 所示。

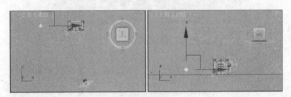

图 6-142

Step 2　进入【修改】面板，在【颜色/强度/衰减】卷展栏中设置其【倍增】为 0.25，并设置其灯光颜色为橘红色，如图 6-143 所示。

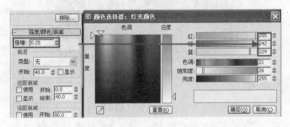

图 6-143

Step 3　再次快速查看透视图效果，如图 6-144 所示。

图 6-144

Step 4　在进行渲染设置之前，首先为场景设置摄像机。进入【创建】面板，激活【摄像机】按钮，在【对象类型】卷展栏下激活[目标]按钮，在顶视图中拖曳鼠标指针创建一个目标摄像机，如图 6-145 所示。

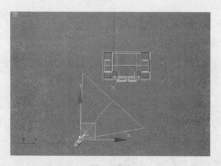

图 6-145

Step 5 激活透视图，按键盘上的【C】键将透视图切换为摄像机视图，结果如图 6-146 所示。

图 6-146

当将透视图切换为摄像机视图后，在摄像机视图中看不到建筑模型，这是因为摄像机的高度以及焦距设置不合理，下面我们对其进行调整。

Step 6 在主工具栏中的【选择过滤器】下拉列表中选择【摄像机】，然后在顶视图中使用框选的方法将摄像机及其目标同时选择，在前视图中将其沿 y 轴正方向调整到地面上方位置，如图 6-147 所示。

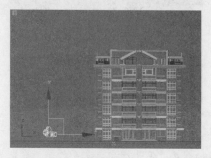

图 6-147

Step 7 取消摄像机目标点的选择，只选择摄像机，进入【修改】面板，在其【参数】卷展栏下设置【镜头】为 22.499，【视野】为 77.323，

此时摄像机视图显示效果如图 6-148 所示。

图 6-148

此时，在摄像机视图已经全部显示了住宅楼模型，但是，如果此时进行渲染，会使得住宅楼模型显得太小，这时我们需要调整以下渲染方式，将住宅楼模型以放大方式进行渲染。

Step 8 打开【渲染设置】对话框，在【公用】选项看下展开【公用参数】卷展栏，然后在【要渲染的区域】选项组中选择【放大】选项，此时在摄像机视图中出现渲染区域框。

Step 9 拖动区域框上的控制点以调整其大小，使其将住宅楼模型完全包围，如图 6-149 所示。

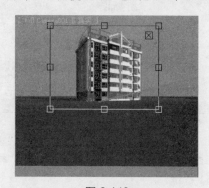

图 6-149

至此，摄像机设置完毕，下面我们指定渲染器并渲染。

Step 10 在【指定渲染器】卷展栏下指定当前渲染器为【V_Ray 渲染器】，然后在【公用】选项卡的【公用参数】卷展栏下设置输入大小为 800×600。

Step 11 单击【渲染】按钮进行场景最后的渲染，渲染结果如图 6-150 所示。

图 6-150

Step 12　渲染完毕后，单击【V_Ray 渲染器】内置的帧缓存窗口中的【保存图像】按钮 🖫，将渲染结果保存为"住宅楼 02（灯光与渲染）.tif"文件。

6.8 上机与练习

1. 单选题

（1）指定渲染器时需要进入（　　）。

A.【渲染设置】对话框的【公用】选项卡

B.【渲染设置】对话框的【V-Ray】选项卡

C.【渲染设置】对话框的【设置】选项卡

（2）将场景放大渲染的设置是（　　）。

A. 放大

B. 区域

C. 视图

（3）快速渲染场景的按钮是（　　）。

A. 🗨

B. 🗨

C. 🏵

（4）以下操作中，正确保存渲染最终效果文件的方法是（　　）。

A. 渲染完成后单击【帧缓存】窗口的 🖫 按钮

B. 执行【文件】/【另存为】命令进行保存

C. 执行【文件】/【保存】命令进行保存

2. 操作题

打开随书光盘"线架文件/第 5 章"文件夹下的"住宅楼 02（材质）.max"文件，运用所学知识，为场景设置正午 12 点的灯光效果，并进行渲染，结果如图 6-151 所示。

图 6-151

第 **7** 章

标准层住宅楼
设计——模型
与材质

📖 **学习目标**

了解建筑设计中建筑模型的创建技能和为模型制作材质的技能，具体包括建筑墙体模型的创建、窗户模型的创建、阁楼模型的创建、坡型屋面模型的创建以及墙面、窗户、屋面等模型的材质制作技能。

📖 **学习重点**

重点掌握使用二维线结合编辑多边形功能创建建筑墙体模型以及窗户模型的相关技能，同时掌握为模型制作各种材质的技能。

📖 **主要内容**

◆ 创建标准层住宅楼模建筑模型
◆ 为标准层住宅楼制作材质

▌7.1▐ 创建标准层住宅楼建筑模型

在 3ds Max 建筑设计中，制作建筑模型是 3ds Max 建筑设计的第一步，也是非常重要的一步，模型制作的标准与否，直接关系到建筑设计的最终效果。

这一节首先来制作建筑模型，由于该住宅楼一共分为 6 层加阁楼，在制作模型时，可以首先从底层开始制作，然后逐步完成其他楼层模型的创建。需要注意的是，在制作时一定要按照 CAD 图纸进行制作，在具体的制作过程中，可以首先制作楼体模型，然后在楼体模型上创建窗洞和门洞，最后再制作窗户模型和门模型。其中：

- ◆ 楼体模型：可以分为"1、2 层楼体模型""3～6 层标准层楼体模型"和"顶楼模型"3 部分来有序制作，这样会使制作的模型更精准。
- ◆ 窗户模型：由于窗户模型大小、形状都不同，因此在制作时可以将窗户分为"小窗户"和"大飘窗"两种类型，在制作时可以使用【编辑多边形】命令进行创建，这样可以使窗框和窗户玻璃成为一个整体，便于后面制作材质。
- ◆ 阁楼模型：阁楼的模型比较特殊，其形态与楼体模型有所不同，在制作时要依据 CAD 图纸，使用二维线编辑和三维模型建模相结合的方法来制作，确保制作的模型符合设计要求。

标准层住宅楼模型最终效果如图 7-1 所示。

图 7-1

7.1.1　制作 1～2 层墙体模型

本小节首先来制作住宅楼的 1～2 层的墙体模型，同时在墙体上创建出窗洞。

素材文件	CAD 文件\住宅楼平面图.dxf、住宅楼建筑立面图.dxf
线架文件	线架文件\第 7 章\标准层住宅楼（1～2）层模型.max
视频文件	视频文件\第 7 章\标准层住宅楼（1～2）层模型.swf

（1）创建一层、二层墙体模型

Step 1　启动 3ds Max 2012 程序，并设置系统单位为"毫米"。

Step 2　使用【导入】命令，选择"CAD 文件"文件夹下的"住宅楼平面图.dxf"文件，将其导入 3ds Max 场景，如图 7-2 所示。

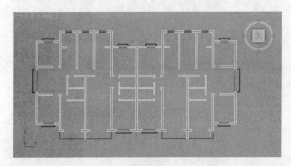

图 7-2

Step 3　继续使用【导入】命令，选择"CAD 文件"文件夹下的"住宅楼立面图.dxf"文件，将其导入到 3ds Max 场景，如图 7-3 所示。

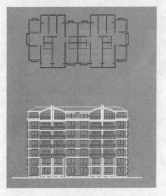

图 7-3

Step 4 在主工具栏中的【角度捕捉切换】按钮 上单击将其激活，然后单击右键，在打开的【栅格和捕捉设置】对话框中设置【角度】为90°。

Step 5 激活【选择并旋转】工具 ，在顶视图中将"住宅楼立面图"沿 y 轴旋转90°，之后在各视图中对其调整，使其与平面图对齐，结果如图7-4所示。

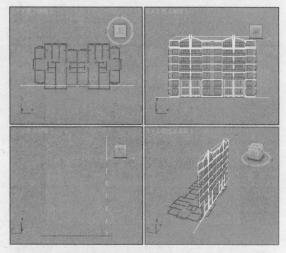

图 7-4

Step 6 在顶视图中选择平面图中的红色窗户和立面图图形，单击鼠标右键，在弹出的快捷菜单中选择【隐藏选定对象】命令将其隐藏，只保留墙体图形，结果如图7-5所示。

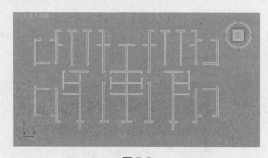

图 7-5

Step 7 在主工具栏中的【捕捉开关】按钮 上单击将其激活，然后单击右键打开【栅格和捕捉设置】对话框，设置【顶点】捕捉模式。

Step 8 进入【创建】面板，激活 线 按钮，在顶视图中捕捉墙体外轮廓线各顶点，绘

制闭合二维线图形，如图7-6所示。

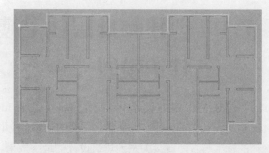

图 7-6

Step 9 按数字【3】键进入【样条线】层级，选择绘制的样条线，在【几何体】卷展栏的【轮廓】按钮旁的输入框中输入240，为样条线设置轮廓，结果如图7-7所示。

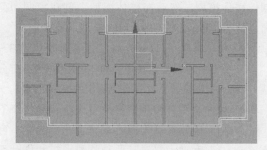

图 7-7

Step 10 显示被隐藏的立面图，然后将其与平面图冻结。

Step 11 选择绘制的二维图形，在【修改器列表】中为该图形选择【挤出】修改器，在【参数】卷展栏下设置挤出【数量】为6325mm，设置【分段】为1，结果如图7-8所示。

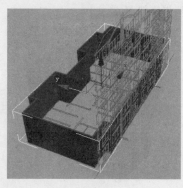

图 7-8

（2）在墙体上创建窗洞

Step 1　继续在【修改器列表】中选择【编辑多边形】命令，然后按数字键【2】进入【边】层级。

Step 2　按住【Ctrl】键在透视图中选择左边两条垂直边，如图 7-9 所示。

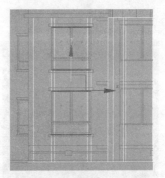

图 7-11

图 7-9

Step 3　展开【编辑边】卷展栏，单击 连接 按钮旁边的□按钮，在打开的对话框中设置【分段数】为 4，对边进行连接，如图 7-10 所示。

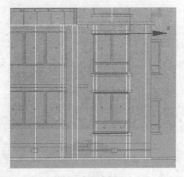

图 7-12

图 7-10

Step 4　单击 按钮确认，然后在前视图中分别调整连接后的线段，使其位于窗洞合适位置，结果如图 7-11 所示。

Step 5　使用相同的方法，对右边的垂直线进行连接，并调整连接后的线段的位置，如图 7-12 所示。

Step 6　按数字键【4】进入【多边形】层级，按住【Ctrl】键单击选择如图 7-13 所示的多边形面。

图 7-13

Step 7　单击【编辑多边形】卷展栏下的 挤出 按钮旁边的□按钮，在打开的【挤出多边形】对话框中选择【按多边形】挤出方式，设置【挤出高度】为-240，如图 7-14 所示。

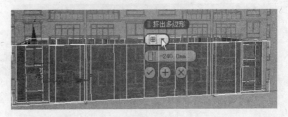

图 7-14

Step 8　单击 按钮确认挤出窗洞，结果如

图 7-15 所示。

图 7-15

Step 9 依照 Step 1～Step 3 的操作，继续对住宅楼中间位置的垂直边进行连接，如图 7-16 所示。

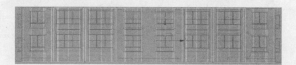

图 7-16

Step 10 依照 Step 4 的操作调整连接生成的各水平边的位置，使其与 CAD 图纸中的窗洞线对齐，如图 7-17 所示。

图 7-17

Step 11 依照 Step 6～Step 8 的操作，对窗洞位置的多边形进行挤出，创建出中间墙体的窗洞，结果如图 7-18 所示。

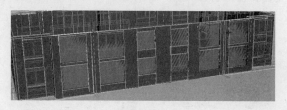

图 7-18

Step 12 使用相同的方法，继续创建出住宅楼侧面和背面位置的窗洞以及门洞。一般情况

下，在建筑设计中，背面位置的窗洞由于看不见，可以不用创建。选择挤出后的多边形，按【Delete】键将其删除，这样就完成了 1～2 层墙体模型的创建，结果如图 7-19 所示。

图 7-19

Step 13 使用【保存】命令将其保存为"标准层住宅楼（1～2）层模型.max"文件。

7.1.2 制作 1～2 层小窗户模型

素材文件	线架文件\第 7 章\标准层住宅楼（1～2）层模型.max
线架文件	线架文件\第 7 章\标准层住宅楼（1～2）层小窗户.max
视频文件	视频文件\第 7 章\标准层住宅楼（1～2）层小窗户.swf

本小节继续制作 1～2 层的窗户模型。

Step 1 显示被隐藏的窗户平面图。

Step 2 在顶视图中沿左边窗户位置创建一个长方体，在【修改】面板中修改其【长度】为 430mm、【宽度】为 2050mm、【高度】为 120mm，然后在前视图中调整其位置，如图 7-20 所示。

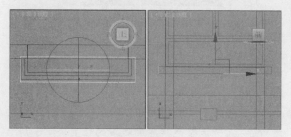

图 7-20

Step 3 为该长方体添加【编辑多边形】修改器，按数字键【4】进入【多边形】层级，在透视图中单击选中如图 7-21 所示的多边形面。

图 7-21

Step 4 单击【编辑多边形】卷展栏下的 [插入] 按钮旁边的 □ 按钮，在打开的【插入多边形】对话框中设置【数量】为 50，如图 7-22 所示。单击 ✓ 按钮确认插入。

图 7-22

Step 5 继续在透视图中单击选择如图 7-23 所示的多边形面。

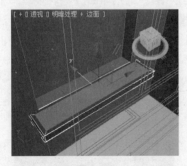

图 7-23

Step 6 单击【编辑多边形】卷展栏下的 [插入] 按钮按钮旁边的 □ 按钮，在打开的【插入多边形】对话框中设置【数量】为 30。单击 ✓ 按钮确认插入，结果如图 7-24 所示。

Step 7 按住【Ctrl】键单击选择如图 7-25

所示的多边形。

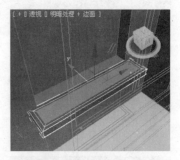

图 7-24

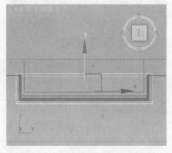

图 7-25

Step 8 单击【编辑多边形】卷展栏下的 [挤出] 按钮旁边的 □ 按钮，在打开的【挤出多边形】对话框中选择【组法线】挤出方式，设置【挤出高度】为 1900，如图 7-26 所示。单击 ✓ 按钮确认。

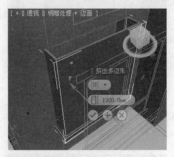

图 7-26

Step 9 按数字键【1】进入【顶点】层级，单击【编辑多边形】卷展栏下的 [快速切片] 按钮，在前视图中沿窗户水平线单击进行切片，如图 7-27 所示。

Step 10 按数字键【2】进入【边】层级，按住【Ctrl】键在透视图中单击选择窗户下方的两条水平边，如图 7-28 所示。

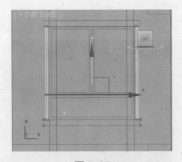

图 7-27

图 7-28

Step 11 单击【编辑多边形】卷展栏下的 连接 按钮旁边的□按钮，在打开的【连接边】对话框中设置参数，如图 7-29 所示。单击☑按钮确认，连接边结果如图 7-30 所示。

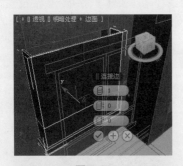

图 7-29

图 7-30

Step 12 按数字键【3】进入【多边形】层级，按住【Ctrl】键在透视图中选择窗户前面和左右两边的多边形，如图 7-31 所示。

图 7-31

Step 13 单击【编辑多边形】卷展栏下的 插入 按钮旁边的□按钮，在打开的【插入多边形】对话框中选择【按多边形】插入方式，设置【数量】为 45，如图 7-32 所示。单击☑按钮确认插入。

图 7-32

Step 14 继续单击【编辑多边形】卷展栏下的 挤出 按钮旁边的□按钮，在打开的【挤出多边形】对话框中选择【按多边形】挤出方式，设置【挤出高度】为-30，如图 7-33 所示。单击☑按钮确认挤出窗户玻璃模型。

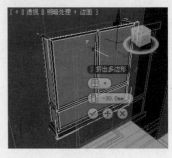

图 7-33

Step 15 向上拖到【修改】面板，在【多边形:材质 ID】卷展栏下设置窗户玻璃的材质 ID 号为 1，如图 7-34 所示。

Step 16　执行菜单栏中的【编辑】/【反选】命令反选其他多边形，再次在【多边形:材质 ID】卷展栏下设置窗户玻璃的材质 ID 号为 2，如图 7-35 所示。

图 7-34　　　　　　　　图 7-35

Step 17　在前视图中以窗口选择方式选择窗户下方的窗沿多边形，在【多边形:材质 ID】卷展栏下设置窗户玻璃的材质 ID 号为 3，如图 7-36 所示。

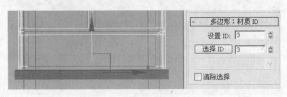

图 7-36

Step 18　继续在【编辑几何体】卷展栏下单击 分离 按钮旁边的 □ 按钮，在打开的【分离】对话框中选择【分离为克隆】选项，如图 7-37 所示。

图 7-37

Step 19　单击 确定 按钮将其以克隆方式进行分离，然后在前视图中选择分离后的模型，将其沿 y 轴向上移动到窗户上方位置，结果如图 7-38 所示。

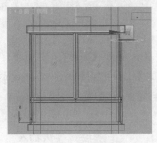

图 7-38

Step 20　按住【Ctrl】键单击窗户模型以及

克隆的模型将其全部选择，执行【组】/【成组】命令，在打开的【组】对话框中将其命名为"小窗户"，如图 7-39 所示。单击 确定 按钮将其成组。

图 7-39

Step 21　在前视图中将该窗户以【实例】方式复制到楼体右边窗户位置，结果如图 7-40 所示。

图 7-40

Step 22　继续以【复制】方式将一层小窗户复制到中间小窗户位置，发现该窗户模型宽度比窗洞要小，如图 7-41 所示。

Step 23　按数字键【1】进入窗户模型的【顶点】层级，在前视图中框选左边的顶点，将其向左移动，使其与窗洞位置对齐，如图 7-42 所示。

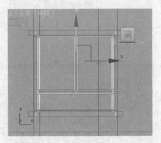

图 7-41

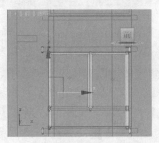

图 7-42

Step 24 使用相同的方法,将右侧的顶点向右拖曳,使其与窗洞右侧的边对齐,然后以【实例】方式将其复制到中间窗洞位置,结果如图 7-43 所示。

图 7-43

Step 25 将该场景保存为 "标准层住宅楼(1~2)层小窗户.max" 文件。

7.1.3 制作1~2层飘窗模型

素材文件	线架文件\第 7 章\标准层住宅楼(1~2)层小窗户.max
线架文件	线架文件\第 7 章\标准层住宅楼(1~2)层飘窗.max
视频文件	视频文件\第 7 章\标准层住宅楼(1~2)层飘窗.swf

本小节继续制作1~2层的飘窗模型。

(1)制作正面飘窗模型

Step 1 打开 7.1.2 小节保存的场景文件。

Step 2 选择一层墙体模型,按数字键【4】进入【多边形】层级,按住【Ctrl】键选择飘窗中间的多边形,如图 7-44 所示。

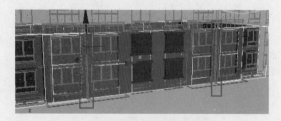

图 7-44

Step 3 单击【编辑多边形】卷展栏下的 挤出 按钮旁边的□按钮,在打开的【挤出多边形】对话框中选择【按多边形】挤出方式,设置【挤出高度】为1220,如图 7-45 所示。

Step 4 单击✓按钮确认挤出飘窗之间的隔墙模型。

图 7-45

Step 5 在顶视图中沿左边飘窗位置创建一个长方体,在【修改】面板修改其【长度】为1250mm、【宽度】为3880mm、【高度】为130mm,然后在前视图中调整其位置,如图 7-46 所示。

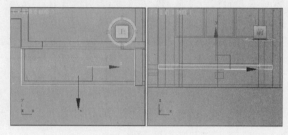

图 7-46

Step 6 为该长方体添加【编辑多边形】修改器,按数字键【4】进入【多边形】层级,在透视图中单击选中如图 7-47 所示的多边形面。

图 7-47

Step 7 单击【编辑多边形】卷展栏下的 插入 按钮旁边的□按钮,在打开的【插入多边形】对话框中设置【数量】为 115,如图 7-48 所示。

Step 8 单击✓按钮确认插入。

Step 9 继续在透视图中单击选择如图 7-49 所示的多边形面。

图 7-48

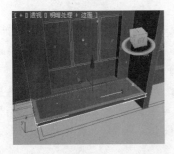

图 7-49

Step 10　单击【编辑多边形】卷展栏下的 挤出 按钮旁边的□按钮，在打开的【挤出多边形】对话框中选择【组法线】挤出方式，设置【挤出高度】为 920，如图 7-50 所示。

图 7-50

Step 11　单击➕按钮挤出阳台模型，然后再次设置【挤出高度】为 1610，如图 7-51 所示。

图 7-51

Step 12　单击✅按钮确认，挤出窗户模型，结果如图 7-52 所示。

图 7-52

Step 13　按数字键【2】进入【边】层级，按住【Ctrl】键在透视图中单击选择窗户下方的两条水平边，如图 7-53 所示。

图 7-53

Step 14　单击【编辑多边形】卷展栏下的 连接 按钮旁边的□按钮，在打开的【连接边】对话框中设置参数，如图 7-54 所示。

图 7-54

Step 15　单击✅按钮确认，连接边结果如图 7-55 所示。

Step 16　按数字键【3】进入【多边形】层级，按住【Ctrl】键在透视图中选择窗户前面和左

边的多边形, 如图 7-56 所示。

图 7-55

图 7-56

Step 17 单击【编辑多边形】卷展栏下的 插入 按钮旁边的 □ 按钮, 在打开的【插入多边形】对话框中选择【按多边形】插入方式, 设置【数量】为 100, 如图 7-57 所示。

图 7-57

Step 18 单击 ☑ 按钮确认插入。

Step 19 继续单击【编辑多边形】卷展栏下的 挤出 按钮旁边的 □ 按钮, 在打开的【挤出多边形】对话框中选择【按多边形】挤出方式, 设置【挤出高度】为-100, 如图 7-58 所示。

Step 20 单击 ☑ 按钮确认挤出窗户玻璃模型。

图 7-58

Step 21 向上拖到【修改】面板, 在【多边形:材质 ID】卷展栏下设置窗户玻璃的材质 ID 号为 1, 如图 7-59 所示。

Step 22 执行菜单栏中的【编辑】/【反选】命令反选其他多边形, 再次在【多边形:材质 ID】卷展栏下设置窗户玻璃的材质 ID 号为 2, 如图 7-60 所示。

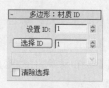

图 7-59   图 7-60

Step 23 在前视图中以窗口选择方式选择窗户下方的窗沿多边形, 在【多边形:材质 ID】卷展栏下设置窗户玻璃的材质 ID 号为 3, 如图 7-61 所示。

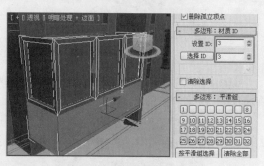

图 7-61

Step 24 继续在【编辑几何体】卷展栏下单击 分离 按钮旁边的 □ 按钮, 在打开的【分离】对话框中选择【分离为克隆】选项, 如图 7-62 所示。

Step 25 单击 确定 按钮将其以克隆

式进行分离，然后在前视图中选择分离后的模型，将其沿 y 轴向上移动到窗户上方位置，结果如图 7-63 所示。

图 7-62

图 7-63

Step 26　按住【Ctrl】键单击窗户模型以及克隆的模型将其全部选择，执行【组】/【成组】命令，在打开的【组】对话框中将其命名为"飘窗"，如图 7-64 所示。

图 7-64

Step 27　单击 确定 按钮将其成组。

Step 28　在前视图中将该窗户以【实例】方式复制到楼体中间飘窗位置，结果如图 7-65 所示。

图 7-65

（2）制作侧窗模型

Step 1　在顶视图中将左侧的小窗户以【复制】方式旋转复制 90°，并将其移动到左侧窗位置，如图 7-66 所示。

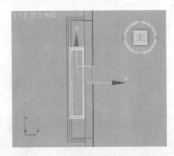

图 7-66

Step 2　在左视图中选择该侧窗，进入其【顶点】层级，调整顶点使其窗户大小与窗洞大小一致，结果如图 7-67 所示。

图 7-67

Step 3　使用移动复制的方法将一层的侧窗复制到二层侧窗位置，完成窗户的制作，如图 7-68 所示。

图 7-68

Step 4　将该场景保存为"标准层住宅楼（1～2）层飘窗.max"文件。

7.1.4　制作3～6层墙体和窗户模型

素材文件	线架文件\第7章\标准层住宅楼（1～2）层飘窗.max
线架文件	线架文件\第7章\标准层住宅楼（3～6）层墙体和窗户.max
视频文件	视频文件\第7章\标准层住宅楼（3～6）层墙体和窗户.swf

本小节继续制作3～6层的墙体模型。

（1）制作墙体模型

Step 1　打开7.1.3小节保存的场景文件。

Step 2　选择墙体模型，按数字键【4】进入【多边形】层级，按住【Ctrl】键选择墙体的上表面多边形，如图7-69所示。

图7-69

Step 3　单击【编辑多边形】卷展栏下的 挤出 按钮旁边的□按钮，在打开的【挤出多边形】对话框中选择【组法线】挤出方式，设置【挤出高度】为2685，如图7-70所示。

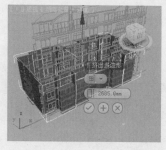

图7-70

Step 4　单击⊞按钮，设置【挤出高度】为120，如图7-71所示。

Step 5　单击⊞按钮挤出阳台模型，然后再次设置【挤出高度】为2685，如图7-72所示。

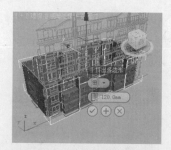

图7-71

图7-72

Step 6　依此方法分别挤出5层和6层的墙体模型，结果如图7-73所示。

图7-73

（2）制作3～6层窗户模型

Step 1　首先选择两个侧窗模型，在前视图中将其沿 y 轴向上复制到3～6层墙体位置，完成侧窗的制作，如图7-74所示。

图7-74

Step 2 继续选择 2 层的小窗户模型,在前视图中将其沿 y 轴向上复制到 3～6 层窗户位置,结果如图 7-75 所示。

图 7-75

Step 3 制作 3～6 层的其他窗户模型。将除墙体模型、平面图和立面图之外的其他对象全部隐藏。

Step 4 进入【边】子对象层级,选择 3 层左边大窗户左右两条垂直边,如图 7-76 所示。

图 7-76

Step 5 依照前面的操作将其连接,其【分段】为 1,然后在前视图中将连接生成的边向上移动到如图 7-77 所示的窗洞上方位置。

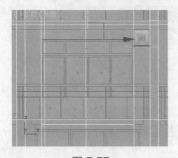

图 7-77

Step 6 再次选择连接生成的水平边和窗洞下方的水平边,如图 7-78 所示。

图 7-78

Step 7 继续对这两条边进行连接,其【分段】为 1,然后在前视图中将连接生成的边向左移动到如图 7-79 所示的位置。

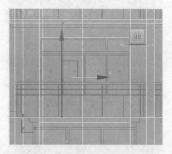

图 7-79

Step 8 再次选择连接生成的垂直边和窗洞右边的垂直边,如图 7-80 所示。

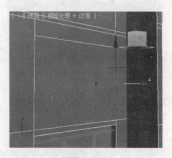

图 7-80

Step 9 在前视图中将连接生成的边向下移动到如图 7-81 所示的位置。

Step 10 进入【多边形】层级,选择如图 7-82 所示的多边形。

Step 11 依照前面的操作,对选择的多边形进行挤出,挤出方式为【组法线】,挤出【高度】为-240mm,以挤出窗洞,结果如图 7-83 所示。

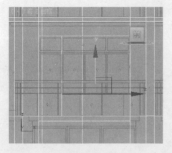

图 7-81

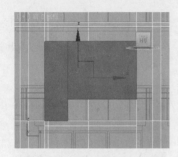

图 7-82

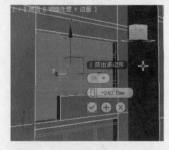

图 7-83

Step 12 依照相同的方法，继续创建出 3～6 层其他窗洞。

Step 13 继续按住【Ctrl】键选择如图 7-84 所示的窗户下方的多边形。

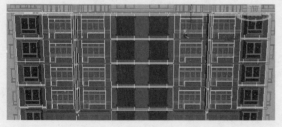

图 7-84

Step 14 使用【挤出多边形】命令进行挤出，挤出【数量】为 1200mm，以挤出阳台的底面

模型，结果如图 7-85 所示。

图 7-85

（3）创建阳台栏杆

Step 1 使用【直线】命令在顶视图中阳台底面位置绘制阳台栏杆线，然后进入线的【线段】层级，将水平线拆分为 5 段，如图 7-86 所示。

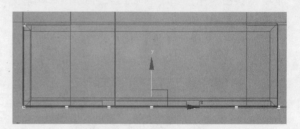

图 7-86

Step 2 为阳台栏杆线添加【挤出】修改器，设置参数如图 7-87 所示。

图 7-87

Step 3 为挤出后的模型添加【编辑多边形】修改器，进入【边】层级，选择所有边，对其边进行切角，设置【切角量】为 30，如图 7-88 所示。

Step 4 进入【多边形】层级，选择如图 7-89 所示的多边形。

Step 5 按【Delete】键将其删除，然后进入【顶点】层级，在前视图中调整各顶点的位置，结果如图 7-90 所示。

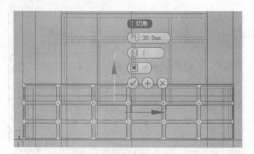

图 7-88

图 7-89

图 7-90

Step 6　退出【顶点】层级，在【修改器列表】中选择【壳】修改器，设置参数如图 7-91 所示。这样就完成了阳台栏杆的创建。

图 7-91

（4）创建窗户模型

Step 1　在前视图中依照窗洞位置创建一个长方体，设置参数如图 7-92 所示。

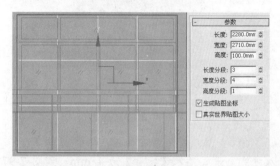

图 7-92

Step 2　为长方体添加【编辑多边形】修改器，然后进入【边】子对象层级，选择两条水平边进行调整，结果如图 7-93 所示。

Step 3　进入【多边形】层级，选择如图 7-94 所示的多边形。

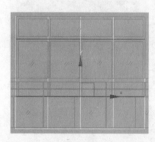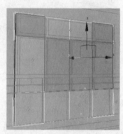

图 7-93　　　　　　　　图 7-94

Step 4　执行【插入】命令，选择【按多边形】的插入方式，设置插入【数量】为 45mm，如图 7-95 所示。

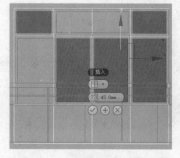

图 7-95

Step 5　继续选择如图 7-96 所示的多边形。

图 7-96

Step 6 继续进行插入，选择【组】的插入方式，设置插入【数量】为 45mm，如图 7-97 所示。

Step 7 继续选择插入后形成的多边形，如图 7-98 所示。

图 7-97　　　　　图 7-98

Step 8 执行【挤出】命令，设置挤出【高度】为-100mm，挤出玻璃模型，如图 7-99 所示。

Step 9 向上推动【修改】面板，在【多边形:材质 ID】卷展栏下设置玻璃模型的材质 ID 号为 1，如图 7-100 所示。

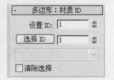

图 7-99　　　　　图 7-100

Step 10 执行【编辑】/【反选】命令，反选窗框模型，然后在【多边形:材质 ID】卷展栏下

设置窗框模型的材质 ID 号为 2，如图 7-101 所示。

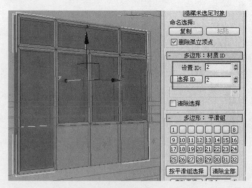

图 7-101

Step 11 退出【多边形】层级，然后将窗户和阳台栏杆选择并成组，之后在前视图中将其以【实例】方式进行移动复制到楼体其他窗洞位置，如图 7-102 所示。

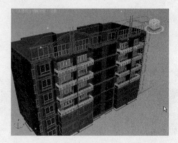

图 7-102

Step 12 至此，3～6 层楼体和窗户模型制作完毕，将该场景保存为"标准层住宅楼（3～6）层墙体和窗户.max"文件。

7.1.5　制作顶楼模型

素材文件	线架文件\第 7 章\标准层住宅（3～6）层墙体和窗户.max
线架文件	线架文件\第 7 章\标准层住宅楼顶楼.max
视频文件	视频文件\第 7 章\标准层住宅楼顶楼.swf

本小节继续制作标准层住宅楼的顶楼模型。

（1）制作顶楼楼板模型

Step 1 打开 7.1.4 小节保存的场景文件。

Step 2 将除 CAD 平面图和立面图之外的其他对象全部隐藏，然后使用【直线】命令，配合捕捉功能沿墙体外轮廓线绘制闭合图形作为路径，如图 7-103 所示。

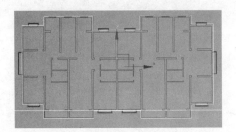

图 7-103

Step 3 继续在前视图中沿 CAD 立面图绘制如图 7-104 所示的闭合图形作为截面。

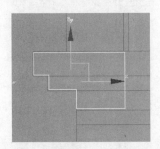

图 7-104

Step 4 选择绘制的该截面图形，进入【创建】面板，在几何体列表中选择【复合对象】选项，然后激活 放样 按钮，在【创建方法】卷展栏下激活 获取路径 按钮，在顶视图中单击绘制的路径进行放样，结果如图 7-105 所示。

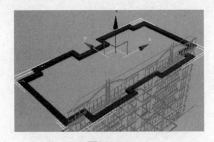

图 7-105

Step 5 将路径图形以【复制】方式复制一个，为其添加【挤出】修改器，设置挤出【数量】为 500mm，作为顶楼楼板，结果如图 7-106 所示。

Step 6 显示被隐藏的所有对象，结果如图 7-107 所示。

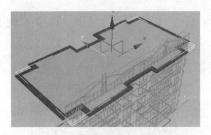

图 106

图 7-107

（2）制作顶楼墙体与窗洞

Step 1 将楼体模型和 CAD 立面图孤立，然后选择楼体模型，进入【多边形】层级，选择如图 7-108 所示的多边形。

图 7-108

Step 2 执行【挤出】命令，设置挤出【高度】为 2625mm，以挤出顶楼楼体模型，如图 7-109 所示。

图 7-109

Step 3 进入【边】层级，选择左侧小窗户旁边如图 7-110 所示的两条垂直边。

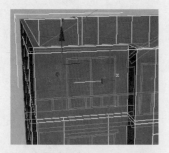

图 7-110

Step 4 使用【连接】命令进行连接，设置【分段】为 2 进行连接，如图 7-111 所示。

图 7-111

Step 5 在前视图中将连接生成的两条水平边调整到窗户上下两条边的位置，如图 7-112 所示。

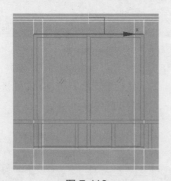

图 7-112

Step 6 进入【多边形】层级，选择如图 7-113 所示的多边形。

Step 7 执行【挤出】命令，设置挤出【数量】为-240，如图 7-114 所示。

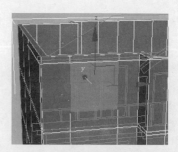

图 7-113

图 7-114

（3）制作顶楼窗户模型

Step 1 在前视图中依照 CAD 窗洞大小创建一个长方体，设置参数如图 7-115 所示。

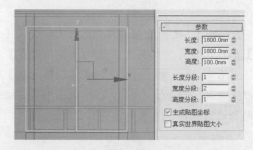

图 7-115

Step 2 将长方体转换为可编辑多边形，进入【多边形】层级，选择多边形进入插入，参数设置如图 7-116 所示。

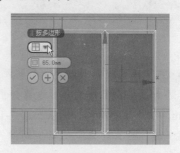

图 7-116

Step 3 继续执行【挤出】命令，设置挤出【高度】为-100，如图 7-117 所示。

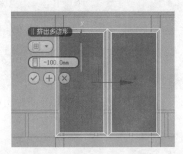

图 7-117

Step 4 退出【多边形】层级，将该窗户模型调整到窗洞位置，结果如图 7-118 所示。

图 7-118

Step 5 依照前面制作栏杆的方法，在该窗户位置制作栏杆模型，结果如图 7-119 所示。

图 7-119

Step 6 使用相同的方法，在顶楼另一边制作窗户和栏杆模型，结果如图 7-120 所示。

（4）制作顶楼拱形楼顶模型

Step 1 在前视图中依据 CAD 立面图绘制如图 7-121 所示的二维线。

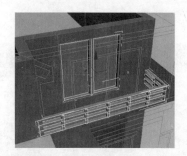

图 7-120

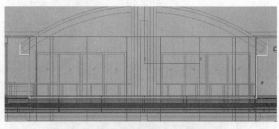

图 7-121

Step 2 取消【开始新图形】选项的勾选，然后在线上方绘制一个圆弧，如图 7-122 所示。

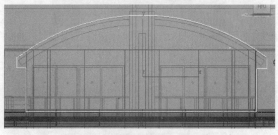

图 7-122

Step 3 进入线的【顶点】层级，框选线和圆弧相交的两个顶点，将其焊接，如图 7-123 所示。

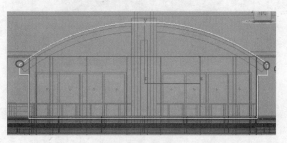

图 7-123

Step 4 继续取消【开始新图形】选项的勾选，然后在图形内部依据 CAD 立面图，在窗户位置绘制两个矩形，如图 7-124 所示。

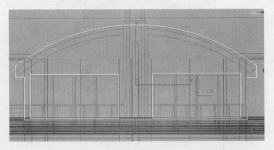

图 7-124

Step 5 进入【修改】面板，为该图形添加【挤出】修改器，设置挤出【数量】为 3000mm，结果如图 7-125 所示。

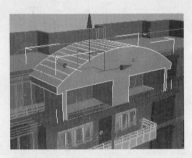

图 7-125

Step 6 继续使用长方体在前视图中依据 CAD 图纸绘制长方体模型作为顶楼的装饰构件，结果如图 7-126 所示。

图 7-126

Step 7 继续依照前面制作窗户和栏杆的方法制作出窗户和栏杆模型，并将其复制到另一边窗洞位置，结果如图 7-127 所示。

Step 8 激活 弧 按钮，在前视图中依据顶楼 CAD 图纸绘制一个圆弧，如图 7-128 所示。

图 7-127

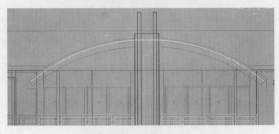

图 7-128

Step 9 将该圆弧转换为可编辑样条线，然后进入【样条线】层级，选择圆弧，在【几何体】卷展栏下设置【轮廓】为 120mm，结果如图 7-129 所示。

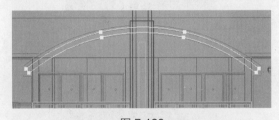

图 7-129

Step 10 退出【样条线】层级，在【修改器列表】中选择【挤出】修改器，设置【数量】为 3000mm，结果如图 7-130 所示。

图 7-130

Step 11 在前视图中将制作好的顶楼模型

全部选择，如图 7-131 所示。

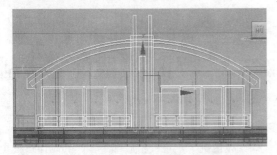

图 7-131

Step 12　将选择模型以【实例】方式复制到右边顶楼位置，结果如图 7-132 所示。

图 7-132

（5）制作顶楼模型

Step 1　首先将图 7-103 中绘制的路径图形以【复制】方式复制一个，然后为其添加【挤出】修改器，设置【数量】为 100mm，作为该顶楼楼板模型，如图 7-133 所示。

图 7-133

Step 2　继续使用【直线】命令在前视图中依据 CAD 图纸绘制顶楼的截面图形，如图 7-134 所示。

Step 3　继续将顶楼楼板模型以【复制】方式复制一个，删除【挤出】修改器，将其作为顶楼楼顶边缘模型的路径。

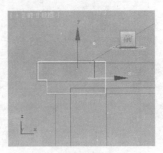

图 7-134

Step 4　选择顶楼楼顶边缘的截面图形，进入【创建】面板，在几何体列表中选择【复合对象】选项，然后激活 放样 按钮，在【创建方法】卷展栏下激活 获取路径 按钮，在顶视图中单击路径进行放样，创建出顶楼楼顶边缘模型，结果如图 7-135 所示。

图 7-135

Step 5　制作顶楼坡面屋顶模型。在顶视图楼顶楼板位置绘制一个【长度】为 12240mm、【宽度】为 30700mm、【高度】为 1220mm 的长方体，如图 7-136 所示。

图 7-136

Step 6　将长方体转换为可编辑多边形对象，进入【顶点】层级，在前视图中将左上方两个顶点向右移动，将右上方两个顶点向左移动，使其与 CAD 图纸对齐，如图 7-137 所示。

Step 7　继续在左视图中将左上方两个顶

点向右移动，将右上方两个顶点向左移动，使其顶点在中间位置重合，如图 7-138 所示。

图 7-137

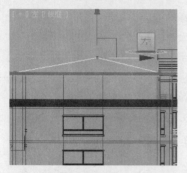

图 7-138

Step 8 退出【顶点】层级，完成顶楼坡面屋顶的制作，结果如图 7-139 所示。至此，标准住宅楼模型制作完毕，快速渲染场景查看效果，结果如图 7-140 所示。

图 7-139

图 7-140

Step 9 将该模型保存为"标准层住宅楼顶楼.max"文件。

▌7.2▐ 为标准层住宅楼制作材质

一般情况下，室外材质都不多，其制作过程也比较简单。本节继续为标准层住宅楼模型制作材质，其材质主要有外墙面乳胶漆材质、屋面瓦材质以及窗户材质。制作材质后的效果如图 7-141 所示。

图 7-141

7.2.1 制作墙面乳胶漆材质

素材文件	线架文件\第 7 章\标准层住宅楼顶楼.max
线架文件	线架文件\第 7 章\标准层住宅楼（墙面材质）.max
贴图文件	"maps" 文件夹下
视频文件	视频文件\第 7 章\标准层住宅楼（墙面材质）.swf

本小节首先制作标准住宅楼的墙面乳胶漆材质，该材质分为两种，一种是浅黄色乳胶漆材质；另一种是白色乳胶漆材质。

（1）设置材质 ID 号

由于该楼体材质有两种，因此，在制作材质前，首先要为不同的模型设置不同的材质 ID 号，这样便于制作材质。

Step 1 打开素材文件。

Step 2 设置当前渲染器为【V-Ray Adv

2.00.03】渲染器。

Step 3　选择楼体模型，单击鼠标右键，在弹出的快捷菜单中选择【孤立当前选择】命令将其孤立，这样便于对模型制作材质，结果如图 7-142 所示。

图 7-142

Step 4　进入模型的【多边形】层级，在透视图中按住【Ctrl】键将墙面、阳台、窗洞内侧的多边形面选择，如图 7-143 所示。

图 7-143

Step 5　向上推动【修改】面板，在【多边形：材质 ID】卷展栏下设置其材质 ID 号为 1，如图 7-144 所示。

Step 6　执行菜单栏中的【编辑】/【反选】命令，反选选择其他多边形面，在【多边形:材质 ID】卷展栏下设置其材质 ID 号为 2，如图 7-145 所示。

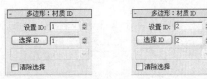

图 7-144　　　　　图 7-145

Step 7　退出【多边形】层级，完成材质 ID 号的设置。

（2）制作材质

设置好材质 ID 号之后，下面就开始制作材质，该材质将使用【多维/子对象】材质来制作。

Step 1　打开【材质编辑器】，选择一个空的示例球，单击 Standard 按钮。

Step 2　在打开的【材质/贴图浏览器】对话框中展开【标准】选项，然后双击【多维/子对象】选项，如图 7-146 所示。

图 7-146

Step 3　在打开的【替换材质】对话框中单击 确定 按钮，进入【多维/子对象】材质层级，单击 设置数量 按钮，在打开的【设置材质数量】对话框中设置【材质数量】为 2，如图 7-147 所示。

Step 4　单击 确定 按钮，完成材质数量的设置，如图 7-148 所示。

图 7-147

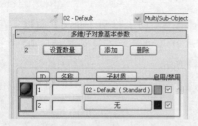

图 7-148

Step 5 单击 1 号子材质按钮，返回到【标准】材质层级，单击 Standard 按钮，在打开的【材质/贴图浏览器】对话框中展开【V-Ray Adv2.00.03】选项，然后双击【VRayMtl】选项，如图 7-149所示。

Step 6 进入【VRayMtl】的【基本参数】卷展栏，设置【漫反射】颜色为一种淡黄色，其参数设置如图 7-150 所示。

Step 7 单击【反射】颜色块，设置其颜色为深灰色，使其具有一定的反射效果，其参数设置如图 7-151 所示。

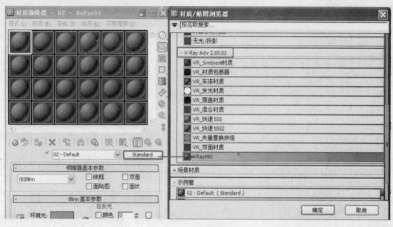

图 7-149

图 7-150

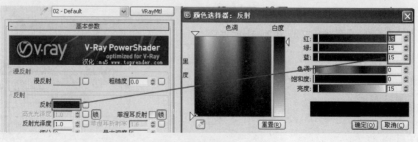

图 7-151

Step 8 继续设置【反射】的【高光光泽度】为 0.55，其他设置默认，如图 7-152 所示。

图 7-152

Step 9 单击【材质编辑器】工具栏中的【转到父对象】按钮🔲回到【多维/子对象】材质层级，如图 7-153 所示。

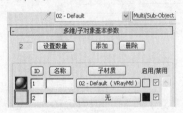

图 7-153

Step 10 将 1 号材质按钮拖到 2 号材质按钮上释放鼠标，在弹出的【实例（副本）材质】对话框中勾选【复制】选项，如图 7-154 所示。

图 7-154

Step 11 单击 [确定] 按钮，将 1 号材质以【复制】方式复制给 2 号材质，结果如图 7-155 所示。

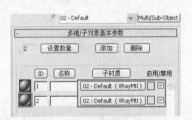

图 7-155

Step 12 单击 1 号材质按钮返回到该材质层级，单击【漫反射】颜色块，设置其颜色为白色，如图 7-156 所示。

图 7-156

Step 13 选择场景中的楼体模型，单击【将材质指定给选择对象】按钮🔲，将该材质指定给选择的模型，然后按【F9】键渲染摄像机视图，结果如图 7-57 所示。

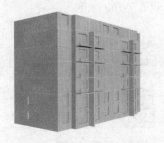

图 7-157

7.2.2 制作窗户材质

素材文件	线架文件\第7章\标准层住宅楼（墙面材质）.max
线架文件	线架文件\第7章\标准层住宅楼（窗户材质）.max
贴图文件	"maps"文件夹下
视频文件	视频文件\第7章\标准层住宅楼（窗户材质）.swf

本小节继续制作标准住宅楼的窗户材质，该

材质也分为两种，一种是塑钢材质；另一种是玻璃材质，由于窗户模型使用了编辑多边形创建，因此需要制作【多维/子对象】材质。

（1）制作3～6层中间飘窗和顶楼窗户材质

Step 1 继续7.2.1小节的操作。打开【材质编辑器】对话框，重新选择一个空的示例球，单击 Standard 按钮。

Step 2 在打开的【材质/贴图浏览器】对话框中展开【标准】选项，然后双击【多维/子对象】选项，如图7-158所示。

图 7-158

Step 3 在打开的【替换材质】对话框中单击 确定 按钮，进入【多维/子对象】材质层级，单击 设置数量 按钮，在打开的【设置材质数量】对话框中设置【材质数量】为2，如图7-159所示。

图 7-159

Step 4 单击 确定 按钮，完成材质数量的设置，如图7-160所示。

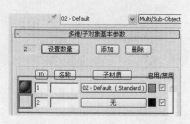

图 7-160

Step 5 单击1号子材质按钮，返回到【标准】材质层级，单击 Standard 按钮，在打开的【材质/贴图浏览器】对话框中展开【V-Ray Adv2.00.03】选项，然后双击【VRayMtl】选项，如图7-161所示。

Step 6 进入【VRayMtl】的【基本参数】卷展栏，单击【慢反射】右边的贴图按钮，在弹出的【材质/贴图浏览器】对话框中双击【位图】选项，然后选择"maps"文件夹下的"BMA-007.JPG"贴图文件。

Step 7 单击【反射】颜色块，设置其颜色为灰色，然后设置其【高光光泽度】为0.85，如图7-162所示。

Step 8 继续设置【折射】颜色为白色，其他参数设置如图7-163所示。

Step 9 单击【材质编辑器】工具栏中的【转到父对象】按钮回到【多维/子对象】材质层级，如图7-164所示。

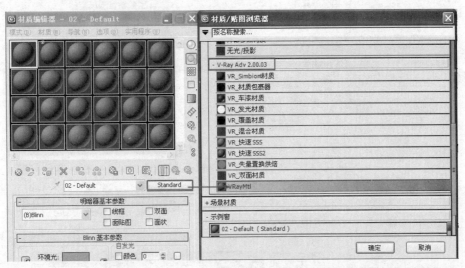

图 7-161

图 7-162

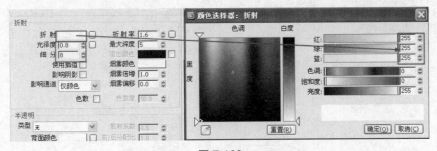

图 7-163

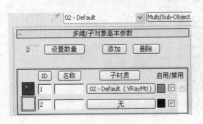

图 7-164

Step 10 将 1 号材质按钮拖到 2 号材质按钮上，然后释放鼠标，在弹出的【实例（副本）材质】对话框中勾选【复制】选项，如图 7-165 所示。

Step 11 单击 确定 按钮，将 1 号材质以【复制】方式复制给 2 号材质，结果如图 7-166 所示。

图 7-165

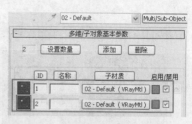

图 7-166

Step 12 单击 2 号材质按钮返回到该材质层级，单击【漫反射】贴图按钮，返回到位图参数卷展栏，单击 Bitmap 按钮，在弹出的【材质/贴图浏览器】对话框中双击【衰减】选项，如图 7-167 所示。

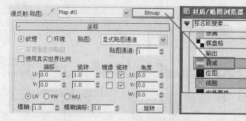

图 7-167

Step 13 此时弹出【替换贴图】对话框，勾选【丢弃旧贴图】选项，如图 7-168 所示。

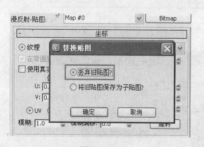

图 7-168

Step 14 单击 确定 按钮，进入到【衰减参数】卷展栏，设置【前】颜色为灰色，如图 7-169 所示。

Step 15 单击【材质编辑器】工具栏中的【转到父对象】按钮回到【VRayMtl】材质层级，设置【折射】颜色为黑色，设置【反射】颜色为灰色，其参数设置如图 7-170 所示。

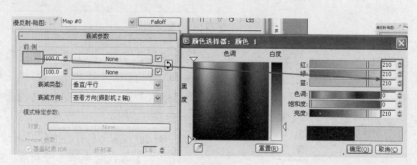

图 7-169

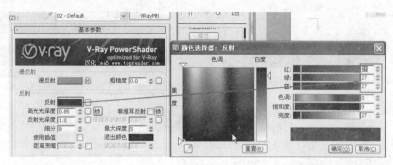

图 7-170

Step 16　选择场景中的 3 层～6 层中间飘窗模型和顶楼窗户模型，单击【将材质指定给选择对象】按钮，将该材质指定给选择的模型，然后按【F9】键渲染摄像机视图，结果如图 7-171 所示。

图 7-171

（2）制作其他窗户塑钢材质

Step 1　在【材质编辑器】中将窗户材质示例球拖到一个空的示例球上释放鼠标将其复制，然后将复制的示例球命名为"其他窗户材质"，如图 7-172 所示。

Step 2　单击 设置数量 按钮，在打开的【设置材质数量】对话框中设置【材质数量】为 3，单击 确定 按钮，增加一个材质，如图 7-173 所示。

Step 3　依照前面的操作，将 2 号材质以【复制】的方式复制给 3 号材质，然后进入 3 号材质层级，在【漫反射】右边的贴图按钮上单击右键，在弹出的快捷菜单中选择【清除】命令将其贴图清除，如图 7-174 所示。

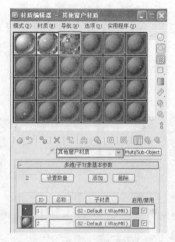

图 7-172

图 7-173

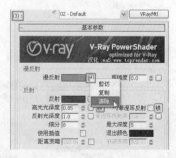

图 7-174

Step 4　单击【漫反射】颜色块，设置其颜色为淡黄色，并设置其他参数，如图 7-175 所示。

图 7-175

Step 5 选择其他所有窗户模型，单击【将材质指定给选择对象】按钮，将该材质指定给选择的模型，然后按【F9】键渲染摄像机视图，结果如图 7-176 所示。

图 7-176

Step 6 将场景保存为"标准层住宅楼（窗户材质）.max"文件。

7.2.3 制作其他材质

素材文件	线架文件\第 7 章\标准层住宅楼（窗户材质）.max
线架文件	线架文件\第 7 章\标准层住宅楼（其他材质）.max
贴图文件	"maps"文件夹下
视频文件	视频文件\第 7 章\标准层住宅楼（其他材质）.swf

本小节继续制作标准住宅楼的其他材质，具体有顶楼屋檐材质、屋面材质以及阳台栏杆材质等，这些材质都比较简单。

（1）制作顶楼和阳台栏杆材质

Step 1 继续 7.2.2 小节的操作。打开【材质编辑器】，重新选择一个空的示例球。

Step 2 单击 Standard 按钮，在打开的【材质/贴图浏览器】对话框中展开【V-Ray Adv 2.00.03】选项，然后双击【VRayMtl】选项。

Step 3 进入该材质的【基本参数】卷展栏，单击【漫反射】颜色块，设置其颜色为淡黄色，并设置其他参数，如图 7-177 所示。

图 7-177

Step 4　选择顶楼拱形楼模型和屋檐模型，【将材质指定给选择对象】按钮，将该材质指定给选择的模型，然后按【F9】键渲染摄像机视图，结果如图 7-178 所示。

图 7-178

Step 5　下面制作阳台栏杆模型，该模型有两种材质，一种是金属材质，另一种是乳胶漆材质。在【材质编辑器】中将前面制作的楼体模型的材质示例球拖到一个空的示例球上复制，然后将其命名为"阳台栏杆"，如图 7-179 所示。

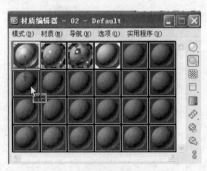

图 7-179

Step 6　单击"阳台栏杆"材质的 1 号材质按钮进入到该材质的【基本参数】卷展栏，设置【反射】颜色为白色，设置【高光光泽度】和【反射光泽度】均为 0.85，如图 7-180 所示。

Step 7　选择 3 层～6 层中间的飘窗位置的阳台模型，将其转换为可编辑多边形对象，然后进入【多边形】层级，选择如图 7-181 所示的多边形。

Step 8　向上推动【修改】面板，在【多边形:材质 ID】卷展栏下设置其材质 ID 号为 1，如

图 7-182 所示。

图 7-180

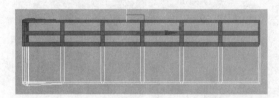

图 7-181

Step 9　执行菜单栏中的【编辑】/【反选】命令，反选选择其他多边形面，在【多边形:材质 ID】卷展栏下设置其材质 ID 号为 2，如图 7-183 所示。

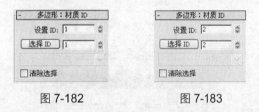

图 7-182　　　　　　　图 7-183

Step 10　退出【多边形】层级，单击【将材质指定给选择对象】按钮，将该材质指定给选择的模型，然后按【F9】键渲染摄像机视图，结果如图 7-184 所示。

图 7-184

Step 11 继续在【材质编辑器】中将"阳台栏杆"材质示例球拖到一个空的示例球上复制，然后将其命名为"栏杆"，如图 7-185 所示。

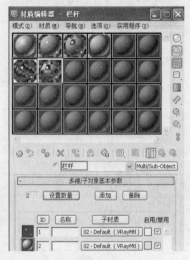

图 7-185

Step 12 单击 设置数量 按钮，在打开的【设置材质数量】对话框中设置【材质数量】为 1，如图 7-186 所示。

图 7-186

Step 13 单击 确定 按钮，设置材质数量为 1，结果如图 7-187 所示。

图 7-187

Step 14 选择顶楼的金属栏杆模型，如图 7-188 所示。

图 7-188

Step 15 单击【将材质指定给选择对象】按钮 ，将该材质指定给选择的模型。

（2）制作屋面瓦贴图

Step 1 重新选择一个空的示例球，为其【漫反射】指定一个 "maps" 文件夹下的 "蓝瓦.jpg" 贴图文件。

Step 2 选择场景中的屋面模型，单击【将材质指定给选择对象】按钮 ，将该材质指定给选择的模型。

Step 3 进入【修改】面板，在【修改器列表】中为其添加【贴图缩放器绑定（WSM）】修改器，然后在【参数】卷展栏下设置【比例】为10000mm，其他设置默认。

Step 4 快速渲染场景查看效果，结果如图 7-189 所示。

图 7-189

Step 5 将顶楼的拱形阁楼模型孤立，为其添加【编辑多边形】修改器，然后进入【多边形】层级，选择如图 7-190 所示的多边形面。

图 7-190

Step 6 依照前面的操作，设置其材质 ID 号为 1，然后反选，设置其他多边形的材质 ID 号为 2。

Step 7 再次将楼体模型的材质示例球复制到一个示的示例球上，然后为 1 号材质的【漫反射】指定 "maps" 文件夹下的 "蓝瓦.jpg" 贴图文件，并设置参数，如图 7-191 所示。

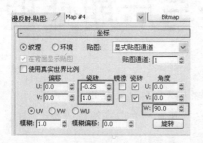

图 7-191

Step 8 将该材质指定给拱形楼顶模型，在【修改器列表】中为其选择【UCW 贴图】修改器，选择【长方体】贴图方式。

Step 9 快速渲染场景查看效果，结果如图 7-192 所示。

图 7-192

（3）制作一个背景贴图

Step 1 重新选择一个空的示例球，为其【漫反射】指定一个 "maps" 文件夹下的 "BMA-007.JPG" 贴图文件。

Step 2 进入该位图文件的【坐标】卷展栏，勾选【环境】选项。

Step 3 执行【渲染】/【环境】命令打开【环境和效果】对话框，在【材质编辑器】中将制作的位图贴图以【实例】方式复制给环境，如图 7-193 所示。

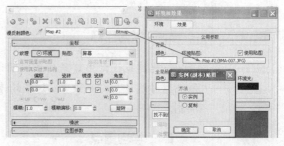

图 7-193

Step 4 创建一个平面物体作为地面，然后快速渲染场景查看效果，结果如图 7-94 所示。

图 7-194

Step 5 将该场景保存为 "标准层住宅楼（其他材质）.max" 文件。

第 **8** 章

标准层住宅楼设计——灯光、渲染与后期处理

📖 **学习目标**

了解建筑设计中建筑场景照明设置、渲染输出以及后期处理的技能，具体包括建筑场景灯光设置、建筑场景渲染输出以及建筑场景后期处理的相关技能。

📖 **学习重点**

重点掌握建筑场景灯光设计技巧、建筑场景渲染输出技能以及建筑场景后期处理的技能。

📖 **主要内容**

◆ 标准层住宅楼照明设置与渲染输出
◆ 标准层住宅楼的后期处理

8.1　标准层住宅楼照明设置与渲染输出

在 3ds Max 建筑设计中，设置照明系统、渲染输出以及后期处理是非常重要的操作，这一节就来为标准层住宅楼设置照明系统并渲染输出。为了使读者能更好地掌握建筑场景照明系统的设置技能，在此我们将设置两种照明系统，一种是正午 12 时的光照效果，这时的光线非常强，建筑场景被完全照亮，其效果如图 8-1 所示；另一种光照效果是下午 5 时的光照效果，这时的光照效果较正午时分要弱，阳光斜射，建筑场景部分被照亮，有"夕阳西下"的感觉，如图 8-2 所示。

图 8-1

图 8-2

8.1.1　标准层住宅楼正午 12 时的光照效果

素材文件	线架文件\第 7 章\标准层住宅楼（其他材质）.max
线架文件	线架文件\第 8 章\标准层住宅楼（正午 12 时光照效果）.max
视频文件	视频文件\第 8 章\标准层住宅楼（正午 12 时光照效果）.swf

本小节首先来设置标准层住宅楼正午 12 时的光照效果，晴天正午 12 时正是光线非常充足、光照非常强烈的时候，场景整体光照会非常强，本小节首先来设置这种光照效果，如图 8-3 所示。

图 8-3

（1）设置 VR_太阳光系统

Step 1　打开素材文件。

Step 2　激活透视图，快速渲染查看默认灯光的照射效果，结果如图 8-4 所示。

图 8-4

Step 3　进入【创建】面板，激活【灯光】按钮，在其下拉列表中选择【VRay】选项，然后展开【对象类型】卷展栏。

Step 4　单击　VR_太阳　按钮，在前视图场景窗口位置拖曳鼠标指针，创建一个【VR_太阳】照明系统，如图8-5所示。

图8-5

Step 5　此时弹出询问对话框，询问是否自动添加天空环境贴图，如图8-6所示。

Step 6　单击　是　按钮，使用【VR_太阳】照明系统的环境贴图代替我们制作背景贴图。

图8-6

Step 7　进入【修改】面板，展开【VR_太阳参数】卷展栏，设置【混浊度】为2.0，【臭氧】为0，【强度倍增】为0.02，【尺寸倍增】为3.0，【阴影细分】为15，【光子发射半径】为145，如图8-7所示。

Step 8　快速渲染场景查看灯光效果，结果如图8-8所示。

图8-7　　　　　　图8-8

虽然【VR_太阳】照明系统不能像【日光】

系统那样具有定位罗盘，可以模拟真实世界里一天中任何时间、地球上任意位置的户外照明条件，但是我们可以借助【日光】系统的定位功能对其进行定位。

Step 9　激活【创建】面板上的【系统】按钮，在【对象类型】卷展栏下激活　日光　按钮，然后在顶视图中按住鼠标左键拖曳鼠标指针，创建指南针。

Step 10　松开鼠标，继续向上，将【日光】对象定位在天空。可以在前视图中查看对象的位置。

Step 11　【日光】对象在天空中的精确高度并不重要，再次单击鼠标，完成【日光】系统的创建，如图8-9所示。

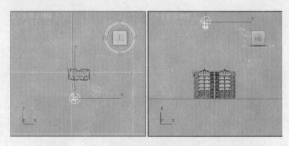

图8-9

Step 12　选中【日光】对象，转到【修改】面板，然后在【常规参数】卷展栏上取消【启用】选项的勾选，不使用该【日光】系统，如图8-10所示。

Step 13　单击选择创建的【VR_太阳】照明系统，然后单击主工具栏上的【选择并连接】按钮，将鼠标指针移动到【VR_太阳】照明系统上拖曳指针到【日光】照明系统上，然后释放鼠标，将其进行链接，如图8-11所示。

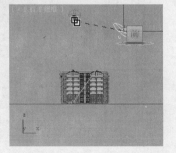

图8-10　　　　　　图8-11

Step 14　激活主工具栏上的【对齐】按钮
，在【日光】系统上单击，在弹出的【对齐当前选择】对话框中设置参数，如图 8-12 所示。

Step 15　确认将【VR_太阳】照明系统与【日光】照明系统进行对齐，如图 8-13 所示。

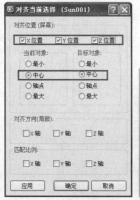
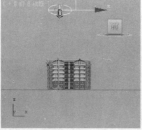

　　图 8-12　　　　　　　　　图 8-13

（2）调整 VR-太阳光系统

可以通过【日光】系统的定位功能来定位【VR_太阳】照明系统的位置，设置全球任何地方任何时段的光照效果。

Step 1　选择【日光】系统，在【日光参数】卷展栏上单击 设置... 按钮，如图 8-14 所示，3ds Max 将显示【运动】面板。

Step 2　在【运动】面板中展开【控制参数】卷展栏，在【位置】组上单击 获取位置... 按钮，如图 8-15 所示。

　　图 8-14　　　　　　　　　图 8-15

Step 3　在打开的【地理位置】对话框上可以选择地理位置，如选择【Beijing,China】。

Step 4　单击 确定 按钮后，3ds Max 将定位【日光】太阳光对象以模拟所选地区在真实世界中的经度和纬度。

Step 5　可以使用【控制参数】卷展栏下的【时间】组中显示的控件修改日期和时间，这也会影响太阳的位置。

Step 6　在此将其要照亮和渲染的场景的时间设置为正午 12 点钟，那么在【时间】组的【小时】微调器框中将时间设置为 12，如图 8-16 所示。此时灯光位置如图 8-17 所示。

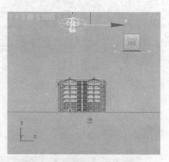

　　图 8-16　　　　　　　　　图 8-17

Step 7　右键单击透视图，并按【F9】键以渲染场景，如图 8-18 所示。

图 8-18

（3）调整渲染参数

通过渲染发现，光线有点暗，同时楼房左侧面光线更暗，这是因为没有使用全局光设置的原因，下面我们设置全局光照明效果。

Step 1　打开【渲染设置】对话框，进入【VR_间接照明】选项卡，在【V-Ray::间接照明（全局照明)】卷展栏下勾选【开启】选项，并设置其他参数，如图 8-19 所示。

图 8-19

Step 2 再次渲染场景查看效果，结果如图 8-20 所示。

图 8-20

Step 3 通过渲染发现，住宅楼侧面被照亮，但整体光线太亮，曝光度过高，下面进行设置。执行菜单栏中的【渲染】/【曝光设置】命令，在打开的【环境和效果】对话框中进入【环境】选项卡，展开【曝光控制】卷展栏，在其下拉列表中选择【VR_曝光控制】选项，如图 8-21 所示。

Step 4 继续展开【VR_曝光控制】卷展栏，设置各参数如图 8-22 所示。

Step 5 关闭该对话框，再次渲染透视图查看效果，结果如图 8-23 所示。

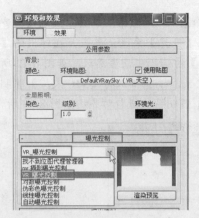

图 8-21

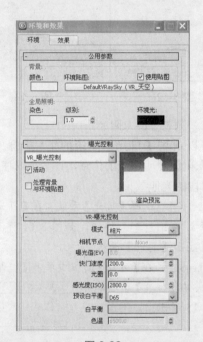

图 8-22

图 8-23

（4）设置场景摄像机

Step 1　进入【创建】面板，激活【摄像机】按钮，在【对象类型】卷展栏下激活 目标 按钮，在顶视图中拖曳鼠标指针创建一个目标摄像机，在前视图中调整摄像机的高度，如图 8-24 所示。

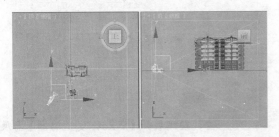

图 8-24

Step 2　进入【修改】面板，设置【镜头】为 24mm，然后激活透视图，按【C】键将透视图切换为摄像机视图，完成摄像机的设置。

Step 3　这样，该场景照明设置完毕，将该场景保存为"标准层住宅楼（正午 12 时光照效果）.max"文件。

8.1.2　标准层住宅楼正午 12 时的光照效果渲染输出

素材文件	线架文件\第 8 章\标准层住宅楼（正午 12 时光照效果）.max
线架文件	线架文件\第 8 章\标准层住宅楼（正午 12 时光照效果渲染输出）.max
渲染效果	渲染效果\第 8 章\标准层住宅楼（正午 12 时光照渲染效果）.tif
视频文件	视频文件\第 8 章\标准层住宅楼（正午 12 时光照效果渲染输出）.swf

本小节对标准层住宅楼（正午 12 时光照效果）场景进行渲染输出，在渲染输出时，首先渲染光子图，然后再渲染最终效果，这样可以减少渲染时间，其渲染效果如图 8-25 所示。

图 8-25

（1）渲染光子图

Step 1　打开素材文件。

Step 2　打开【渲染设置】对话框，进入【公用】选项卡，展开【公用参数】卷展栏。

Step 3　首先在【要渲染的区域】组下拉列表中选择【放大】选项，此时在摄像机视图中出现裁剪框，如图 8-26 所示。

Step 4　拖动裁剪框，使其将楼体模型置于裁剪框中，这样可以使楼体模型放大渲染。

Step 5　继续在【输出大小】选项组中设置渲染尺寸为 320×240，如图 8-27 所示。

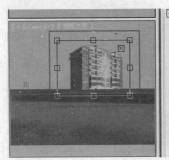

图 8-26

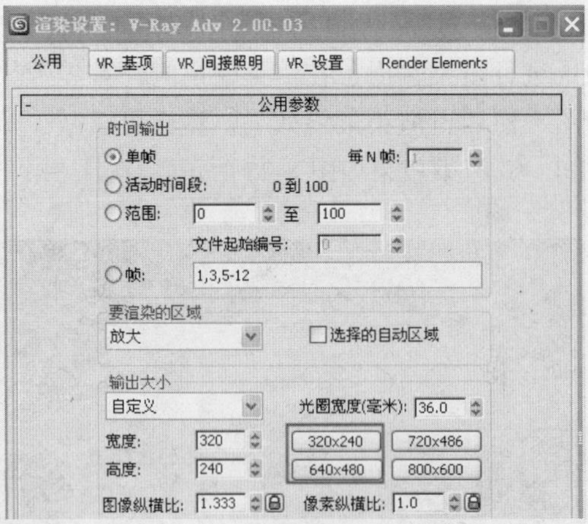

图 8-27

Step 6 进入【VR_基项】选项卡，展开【V-Ray::全局开关】卷展栏，在【间接照明】组中勾选【不渲染最终图像】选项，如图 8-28 所示，这表示不会渲染图像的最终效果。

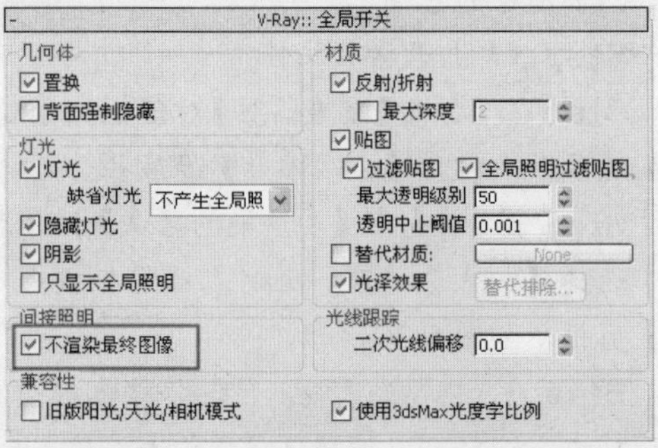

图 8-28

Step 7 继续展开【V-Ray::图像采样器（抗锯齿）】卷展栏，设置图像采样器和抗锯齿过滤器，如图 8-29 所示。

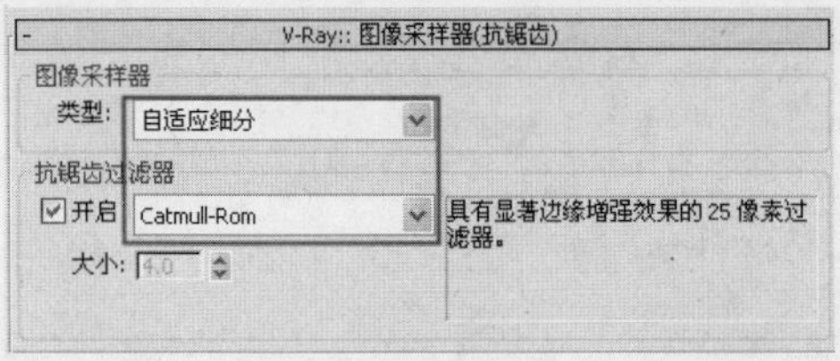

图 8-29

Step 8 进入【VR_间接照明】选项卡，展开【V-Ray::间接照明（全局照明）】卷展栏，设置

参数，如图 8-30 所示。

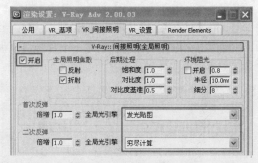

图 8-30

Step 9 继续展开【V-Ray::发光贴图】卷展栏，设置【当前预置】为【高】，然后向上推动面板，在【渲染结束时光子图处理】组中勾选【不删除】、【自动保存】和【切换到保存的贴图】3 个选项，如图 8-31 所示。

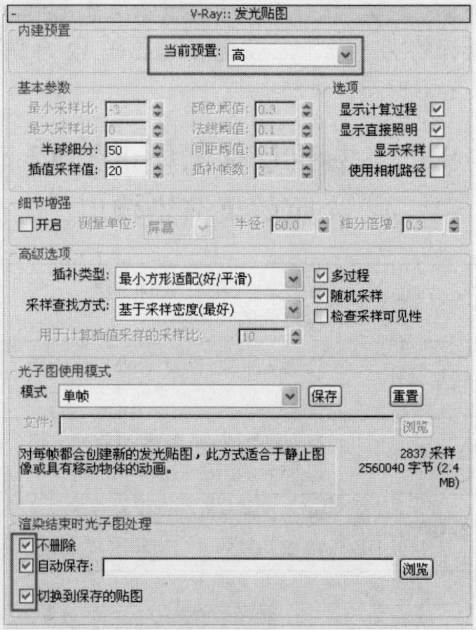

图 8-31

Step 10 单击【自动保存】选项后的 浏览 按钮，在打开的对话框中为光子图选择保存路径并命名，如图 8-32 所示。

Step 11 单击 保存(S) 按钮将其保存，此时在【自动保存】选项中将显示光子图的保存路径，如图 8-33 所示。

效果如图 8-36 所示。

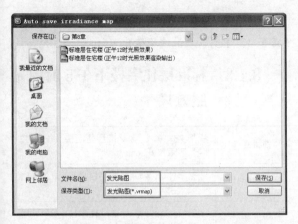

图 8-32

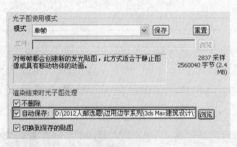

图 8-33

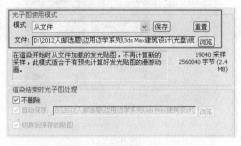

图 8-35

图 8-36

（2）渲染最终图像

Step 1　回到【VR_基项】选项卡，在【V-Ray::全局开关】卷展栏的【间接照明】组中取消【不渲染最终图像】选项的勾选，然后进入【公用】选项卡设置输出尺寸为 1200×900，如图 8-37 所示。

Step 12　设置完成后，单击【渲染】按钮开始渲染光子图，光子图渲染结束时会弹出一个对话框，在该对话框选择保存的光子图，如图 8-34 所示。

图 8-34

Step 13　单击 打开(O) 按钮加载光子图，此时在【光子图使用模式】组中将显示【模式】为【从文件】，在【文件】选项中将显示光子图的存储路径，如图 8-35 所示。此时光子图渲染完毕，

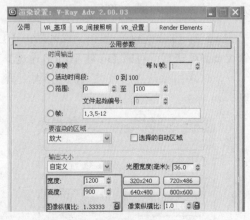

图 8-37

Step 2　单击【渲染】按钮对场景进行最后的渲染输出，结果如图 8-38 所示。

图 8-38

（3）保存渲染结果

Step 1 单击渲染窗口中的【保存】按钮 💾，打开【保存图像】对话框并选择存储路径、为文件命名，同时选择存储格式为.tif格式，如图 8-49 所示。

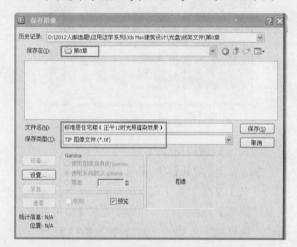

图 8-39

Step 2 单击 保存(S) 按钮，此时弹出【TIF图像控制】对话框，勾选【存储 Alpha 通道】选项，以便保存图像的透明通道，便于后期处理，如图 8-40 所示。

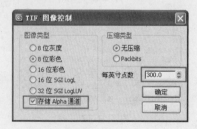

图 8-40

Step 3 单击 确定 按钮将该文件保存。

Step 4 将场景文件保存为"标准层住宅楼（正午 12 时光照效果渲染输出）.max"文件。

8.1.3 标准层住宅楼下午 5 时的光照效果

素材文件	线架文件\第 8 章\标准层住宅楼（正午 12 时光照效果）.max
线架文件	线架文件\第 8 章\标准层住宅楼（下午 5 时光照效果）.max
渲染效果	渲染效果\第 8 章\标准层住宅楼（下午 5 时光照渲染效果）.tif
视频文件	视频文件\第 8 章\标准层住宅楼（下午 5 时光照效果）.swf

本小节继续设置标准层住宅楼下午 5 时的光照效果，晴天下午 5 时许夕阳面照，光照比正午较柔和，整体色调偏暖色。下面就来设置下午 5 时的光照效果，如图 8-41 所示。

图 8-41

（1）调整日光灯系统

Step 1 打开素材文件。

Step 2 在【渲染设置】对话框的【公用参数】卷展栏下设置【输出大小】为 320×240。

Step 3 进入【VR_间接照明】选项卡，展开【V-Ray::发光贴图】卷展栏，设置【当前预置】为【非常低】，然后向上推动面板，在【光子图使用模式】组中选择【单帧】，在【渲染结束时光子图处理】组中取消【自动保存】选项的勾选，如图 8-42 所示。

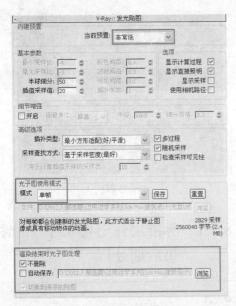

图 8-42

Step 4　选择【日光】系统，在【控制参数】卷展栏下设置【时间】为 17 时，其他设置默认，此时灯光斜射，如图 8-43 所示。

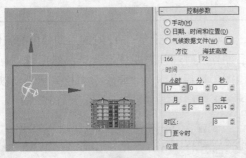

图 8-43

Step 5　激活摄像机视图，快速渲染查看光照效果，结果如图 8-44 所示。

图 8-44

通过渲染发现，侧面光照太强，不符合实际光照效果，下面重新设置。

Step 6　在【V-Ray::间接照明（全局照明）】卷展栏取消【开启】选项的勾选，将全局光照明取消，然后再次渲染场景查看效果，结果如图 8-45 所示。

图 8-45

（2）添加辅助灯光系统

通过渲染发现，正面光线又太暗，不符合实际照明效果，下面设置辅助灯光。

Step 1　进入【创建】面板，激活【灯光】按钮，在下拉列表中选择【标准】选项，然后激活[泛光灯]按钮，在顶视图中创建泛光灯，在前视图中调整高度，如图 8-46 所示。

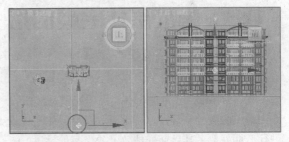

图 8-46

Step 2　进入【修改】面板，设置泛光灯的参数以及颜色，如图 8-47 所示。

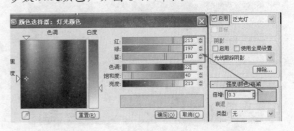

图 8-47

Step 3 再次渲染摄像机视图查看效果，结果如图 8-48 所示。通过渲染结果发现，这时的光照效果比较符合实际的日光照明效果。

图 8-48

Step 4 对该场景进行最后的渲染输出。由于该场景没有使用全局光照明，因此，只要重新设置渲染尺寸即可，渲染完毕后依照前面的操作将结果保存为"标准层住宅楼（下午 5 时光照渲染效果）.tif"文件。

Step 5 将该场景文件保存为"标准层住宅楼（下午 5 时光照效果渲染输出）.max"文件。

8.2 标准层住宅楼的后期处理

在 3ds Max 建筑设计中，后期处理是建筑设计中非常关键的一环，这一节将对标准层住宅场景进行后期处理，其后期处理效果分为两种效果，一种是正午 12 时的后期出处理效果，如图 8-49 所示；另一种是下午 5 时的后期处理效果，如图 8-50 所示。

图 8-49

图 8-50

8.2.1 标准层住宅楼正午 12 时效果后期处理

素材文件	渲染效果\第 8 章\标准层住宅楼（正午 12 时光照渲染效果）.tif
后期素材	"后期素材"文件夹下
效果文件	后期处理\标准层住宅楼（正午 12 时光照后期处理）.psd
视频文件	视频文件\第 8 章\标准层住宅楼（正午 12 时光照后期处理）.swf

本小节首先进行正午 12 时的后期效果的制作。在后期处理时，首先要替换背景，然后再进行画面构图，最后根据设计要求添加相关配景，以丰富场景，其结果如图 8-51 所示。

图 8-51

（1）分离背景图像并设置画布大小

Step 1 首先启动 Photoshop 软件，打开素材文件"标准层住宅楼（正午 12 时光照渲染效果）.tif"文件。

Step 2 将【背景】层处于当前层，打开【通道】面板，按住键盘中的【Ctrl】键的同时单击

【Apha1】通道，载入建筑模型的选择区，如图 8-52 所示。

图 8-52

　　由于通道包含了地面，因此还需要将地面选区从该选区中减去。

Step 3　在工具箱中激活【多边形套索】工具 ，在其工具选项栏中激活【从选区中减去】按钮 ，并设置其他参数，如图 8-53 所示。

图 8-53

Step 4　在图像中沿楼体底部，将地面图像的选区从已有选区中减去，如图 8-54 所示。减去地面选区后的效果如图 8-55 所示。

图 8-54

Step 5　在图像中单击鼠标右键，在弹出的快捷菜单中选择【通过剪切的图层】命令，如图 8-56 所示，将选择的建筑模型从背景中分离出来，结果如图 8-57 所示。

图 8-55

图 8-56

图 8-57

Step 6　将【背景】层删除，执行菜单栏中的【图像】/【画布大小】命令，在打开的【画布大小】对话框中设置参数，如图 8-58 所示。

图 8-58

Step 7 确认设置画布大小，结果如图 8-59 所示。

图 8-59

（2）复制建筑模型

Step 1 在【图层】面板中激活建筑模型所在的【图层 1】，按键盘上的【Ctrl】+【J】组合键两次，将其复制为【图层 1 副本】和【图层 1 副本 2】层。

Step 2 激活【图层 1 副本】层，按【Ctrl】+【T】组合键，为该图层添加【自由变换】工具，然后在其工具选项栏设置缩放比例为 60%，之后将其拖到画面右边位置，如图 8-60 所示。

图 8-60

Step 3 按【Enter】键确认，然后激活【图层 1 副本 2】层，使用相同的方法，对其进行等比例缩放，并调整其位置到画面左边位置，结果如图 8-61 所示。

图 8-61

Step 4 再次按键盘上的【Ctrl】+【J】组合键一次，将【图层 1 副本 2】复制为【图层 1 副本 3】，使用【自由变换】工具将其等比例缩放80%，然后调整其位置，如图 8-62 所示。

图 8-62

Step 5 按【Enter】键确认，然后在【图层】面板中将【图层 1 副本 3】层拖到【图层 1】下方位置，使其位于【图层 1】的下方，结果如图 8-63 所示。

图 8-63

（3）添加配景文件

Step 1 双击图像窗口，打开本书光盘"后期素材"文件夹下的"天空 01.jpg"的素材文件。

Step 2 将该素材文件拖到当前场景中，图像生成【图层 2】，并位于【图层 1 副本 3】层的下方，使用【自由变换】工具调整大小，使其与场景文件大小相同，效果如图 8-64 所示。

图 8-64

Step 3　再次打开本书光盘"后期素材"文件夹下的"天空 02.jpg"的素材文件，将其拖到当前场景中，图像生成【图层 3】。

Step 4　在【图层】面板调整该图像，使其位于【图层 2】的上方，并使用【自由变换】工具调整大小，使其与场景文件大小相同，然后在【图层】面板中调整该图层的混合模式为【变亮】，效果如图 8-65 所示。

图 8-65

Step 5　继续打开"草地.jpg"文件，将其拖至场景文件中，图像生成【图层 4】。

Step 6　在【图层】面板中调整其位置，使其位于【图层 3】的上方，然后调整大小及位置如图 8-66 所示。

图 8-66

Step 7　继续打开"道路.psd"素材文件，将其拖到当前文件中，图像生成【图层 5】。

Step 8　在【图层】面板中调整其位置，使其位于【图层 4】的上方，然后调整大小及位置如图 8-67 所示。

图 8-67

Step 9　继续添加树木等素材。继续打开"树.psd""树 01.psd"文件，将其拖至当前场景文件中，调整位置与大小，如图 8-68 所示。

图 8-68

Step 10　继续打开本书光盘"后期素材"文件夹下的"人物.psd"文件，将其拖至图像中，调整大小及位置，如图 8-69 所示。

图 8-69

Step 11　继续打开本书光盘"后期素材"文件夹下的"树 02.psd"和"树 03.psd"文件，将其拖至图像中，调整大小及位置，如图 8-70 所示。

图 8-70

Step 12　至此，标准层住宅楼（正午 12 时光照渲染效果）的后期处理完毕，将该文件保存为"标准层住宅楼（正午 12 时光照后期处理）.psd"文件。

8.2.2 制作标准层住宅楼鸟瞰规划效果图

素材文件	线架文件\第8章\标准层住宅楼（下午17时光照效果渲染输出）.max
	场景文件\地形图.max
效果文件	线架文件\第8章\标准层住宅楼（下午17时光照鸟瞰规划效果图）.tif
视频文件	视频文件\第8章\标准层住宅楼（下午17时光照鸟瞰规划效果图）.swf

所谓鸟瞰是指像鸟儿一样由高处向下观察所看到的效果。鸟瞰图一般适合表现大场景，如表现整个住宅小区的规划效果，这种效果一般带有地形图。本小节我们就来制作标准层住宅楼鸟瞰效果图，首先来导入地形图，并复制楼群，结果如图 8-71 所示。

图 8-72

图 8-71

Step 1 打开素材文件。

Step 2 选择地面模型将其删除，然后选择住宅楼，将其成组。

Step 3 执行【合并】命令，选择随书光盘"场景文件"文件夹下的"地形图.max"文件，然后在打开的【合并-地形图】对话框中选择所有对象，如图 8-72 所示。

Step 4 单击 确定 按钮，将地形图全部合并到当前场景中，调整其位置，如图 8-73 所示。

Step 5 在顶视图中将楼体模型进行复制，并调整到合适的位置，结果如图 8-74 所示。

图 8-73

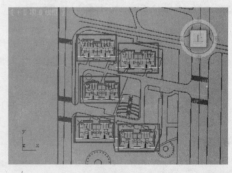

图 8-74

Step 6 按住【Alt】键，在透视图中按住鼠标中键拖曳鼠标指针，调整视图的视角为鸟瞰效果，结果如图 8-75 所示。

Step 7 激活透视图，按【F9】键快速渲染透视图查看效果，结果如图 8-76 所示。

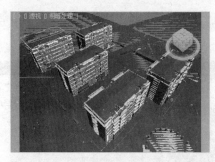

图 8-75

图 8-76

Step 8　通过渲染发现，光照效果以及规划布局都不错。打开【渲染设置】对话框，重新设置较大的渲染尺寸，进行最后的渲染，并将渲染结果保存，完成"标准层住宅楼（下午 17 时光照鸟瞰规划效果图"的制作。

Step 9　将渲染结果保存为"标准层住宅楼（下午 17 时光照鸟瞰规划效果图）.tif"文件，将场景文件保存为"标准层住宅楼（下午 17 时光照鸟瞰规划效果图）.max"文件。

8.2.3　标准层住宅楼鸟瞰规划效果图的后期处理

素材文件	渲染效果\第 8 章\标准层住宅楼（下午 17 时光照鸟瞰规划效果图）.tif
后期处理	"后期素材"文件夹下
效果文件	后期处理\标准层住宅楼（下午 17 时光照鸟瞰规划效果后期处理）.psd
视频文件	视频文件\第 8 章\标准层住宅楼（下午 17 时光照鸟瞰规划效果后期处理）.swf

本小节我们继续对标准层住宅楼鸟瞰效果图

进行后期处理，该后期处理比较简单，只需要添加相关配景文件即可。需要注意的是，添加的配景文件其光效、阴影等必须与鸟瞰场景相协调，尤其是光影效果一定要符合场景的时间与光照效果，其结果如图 8-77 所示。

图 8-77

（1）添加树木并调整树木的颜色和对比度
1）添加树木图像。

由于场景是下午 17 时的光照效果，因此树木图像应该有一个明显的明暗效果，同时，阳面颜色要偏向下午 17 时光照颜色，即橙色，阴面颜色要较暗。

Step 1　首先启动 Photoshop 软件，打开素材文件"标准层住宅楼（下午 17 时光照鸟瞰规划效果图）.tif"文件。

Step 2　继续打开随书光盘"后期素材"文件夹下的"树 04.psd"素材文件。

Step 3　激活【自由套索工具】，在其工具选项栏中设置参数，如图 8-78 所示。

图 8-78

Step 4　在打开的"树 04.psd"素材文件中选择如图 8-79 所示的树图像。

Step 5　激活【移动工具】，将选择的树木图像拖到鸟瞰场景文件中, 图像生成【图层1】, 如图 8-80 所示。

图 8-79

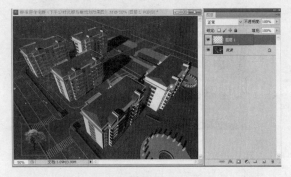

图 8-80

2) 调整树木图像的颜色和对比度。

Step 1 再次激活【自由套索工具】 ⟨e⟩, 在其工具选项栏中设置参数, 如图 8-81 所示。

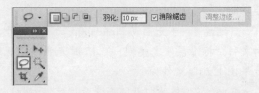

图 8-81

Step 2 在树木图像上拖曳鼠标指针, 将树木图像左边的树冠选择, 然后执行【图像】/【调整】/【色彩平衡】命令, 在打开的【色彩平衡】对话框中勾选【中间调】选项, 然后设置参数, 调整树冠的色彩, 如图 8-82 所示。

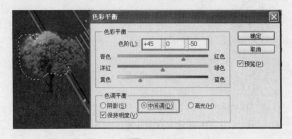

图 8-82

Step 3 继续勾选【高光】选项, 然后设置参数, 调整树冠的色彩, 如图 8-83 所示。

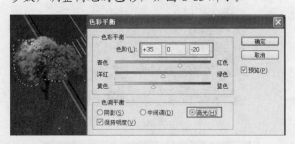

图 8-83

Step 4 单击 确定 按钮确认, 继续执行【图像】/【调整】/【亮度/对比度】命令, 在打开的【亮度/对比度】对话框中设置参数, 调整树冠的亮度和对比度, 如图 8-84 所示。

图 8-84

Step 5 单击 确定 按钮确认, 然后执行菜单栏中的【选择】/【反向】命令进行反选, 然后再次执行【图像】/【调整】/【亮度/对比度】命令, 在打开的【亮度/对比度】对话框设置参数, 调整树冠的亮度和对比度, 如图 8-85 所示。

图 8-85

Step 6 单击 确定 按钮确认, 然后按【Ctrl】+【D】组合键取消选择区, 这时发现树冠有明显的明暗对比, 另外其颜色也符合场景光照颜色效果, 如图 8-86 所示。

（2）制作树木图像的投影效果

由于场景时间为下午 17 时, 光线斜射下, 树木会在地面产生投影, 而且该投影会较长。下面

就来制作树木的投影效果。

图 8-86

Step 1　继续上面的操作。按【Ctrl】+【J】组合键将【图层 1】复制为【图层 1 副本】层，并使其位于【图层 1】的上方，如图 8-87 所示。

图 8-87

Step 2　激活【图层 1】层，按【Ctrl】+【T】组合键为【图层 1】添加自由边框，然后按住【Ctrl】键的同时拖曳变换框各控制点，对【图层 1】中的图像进行变形，结果如图 8-88 所示。

图 8-88

Step 3　按【Enter】键确认变形操作，然后执行菜单栏中的【图像】/【调整】/【亮度/对比度】命令，在打开的【亮度/对比度】对话框中设置参

数，调整阴影的亮度和对比度，如图 8-89 所示。

图 8-89

Step 4　单击 确定 按钮确认，继续执行菜单栏中的【图像】/【调整】/【曲线】命令，在打开的【曲线】对话框中设置参数，继续调整阴影，如图 8-90 所示。

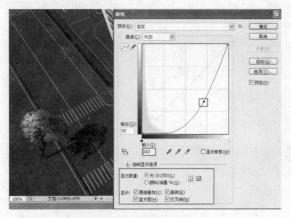

图 8-90

Step 5　单击 确定 按钮确认，完成树木阴影效果的制作，结果如图 8-91 所示。

图 8-91

Step 6　按住【Ctrl】键在【图层】面板中单击【图层 1 副本】层再单击【图层 1】，然后按【Ctrl】+【E】组合键将这两个图层合并为【图层 1】。

Step 7 多次按【Ctrl】+【J】组合键将【图层 1】复制，然后使用【自由变换】工具调整大小和位置，将其移动到场景合适位置，结果如图 8-92所示。

Step 8 至此，该鸟瞰图的后期处理制作完毕，将后期处理结果保存为"标准层住宅楼（下午 17 时光照鸟瞰规划效果后期处理）.psd"文件。

图 8-92

第 **9** 章

高层住宅设计——模型与材质

📖 **学习目标**

了解高层建筑模型的创建和材质制作技能，具体包括高层建筑底层车库模型、正立面模型、侧立面模型、屋顶模型的制作以及高层住宅材质的制作等相关技能。

📖 **学习重点**

重点掌握高层建筑正立面、侧立面和屋顶模型的制作技能。

📖 **主要内容**

- ◆ 制作高层住宅首层车库模型
- ◆ 制作高层住宅正立面墙体和窗户模型
- ◆ 制作高层住宅正立面墙体装饰模型
- ◆ 制作高层住宅侧立面墙体和背面墙体模型
- ◆ 制作高层住宅顶楼模型
- ◆ 制作高层住宅模型材质

9.1 制作高层住宅首层车库模型

素材文件	CAD 文件\高层住宅平面图.dxf、高层住宅正立面.dxf
线架文件	线架文件\第 9 章\高层住宅（首层车库模型）.max
视频文件	视频文件\第 9 章\高层住宅（首层车库模型）.swf

高层住宅建筑中，首层一般都为车库，二层以上才是住宅。这一节首先来制作该高层建筑首层车库模型，在制作时将依照 CAD 图纸来制作，其制作结果如图 9-1 所示。

图 9-1

9.1.1 调用 CAD 图纸

本小节首先来调用 CAD 图纸，并对 CAD 图纸进行整理，以便制作模型时作为参考。

Step 1 启动 3ds Max 软件。

Step 2 单击菜单栏中的【自定义】/【单位设置】命令，打开【单位设置】对话框，设置显示单位为"毫米"。

Step 3 单击【应用程序】按钮，在弹出的下拉菜单中选择【导入】命令，打开【选择要导入的文件】对话框。

Step 4 选择本书光盘 "CAD 文件" 文件夹下的 "高层住宅平面图.dxf" 文件，单击 打开(O) 按钮，弹出【AutoCAD DWG/DXF 导入选项】对话框，单击 确定 按钮，导入场景中的平面图如图 9-2 所示。

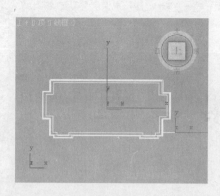

图 9-2

Step 5 继续使用相同的方法，导入本书光盘 "CAD 文件" 目录下的 "高层住宅正立面.dxf" 文件，然后在各视图中调整文件的位置，使其对齐，结果如图 9-3 所示。

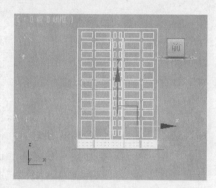

图 9-3

9.1.2 制作首层车库模型

当调用 CAD 图纸之后，在制作模型时就可以依照 CAD 图纸进行制作，这样制作的模型会更精准。本小节开始制作高层住宅首层车库模型。

Step 1 单击【创建】面板中的【图形】按钮，在【对象类型】卷展栏中单击 矩形 按钮，取消【开始新图形】的勾选，在前视图中参照图纸连续绘制矩形，如图 9-4 所示。

图 9-4

Step 2 进入【修改】面板，选择【修改器】

列表】中的【挤出】命令，设置挤出【数量】为300，然后在各视图中调整位置，如图 9-5 所示。

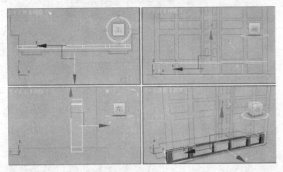

图 9-5

Step 3　单击【创建】面板中的【几何体】按钮○，在【对象类型】卷展栏中单击　长方体　按钮，在前视图中参照图纸，在左边位置连续绘制长方体，然后进入【修改】面板，调整参数，如图 9-6 所示。

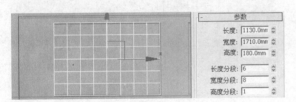

图 9-6

Step 4　将长方体转换为可编辑多边形对象，按数字【2】键进入【边】层级，在前视图中选择如图 9-7 所示的边。

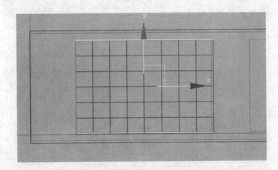

图 9-7

Step 5　向上推动【修改】面板，在【编辑边】卷展栏中单击　切角　按钮旁边的□按钮，在打开的【切角边】对话框中设置参数，如图 9-8

所示。

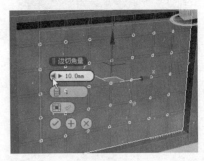

图 9-8

Step 6　单击☑按钮确认，然后按数字键【4】进入【多边形】层级，按住【Ctrl】键在透视图中选择如图 9-9 所示的多边形。

图 9-9

Step 7　在【编辑多边形】卷展栏下单击　倒角　按钮旁边的□按钮，在打开的【倒角多边形】对话框中选择【按多边形】的倒角方式，然后设置【高度】为 20、【轮廓】为-30，如图 9-10 所示。

图 9-10

Step 8　单击☑按钮确认，并退出【多边形】层级，结果如图 9-11 所示。

图 9-11

Step 9 使用相同的方法，制作出其他车库门模型，结果如图 9-12 所示。

图 9-12

Step 10 在顶视图中选择建筑平面图，此时发现该建筑平面图也是可编辑的样条线对象，如图 9-13 所示。

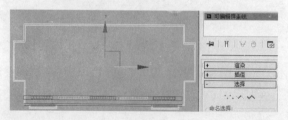

图 9-13

Step 11 按数字键【3】进入【样条线】层级，然后在顶视图中选择如图 9-14 所示的样条线。

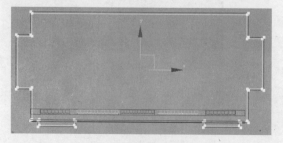

图 9-14

Step 12 向上推动【修改】面板，在【几何体】卷展栏下单击 分离 按钮，此时弹出【分

离】对话框，如图 9-15 所示。

图 9-15

Step 13 单击 确定 按钮，将该样条线从可编辑的样条线对象中分离为"图形 002"图形对象。

Step 14 退出【样条线】层级，然后选择分离的"图形 002"对象，在【修改器列表】中选择【挤出】修改器，并设置挤出【数量】为 150mm，然后在前视图中将其向上移动到车库上方位置，结果如图 9-16 所示。

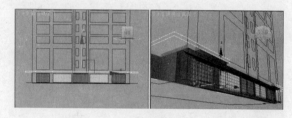

图 9-16

Step 15 继续在前视图中车库位置绘制如图 9-17 所示的二维线图形。

图 9-17

Step 16 按数字键【3】进入【样条线】层级，然后选择绘制的线，在【几何体】卷展栏下设置【轮廓】值为-385，如图 9-18 所示。

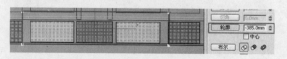

图 9-18

Step 17 单击【轮廓】按钮，为该二维线添加轮廓，结果如图 9-19 所示。

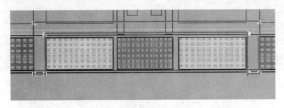

图 9-19

Step 18 退出【样条线】层级,在【修改器列表】中选择【挤出】修改器,设置【数量】为 900mm,然后在顶视图中将其调整到合适的位置,结果如图 9-20 所示。

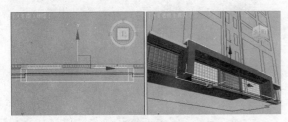

图 9-20

Step 19 至此,首层车库模型制作完毕。将该场景文件保存为"高层住宅(首层车库模型).max"文件。

9.2 制作高层住宅正立面墙体和窗户模型

素材文件	线架文件\第 9 章\高层住宅(首层车库模型).max
线架文件	线架文件\第 9 章\高层住宅(正立面墙体和窗户模型).max
视频文件	视频文件\第 9 章\高层住宅(正立面墙体和窗户模型).swf

本节继续制作正立面墙体和窗户模型,这些模型的创建比较简单,正立面墙体可以直接对 CAD 图纸拉伸来完成,而窗户模型则可以通过创建长方体,然后使用编辑多边形的方法进行创建。制作完成的高层住宅正立面墙体和窗户模型效果如图 9-21 所示。

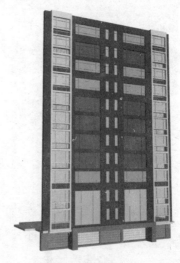

图 9-21

9.2.1 制作高层正立面墙体模型

本小节首先制作高层住宅的正立面墙体模型,在制作正立面墙体模型时,可以直接对正立面墙体的 CAD 图形进行拉伸,以创建出正立面墙体模型。

Step 1 在前视图中选择高层住宅正立面 CAD 图,发现该图形为可编辑的样条线图形对象,如图 9-22 所示。

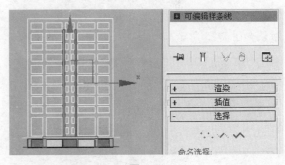

图 9-22

Step 2 按数字键【3】进入【样条线】层级,按住【Ctrl】键在前视图中选择下方车库门轮廓线和中间两条竖直矩形样条线对象,如图 9-23 所示。

Step 3 向上推动面板,在【几何体】卷展栏下单击 分离 按钮,弹出【分离】对话框,如图 9-24 所示。

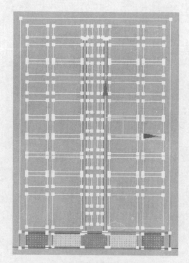

图 9-23

图 9-24

Step 4 单击 确定 按钮,将选择的样条线从立面图中分离出来。

Step 5 退出【样条线】层级,然后重新选择正立面图,在【修改器列表】中选择【挤出】修改器,设置【数量】为 300,以挤出墙体模型,结果如图 9-25 所示。

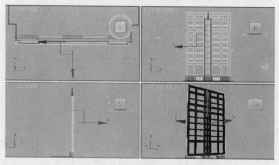

图 9-25

9.2.2 制作高层正立面墙体窗户模型

本小节继续在正立面墙体的基础上制作高层

住宅的正立面墙体窗户模型。在制作正立面墙体窗户模型时,一定要依据 CAD 图纸中窗洞的大小和形状来制作,其制作方法可以采用编辑多边形的方法来制作。

(1)制作高层正立面墙体窗户模型

Step 1 继续 9.2.1 小节的操作。在二层中间窗户洞位置创建长方体模型,并设置参数,如图 9-26 所示。

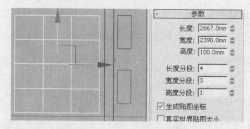

图 9-26

Step 2 将该长方体转换为可编辑的多边形对象,按数字键【1】进入【顶点】层级,在前视图中调整各顶点,结果如图 9-27 所示。

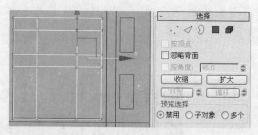

图 9-27

Step 3 按数字键【4】进入【多边形】层级,在前视图中选择如图 9-28 所示的多边形。

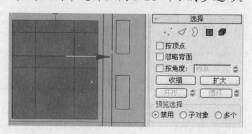

图 9-28

Step 4 向上推动【修改】面板,在【编辑多边形】卷展栏中单击 插入 按钮旁边的 □ 按钮,在打开的【插入多边形】对话框中设置参数,如

图 9-29 所示。

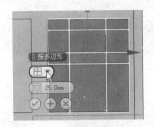

图 9-29

Step 5　单击☑按钮确认，然后单击 挤出 按钮旁边的▢按钮，在打开的【挤出多边形】对话框中设置参数，如图 9-30 所示。

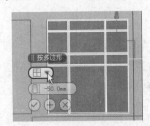

图 9-30

Step 6　单击☑按钮确认，然后在【多边形：材质 ID】卷展栏中设置窗户玻璃的材质 ID 为 1，如图 9-31 所示。

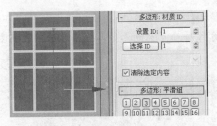

图 9-31

Step 7　执行【编辑】/【反选】命令反选窗框模型，继续在【多边形：材质 ID】卷展栏中设置窗框的材质 ID 为 2，如图 9-32 所示。

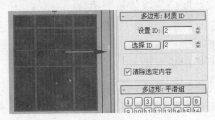

图 9-32

Step 8　退出【多边形】层级，然后在顶视图中将该窗户调整到窗洞位置，结果如图 9-33 所示。

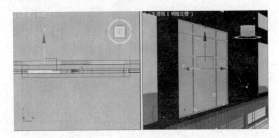

图 9-33

Step 9　在前视图将制作的窗户模型沿 x 轴以【实例】方式复制到右边窗户位置，结果如图 9-34 所示。

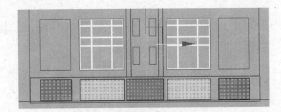

图 9-34

Step 10　继续在前视图中依照 CAD 图纸创建长方体模型，在【修改】面板修改参数，如图 9-35 所示。

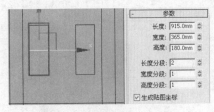

图 9-35

Step 11　将该长方体转换为可编辑的多边形对象，按数字键【1】进入【顶点】层级，在前视图中调整各顶点，结果如图 9-36 所示。

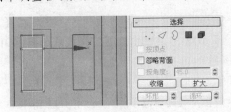

图 9-36

Step 12 按【4】数字键进入【多边形】层级，在前视图中选择如图 9-37 所示的多边形。

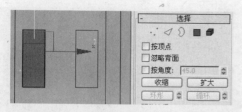

图 9-37

Step 13 向上推动【修改】面板，在【编辑多边形】卷展栏中单击 插入 按钮旁边的 □ 按钮，在打开的【插入多边形】对话框中设置参数，如图 9-38 所示。

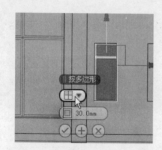

图 9-38

Step 14 单击 ✓ 按钮确认，然后单击 挤出 按钮旁边的 □ 按钮，在打开的【挤出多边形】对话框中设置参数，如图 9-39 所示。

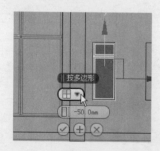

图 9-39

Step 15 单击 ✓ 按钮确认，然后在【多边形:材质 ID】卷展栏中设置窗户玻璃的材质 ID 为 1，如图 9-40 所示。

Step 16 执行【编辑】/【反选】命令反选窗框模型，继续在【多边形:材质 ID】卷展栏中设置窗框的材质 ID 为 2，如图 9-41 所示。

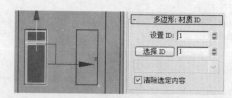

图 9-40

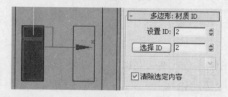

图 9-41

Step 17 退出【多边形】层级，然后在顶视图中将该窗户调整到窗洞位置，结果如图 9-42 所示。

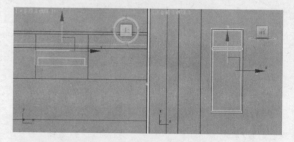

图 9-42

Step 18 在前视图中将该小窗户向右以【实例】方式移动复制到右边窗洞位置，结果如图 9-43 所示。

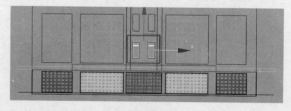

图 9-43

（2）制作前墙体装饰模型

Step 1 依据 CAD 图纸在前视图中左边窗户位置创建一个 17250×1968 的大矩形，然后在大矩形内绘制两个 912×1681 和 433×1681 的小矩形，并将其排列如图 9-44 所示。

Step 2 选择两个小矩形，将其沿 y 轴向下进行复制，复制间距为 50mm，结果如图 9-45 所示。

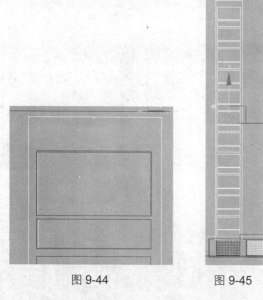

图 9-44　　　　　　图 9-45

Step 3　将大矩形转换为可编辑的样条线对象，然后将所有小矩形全部附加，然后在【修改器列表】中选择【挤出】修改器，设置挤出【数量】为 300mm，在顶视图中将其移动到前墙体的下方位置，结果如图 9-46 所示。

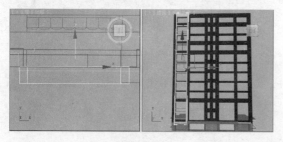

图 9-46

（3）制作墙体装饰模型窗户

Step 1　在前视图中依据拉伸模型的窗洞大小创建一个长方体，在【修改】面板修改参数，如图 9-47 所示。

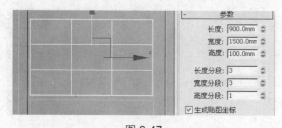

图 9-47

Step 2　将该长方体转换为可编辑的多边形对象，按【1】数字键进入【顶点】层级，在前视图中调整各顶点，结果如图 9-48 所示。

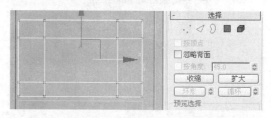

图 9-48

Step 3　按【4】数字键进入【多边形】层级，在前视图中选择如图 9-49 所示的多边形。

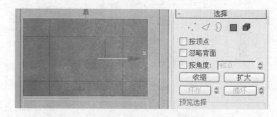

图 9-49

Step 4　向上推动【修改】面板，在【编辑多边形】卷展栏中单击 插入 按钮旁边的 按钮，在打开的【插入多边形】对话框中设置参数，如图 9-50 所示。

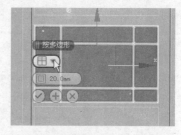

图 9-50

Step 5　单击 按钮确认，然后单击 挤出 按钮旁边的 按钮，在打开的【挤出多边形】对话框中设置参数，如图 9-51 所示。

Step 6　单击 按钮确认，然后在【多边形：材质 ID】卷展栏中设置窗户玻璃的材质 ID 为 1，反选，再次设置窗框材质 ID 为 2。

Step 7　退出【多边形】层级，然后在顶视图中将该窗户调整到窗洞位置，结果如图 9-52 所示。

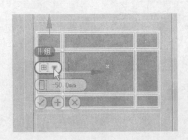

图 9-51

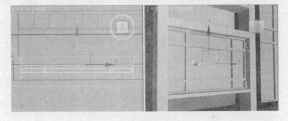

图 9-52

Step 8 继续在该窗户下方的窗框位置创建两个长方体，修改参数如图 9-53 所示。

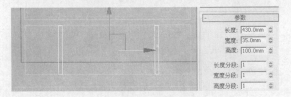

图 9-53

Step 9 切换到左视图，在该长方体位置创建【半径】为 10mm、【高度】为 1500mm 的圆柱体，如图 9-54 所示。

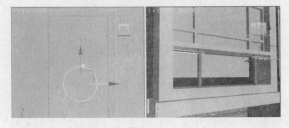

图 9-54

Step 10 在左视图中将创建的圆柱体以【实例】方式沿 y 轴向下复制 8 个，结果如图 9-55 所示。

Step 11 以【实例】方式将制作的窗户模型和墙面装饰模型向右复制到墙面右侧位置，将

中间小窗户沿 y 轴向上复制到墙面窗洞位置，结果如图 9-56 所示。

图 9-55

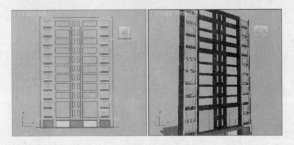

图 9-56

Step 12 依照前面制作窗户的方法，继续在前视图中间窗洞位置创建长方体，修改参数如图 9-57 所示。

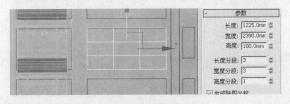

图 9-57

Step 13 将该长方体转换为可编辑多边形对象，然后依照前面创建窗户的方法，创建出窗户模型，并为窗户玻璃和窗框设置材质 ID 号，结果如图 9-58 所示。

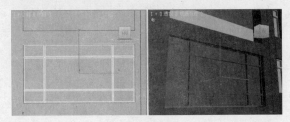

图 9-58

Step 14　继续以【实例】方式将创建的窗户移动复制到其他窗洞位置，完成窗户的创建，结果如图 9-59 所示。

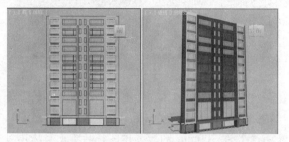

图 9-59

Step 15　至此，高层正立面墙体和窗户模型制作完毕，将该场景保存为"高层住宅（正立面墙体和窗户模型）.max"文件。

9.3 制作高层住宅正立面墙体装饰模型

素材文件	线架文件\第 9 章\高层住宅（正立面墙体和窗户模型）.max
线架文件	线架文件\第 9 章\高层住宅（正立面墙体装饰模型）.max
视频文件	视频文件\第 9 章\高层住宅（正立面墙体装饰模型）.swf

本节继续制作正立面墙体装饰模型，对正立面墙体模型进行美化和完善，其效果如图 9-60 所示。

图 9-60

Step 1　继续 9.2.2 小节操作，或者直接打开素材文件。

Step 2　选择车库顶的墙面装饰模型，将其以【复制】方式继续向上复制到第 2 个窗户上方、第 3 个窗户下方，然后修改其挤出【数量】为 50，结果如图 9-61 所示。

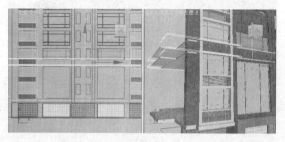

图 9-61

Step 3　在顶视图中选择上一节分离后的另一个内部的平面图线，如图 9-62 所示。

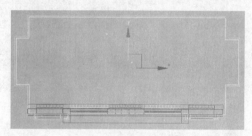

图 9-62

Step 4　按数字【1】键进入【顶点】层级，在顶视图中以窗口选择方式选择如图 9-63 所示的 8 个顶点，然后按【Delete】键将其删除。

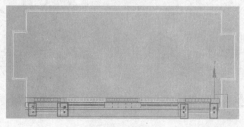

图 9-63

Step 5　按数字【3】键进入【样条线】层级，选择该样条线对象，在【几何体】卷展栏下设置【轮廓】值为 40，对其设置轮廓效果。

Step 6　再次按数字【3】键退出【样条线】

层级，在【修改器列表】中选择【挤出】修改器，设置挤出【数量】为 500mm，然后将其向上移动到墙面装饰模型的中间，如图 9-64 所示。

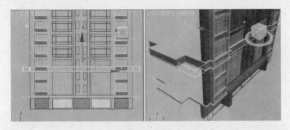

图 9-64

Step 7 选择墙面装饰模型以及拉伸对象，在前视图中将其沿 y 轴向上进行移动复制到其他位置，效果如图 9-65 所示。

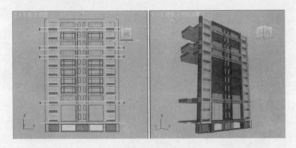

图 9-65

Step 8 继续依据 CAD 图纸，在前视图中正面墙体中间位置创建【长度】为 15595mm、【宽度】为 250mm、【高度】为 250mm 的两个长方体作为墙面的另一个装饰模型，效果如图 9-66 所示。

图 9-66

Step 9 继续在前视图中二层小窗户上方位置绘制【长度】为 510mm、【宽度】为 2160mm、【高度】为 260mm 的长方体，将其与正面墙体对齐，如图 9-67 所示。

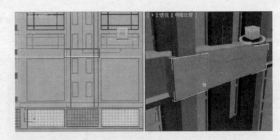

图 9-67

Step 10 继续在前视图中该长方体的上方位置绘制【长度】为 50mm、【宽度】为 2333mm、【高度】为 300mm 的长方体，将其与正面墙体对齐，如图 9-68 所示。

图 9-68

Step 11 将这两个长方体成组，然后在前视图中将其沿 y 轴向上复制到其他位置，结果如图 9-69 所示。

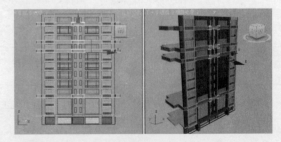

图 9-69

Step 12 激活 矩形 按钮，在前视图中创建矩形，进入【修改】面板，设置参数如图 9-70 所示。

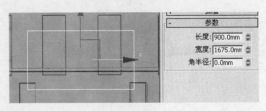

图 9-70

Step 13　激活　弧　按钮，继续在前视图中矩形上方中创建圆弧，进入【修改】面板，修改参数，如图 9-71 所示。

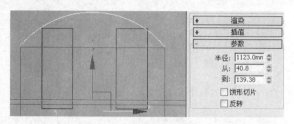

图 9-71

Step 14　将矩形转换为可编辑的样条线对象，并将其与圆弧附加，然后按【3】数字键进入【线段】层级，选择矩形上方的水平边将其删除，结果如图 9-72 所示。

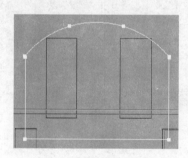

图 9-72

Step 15　按数字键【1】进入【顶点】层级，以窗口选择方式选择如图 9-73 所示的顶点，然后单击【几何体】卷展栏下的　焊接　按钮将其焊接。

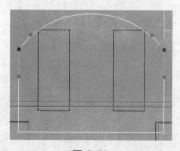

图 9-73

Step 16　按数字键【3】进入【样条线】层级，单击选择焊接顶点后的线段，在【几何体】卷展栏中设置【轮廓】值为 215.5，单击　焊接　按钮设置轮廓，结果如图 9-74 所示。

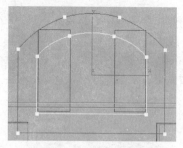

图 9-74

Step 17　再次按数字键【3】退出【样条线】层级，在【修改器列表】中选择【挤出】修改器，设置挤出【数量】为 300mm，结果如图 9-75 所示。

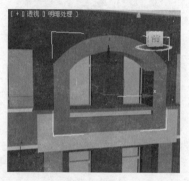

图 9-75

Step 18　至此，高层住宅楼正立面墙体装饰模型创建完毕，将该场景保存为"高层住宅（正立面墙体装饰模型）.max"文件。

9.4 制作高层住宅侧立面墙体和背面墙体模型

素材文件	线架文件\第 9 章\高层住宅（正立面墙体装饰模型）.max
线架文件	线架文件\第 9 章\高层住宅（侧立面墙体模型）.max
视频文件	视频文件\第 9 章\高层住宅（侧立面墙体模型）.swf

本节继续制作高层住宅的侧立面墙体和背面墙体模型，由于背面墙体模型不在摄像机镜头之内，因此背面墙体窗户不用创建，只需要创建一个长方体作为背面墙体模型即可，其结果如图 9-76 所示。

设置挤出【数量】为 18610mm，设置【分段】为 24，结果如图 9-80 所示。

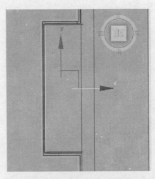

图 9-78　　　　图 9-79

图 9-76

（1）建立侧立面墙面模型

Step 1　继续 9.3 节的操作，或者打开素材文件。在顶视图中 CAD 平面图左边位置创建长方体作为高层住宅的侧立面墙面模型，进入【修改】面板，设置参数如图 9-77 所示。

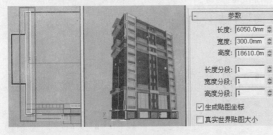

图 9-77

Step 2　继续在顶视图以 CAD 图纸中绘制侧楼的轮廓线，如图 9-78 所示。

Step 3　按数字键【3】进入【样条线】层级，选择绘制的线，在【几何体】卷展栏下设置【轮廓】值为 240，单击 焊接 按钮设置轮廓，结果如图 9-79 所示。

Step 4　再次按数字键【3】退出【样条线】层级，在【修改器列表】中选择【挤出】修改器，

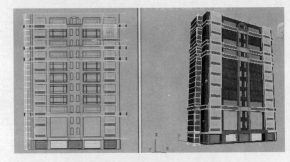

图 9-80

Step 5　将该拉伸体转换为可编辑的多边形对象，按数字键【1】进入【顶点】层级，选择各顶点，调整各窗洞线的位置，然后激活【快速切片】按钮，在前视图中对拉伸体进行垂直切片，以切出窗户的垂直边线，如图 9-81 所示。

Step 6　按数字【3】键进入【多边形】层级，按住【Ctrl】键在前视图中选择结果如图 9-82 所示的窗洞位置的多边形。

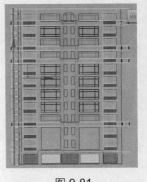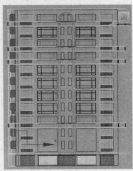

图 9-81　　　　图 9-82

Step 7　在【编辑多边形】卷展栏下单击 挤出 按钮旁边的□按钮，在打开的【挤出多边形】对话框中设置参数，如图 9-83 所示。

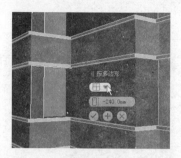

图 9-83

Step 8　单击✔按钮确认，完成窗洞的创建。

（2）创建侧墙上的窗户模型

Step 1　在前视图中侧墙窗洞位置创建长方体，进入【修改】面板，设置参数如图 9-84 所示。

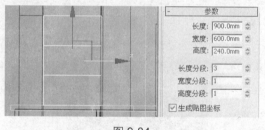

图 9-84

Step 2　将该长方体转换为可编辑的样条线对象，然后依照前面创建窗户的方法，创建出侧墙窗户模型，为窗户玻璃和窗框设置材质 ID 号，然后将其复制到其他窗洞位置，结果如图 9-85 所示。

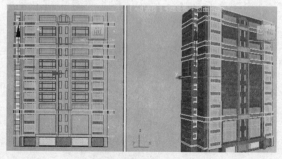

图 9-85

Step 3　再次选择侧立面墙体和窗户模型，将其群组，并在前视图中将其沿 x 轴以【实例】

方式镜像到右侧墙面位置，效果如图 9-86 所示。

图 9-86

Step 4　继续在顶视图中创建一个长方体，在【修改】面板调整参数如图 9-87 所示，作为高层住宅的背面墙体模型。

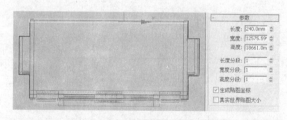

图 9-87

Step 5　调整透视图查看模型效果，结果如图 9-88 所示。

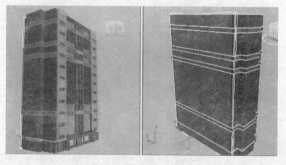

图 9-88

Step 6　至此，高层住宅楼侧面墙体和背面墙体模型创建完毕，快速渲染透视图，效果如图 9-89 所示。

图 9-89

Step 7 将该场景保存为"高层住宅（侧立面墙体模型）.max"文件。

9.5 制作高层住宅顶楼模型

素材文件	线架文件\第 9 章\高层住宅（侧立面墙体模型）.max
线架文件	线架文件\第 9 章\高层住宅（顶楼模型）.max
视频文件	视频文件\第 9 章\高层住宅（顶楼模型）.swf

本节继续制作高层住宅的顶层模型，该顶层模型整体呈人字形坡面造型，其结果如图 9-90 所示。

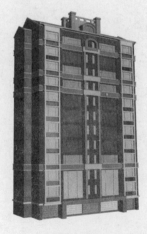

图 9-90

（1）制作顶楼模型

Step 1 继续 9.4 节的操作，或打开素材文件。

Step 2 在左视图中侧墙上方位置绘制如图 9-91 所示的二维图形。

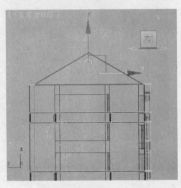

图 9-91

Step 3 进入【修改】面板，在【修改器列表】中选择【挤出】修改器，设置【数量】为 12522.5mm，结果如图 9-92 所示。

图 9-92

Step 4 继续在左视图中沿屋面上方位置绘制如图 9-93 所示的图线。

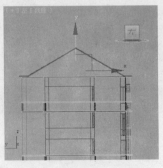

图 9-93

Step 5　按数字【3】键进入【样条线】层级，选择绘制的图线，在【几何体】卷展栏下设置【轮廓】为-125mm，结果如图 9-94 所示。

图 9-94

Step 6　退出【样条线】层级，在【修改器列表】中选择【挤出】修改器，并设置挤出【数量】为 150mm，结果如图 9-95 所示。

图 9-95

Step 7　将该模型复制到另一侧面位置，然后在左视图中屋面右边位置创建【长度】为 125.5mm、【宽度】为 445mm、【高度】为 12522.5mm 的长方体，作为屋面的屋檐，如图 9-96 所示。

图 9-96

Step 8　制作侧面的屋顶模型。选择制作好的屋顶模型，执行菜单栏中的【编辑】/【克隆】命令，在弹出的【克隆选项】对话框设置参数，如图 9-97 所示。

图 9-97

Step 9　单击 确定 按钮将该屋顶复制，然后进入该模型的【顶点】层级，调整各顶点如图 9-98 所示。

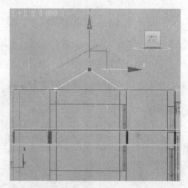

图 9-98

Step 10　在修改器堆栈下进入到【挤出】层级，修改挤出【数量】为 900mm，结果如图 9-99 所示。

图 9-99

Step 11 使用相同的方法，继续将屋檐模型复制，并调整顶点以及【挤出】数量，制作出侧面屋顶模型，结果如图 9-100 所示。

图 9-100

Step 12 将左侧的屋面以【实例】方式复制到右侧屋面位置。

（2）制作屋面拱形装饰模型

Step 1 在前视图中将顶层拱形模型以【复制】方式复制到屋面位置，然后修改其挤出【数量】为 2272.5mm，结果如图 9-101 所示。

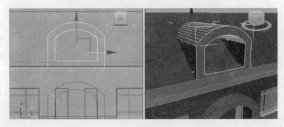

图 9-101

Step 2 制作拱形模型的顶面模型。继续在前视图中屋顶拱形模型上方绘制如图 9-102 所示的二维线图形。

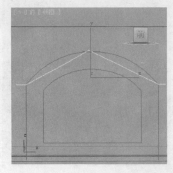

图 9-102

Step 3 按数字【1】键进入【顶点】层级，调整线的形态如图 9-103 所示。

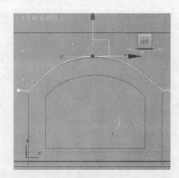

图 9-103

Step 4 按数字【3】键进入【样条线】层级，选择该图线，在【几何体】卷展栏下设置【轮廓】值为 50mm，为其添加轮廓，结果如图 9-104 所示。

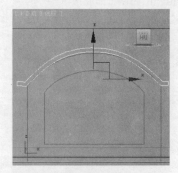

图 9-104

Step 5 再次按数字【3】键退出【样条线】层级，在【修改器列表】中选择【挤出】修改器，设置挤出【数量】为 2400mm，效果如图 9-105 所示。

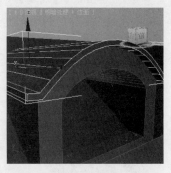

图 9-105

Step 6 在前视图中将该拱形顶面模型以

【复制】方式向上复制一个，然后选择原拱形顶面模型，进入【顶点】层级，在前视图中将两端的两个顶点向内进行调整，结果如图 9-106 所示。

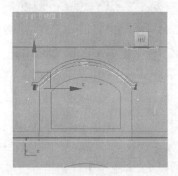

图 9-106

Step 7　退出【顶点】层级，进入【挤出】层级，修改挤出【数量】为 2350mm，结果如图 9-107 所示。

图 9-107

（3）下面制作拱形模型的窗户模型

Step 1　选择拱形模型，进入到【样条线】层级，然后选择如图 9-108 所示的样条线。

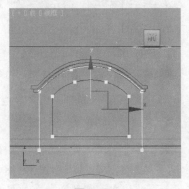

图 9-108

Step 2　向上推动【修改】面板，在【几何体】卷展栏下的 分离 按钮旁勾选【复制】选项，然后单击 分离 按钮，在弹出的【分离】对话框中将其命名为"拱形窗户"，如图 9-109 所示。

图 9-109

Step 3　单击 确定 按钮，将该样条线分离。

Step 4　选择分离的"拱形窗户"对象，为其添加【挤出】修改器，设置挤出【数量】为 10，结果如图 9-110 所示。

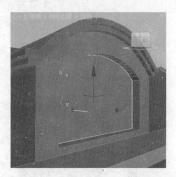

图 9-110

Step 5　最后在前视图中创建长方体作为窗框，完成该拱形窗户的制作，该操作简单，在此不再详述，如图 9-111 所示。

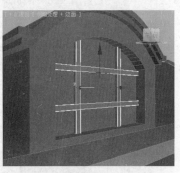

图 9-111

（4）制作顶楼装饰模型

Step 1　在顶视图中拱形模型位置创建【长

度】为 3000mm、【宽度】为 4000mm 的长方形对象。

Step 2 将长方形转换为可编辑的样条线对象，进入【线段】层级，将两条水平边拆分为 3 段，将两条垂直边拆分为 2 段，效果如图 9-112 所示。

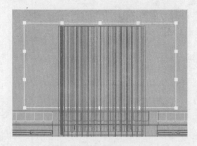

图 9-112

Step 3 进入【样条线】层级，为其设置【轮廓】为 100mm，然后为其添加【挤出】修改器，设置挤出【数量】为 1800mm，【分段】为 2，效果如图 9-113 所示。

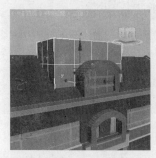

图 9-113

Step 4 将挤出对象转换为可编辑多边形对象，然后进入【顶点】层级，调整水平顶点的位置如图 9-114 所示。

Step 5 进入【多边形】层级，按住【Ctrl】键选择如图 9-115 所示的多边形。

图 9-114

图 9-115

Step 6 向上推动【修改】面板，在【编辑多边形】卷展栏中单击 插入 按钮旁边的 □ 按钮，在打开的【插入多边形】对话框中设置参数，如图 9-116 所示。

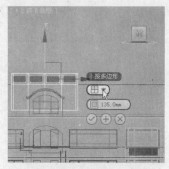

图 9-116

Step 7 单击 ☑ 按钮确认，然后单击 挤出 按钮旁边的 □ 按钮，在打开的【挤出多边形】对话框中设置参数，如图 9-117 所示。

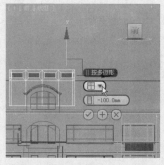

图 9-117

Step 8 单击 ☑ 按钮确认，然后按【Delete】键将挤出的多边形删除，结果如图 9-118 所示。

Step 9 继续在该模型的一角位置创建【长

度】为 550mm、【宽度】为 550mm、【高度】为 2000mm 的长方体，如图 9-119 所示。

图 9-118

图 9-119

Step 10 将该长方体转换为可编辑的多边形对象，进入【多边形】层级，选择顶面多边形，在【编辑多边形】卷展栏中单击 倒角 按钮旁边的□按钮，在打开的【插入多边形】对话框中设置参数，如图 9-120 所示。

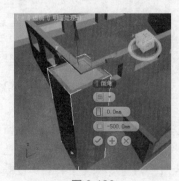

图 9-120

Step 11 单击±按钮，然后重新设置参数如图 9-121 所示。

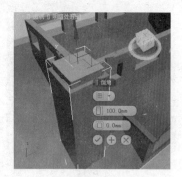

图 9-121

Step 12 单击±按钮，然后重新设置参数如图 9-122 所示。

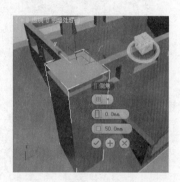

图 9-122

Step 13 单击±按钮，然后重新设置参数如图 9-123 所示。

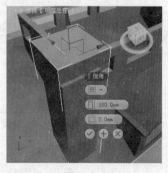

图 9-123

Step 14 单击☑按钮确认，完成该模型的创建，然后在顶视图中将该模型复制到其他 3 个角位置，结果如图 9-124 所示。至此，该高层住宅楼屋顶模型创建完毕，快速渲染透视图查看效果，结果如图 9-125 所示。

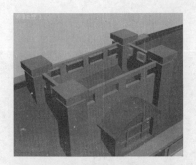

图 9-124

图 9-125

Step 15 将该模型保存为"高层住宅（顶楼模型）.max"文件。

9.6 制作高层住宅模型材质

素材文件	线架文件\第 9 章\高层住宅（顶楼模型）.max
贴图文件	"maps" 文件夹下
线架文件	线架文件\第 9 章\高层住宅（材质）.max
视频文件	视频文件\第 9 章\高层住宅（材质）.swf

一般情况下，室外建筑模型的材质都不多，其制作过程也比较简单。这一节继续为高层住宅楼模型制作材质，其材质主要有外墙面乳胶漆材质、屋面瓦材质以及窗户材质。制作材质后的效

果如图 9-126 所示。

图 9-126

9.6.1 制作墙面乳胶漆材质

本小节首先制作住宅楼的墙面乳胶漆材质，该材质分为两种，一种是浅黄色乳胶漆材质；另一种是白色乳胶漆材质。

（1）制作面乳胶漆材质

Step 1 打开素材文件。

Step 2 设置当前渲染器为【V-Ray Adv 2.00.03】渲染器。

Step 3 打开【材质编辑器】，选择一个空的示例球，将其命名为"墙面白色乳胶漆"。

Step 4 单击 Standard 按钮，在打开的【材质/贴图浏览器】对话框中展开【V-Ray Adv 2.00.03】选项，然后双击【VRayMtl】选项，如图 9-127 所示。

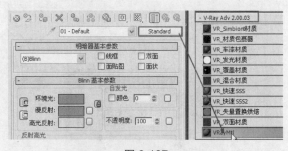

图 9-127

Step 5 进入【VRayMtl】的【基本参数】卷展栏，设置【漫反射】颜色为一种白色（R:236、G:227、B:217），其参数设置如图 9-128 所示。

Step 6 单击【反射】颜色块，设置其颜色为深灰色，使其具有一定的反射效果，其参数设置如图 9-129 所示。

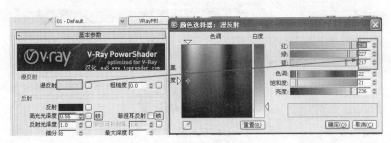

图 9-128

图 9-129

Step 7　继续设置【反射】组的【高光光泽度】为 0.55，其他设置默认，如图 9-130 所示。

Step 8　选择场景中的正立面墙体模型、背面墙体模型、墙面装饰模型和楼顶装饰构件，单击【将材质指定给选择对象】按钮，将该材质指定给选择的模型，然后按【F9】键渲染摄像机视图，结果如图 9-131 所示。

图 9-131

图 9-130

Step 9　在【材质编辑器】中将"墙面白色乳胶漆"示例球拖到一个空的示例球上将其复制，然后将其重命名为"墙体黄色乳胶漆"，如图 9-132 所示。

Step 10　单击【漫反射】颜色块，调整其颜色为黄色，其参数设置如图 9-133 所示。

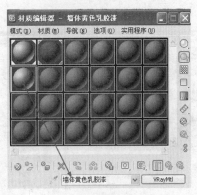

图 9-132

图 9-133

Step 11 选择场景中的侧面墙体模型以及其他墙面装饰模型，单击【将材质指定给选择对象】按钮 ，将该材质指定给选择的模型，然后按【F9】键渲染摄像机视图，结果如图 9-134 所示。

图 9-134

Step 12 继续在【材质编辑器】中将"墙面黄色乳胶漆"示例球拖到一个空的示例球上将其复制，并将其重命名为"侧墙体材质"。

Step 13 单击 VRayMtl 按钮，在弹出的【材质/贴图浏览器】对话框中双击【多维/子对象】选项，如图 9-135 所示。

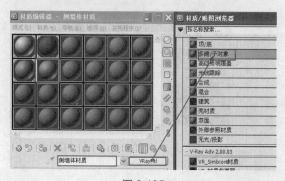

图 9-135

Step 14 在弹出的【替换材质】对话框中勾选【将旧材质保存为子材质】选项，如图 9-136 所示。

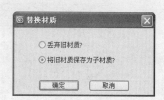

图 9-136

Step 15 单击 确定 按钮，进入到【多维/子对象】材质层级，如图 9-137 所示。

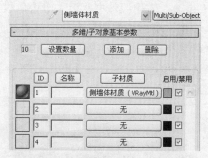

图 9-137

Step 16 单击 设置数量 按钮，在弹出的【设置材质数量】对话框中设置【材质数量】为2，单击 确定 按钮确认，设置材质数量，结果如图 9-138 所示。

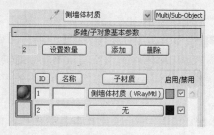

图 9-138

Step 17 将1号材质按钮拖到2号材质按钮上释放鼠标，在弹出的【实例（副本）材质】对话框中勾选【复制】选项，如图9-139所示。

图9-139

Step 18 单击 确定 按钮确认，对材质进行复制。

Step 19 单击2号材质贴图按钮，进入到该材质层级，单击【漫反射】右边的贴图按钮，在弹出的【材质/贴图浏览器】对话框中双击【位图】选项，如图9-140所示。

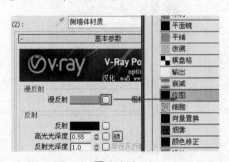

图9-140

Step 20 在打开的【选择位图图像文件】对话框中选择随书光盘"maps"文件夹下的"蘑菇石.jpg"的贴图文件，并在【坐标】卷展栏设置参数如图9-141所示。

（2）制作侧墙体模型材质

Step 1 对该模型指定材质ID号。首先进入该模型的【多边形】层级，在前视图中以窗口选择方式选择侧墙下方的多边形面，如图9-142所示。

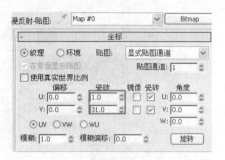

图9-141

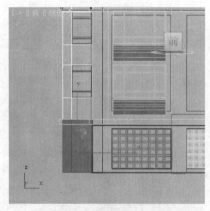

图9-142

Step 2 向上推动【修改】面板，在【多边形:材质ID】卷展栏下设置其材质ID号为2，然后执行【编辑】/【反选】命令选择其他多边形，设置其材质ID号为1，之后退出【多边形】层级。

Step 3 在【修改器列表】中选择【UVW贴图】修改器，并设置贴图方式为"长方体"，如图9-143所示。

Step 4 继续在【材质编辑器】中将"侧墙体材质"示例球拖到一个空的示例球上将其复制，并将其重命名为"侧墙体材质01"。

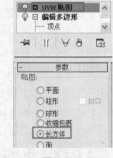

图9-143

Step 5 单击1号材质球进入其材质面板，单击【漫反射】颜色块，设置其【漫反射】颜色为灰白色，如图9-144所示。

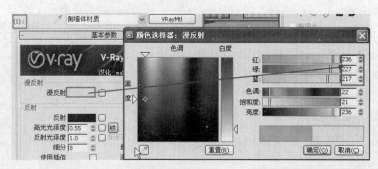

图 9-144

Step 6 依照前面的方法，再次对另一个侧墙体设置材质 ID 号，然后将该材质指定给另一个侧墙体模型，快速渲染透视图查看效果，结果如图 9-145 所示。

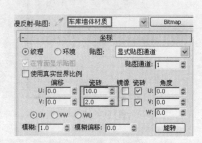

图 9-146

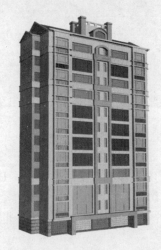

图 9-145

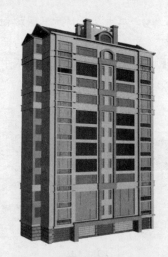

图 9-147

Step 7 继续在【材质编辑器】中将"墙体白色乳胶漆"示例球拖到一个空的示例球上将其复制，并将其重命名为"车库墙体材质"。

Step 8 单击【漫反射】右边的贴图按钮，在弹出的【材质/贴图浏览器】对话框中双击【位图】选项，然后选择随书光盘"maps"文件夹下的"蘑菇石.jpg"的贴图文件，并在【坐标】卷展栏设置参数如图 9-146 所示。

Step 9 选择场景中的首层车库模型，单击【将材质指定给选择对象】按钮，将该材质指定给选择的框模型，然后按【F9】键渲染摄像机视图，结果如图 9-147 所示。

Step 10 继续在【材质编辑器】中将"墙体白色乳胶漆"示例球拖到一个空的示例球上将其复制，并将其重命名为"车库门材质"。

Step 11 单击【漫反射】颜色块，设置其颜色为白色，其他参数默认，然后选择车库门模型，单击【将材质指定给选择对象】按钮，将该材质指定给选择的模型，然后按【F9】键渲染摄像机视图，结果如图 9-148 所示。这样，墙面材质制作完毕。

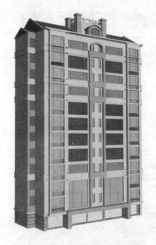

图 9-148

9.6.2　制作窗户材质

本小节继续制作住宅楼的窗户材质，该材质也分为两种，一种是塑钢材质，另一种是玻璃材质，由于窗户模型使用了编辑多边形创建，因此需要制作【多维/子对象】材质。

（1）制作窗户模型材质

Step 1　继续 9.6.1 小节的操作。打开【材质编辑器】，重新选择一个空的示例球，单击 Standard 按钮。

Step 2　在打开的【材质/贴图浏览器】对话框中展开【标准】选项，然后双击【多维/子对象】选项，如图 9-149 所示。

图 9-149

Step 3　在打开的【替换材质】对话框中单击 确定 按钮，进入【多维/子对象】材质层级，单击 设置数量 按钮，在打开的【设置材质数量】对话框中设置【材质数量】为 2，如图 9-150 所示。

图 9-150

Step 4　单击 确定 按钮，完成材质数量的设置，如图 9-151 所示。

Step 5　单击 1 号子材质按钮，返回到【标准】材质层级，单击 Standard 按钮，在打开的【材质/贴图浏览器】对话框中展开【V-Ray Adv2.00.03】选项，然后双击【VRayMtl】选项，如图 9-152 所示。

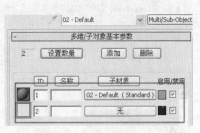

图 9-151

Step 6　进入【VRayMtl】的【基本参数】卷展栏，单击【慢反射】右边的贴图按钮，在弹出的【材质/贴图浏览器】对话框中双击【位图】选项，然后选择 "maps" 文件夹下的 "BMA-007.JPG" 贴图文件。

Step 7　单击【反射】颜色块，设置其颜色为灰色，然后设置其【高光光泽度】为 0.85，如图 9-153 所示。

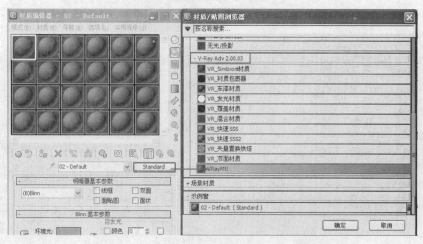

图 9-152

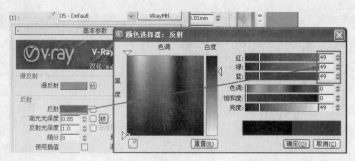

图 9-153

Step 8 单击【材质编辑器】工具栏中的【转到父对象】按钮🔧回到【多维/子对象】材质层级，如图 9-154 所示。

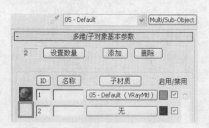

图 9-154

图 9-155

Step 9 将 1 号材质按钮拖到 2 号材质按钮上释放鼠标，在弹出的【实例（副本）材质】对话框中勾选【复制】选项，如图 9-155 所示。

Step 10 单击 确定 按钮，将 1 号材质以【复制】方式复制给 2 号材质，结果如图 9-156 所示。

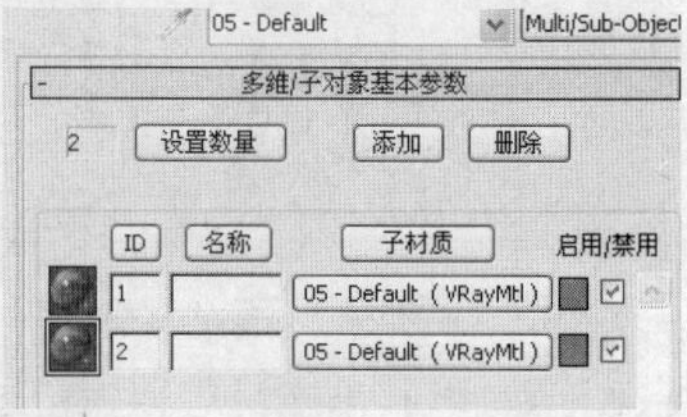

图 9-156

Step 11 　单击2号材质按钮返回到该材质层级，右键单击【漫反射】右边的贴图按钮，在弹出的快捷菜单中选择【清除】命令，如图9-157所示，将该贴图清除。

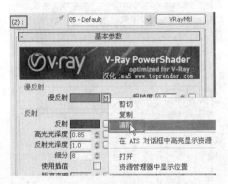

图9-157

Step 12 　然后设置漫反射颜色为黑色，其他设置默认。

Step 13 　选择场景中的所有窗户模型，单击【将材质指定给选择对象】按钮，将该材质指定给选择的模型，然后按【F9】键渲染摄像机视图，结果如图9-158所示。

图9-158

（2）制作窗户下方的金属护栏模型材质

Step 1 　在【材质编辑器】中将"墙体白色乳胶漆"材质示例球拖到一个空的示例球上释放鼠标将其复制，然后将复制的示例球命名为"金属材质"，如图9-159所示。

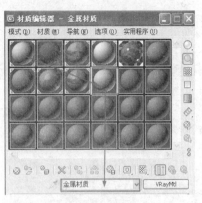

图9-159

Step 2 　单击【反射】颜色块，设置其颜色为白色，然后设置其他参数，如图9-160所示。

图9-160

Step 3 　选择窗户下方的金属护栏模型，单击【将材质指定给选择对象】按钮，将该材质指定给选择的模型，然后按【F9】键渲染摄像机视图，结果如图9-161所示。至此，窗户材质制作完毕。

图9-161

9.6.3 制作屋面材质

本小节继续制作住宅楼的屋面材质，具体有顶楼屋檐材质、屋面瓦材质，这些材质都比较简单。

（1）制作屋面模型材质

Step 1 继续 9.6.2 小节的操作。首先选择侧楼顶部的人字形屋面模型，如图 9-162 所示。

图 9-162

Step 2 将该模型转换为可编辑的多边形对象，然后进入【多边形】层级，选择如图 9-163 所示的多边形对象。

图 9-163

Step 3 依照前面的材质，为该多边形设置材质 ID 号为 1，然后执行【编辑】/【反选】命令反选其他多边形，并设置材质 ID 号为 2。

Step 4 使用相同的方法将另一个人字形屋面模型转换为可编辑的多边形对象，并为其设置材质 ID 号。

Step 5 打开【材质编辑器】，将"侧墙体材质"示例球拖到一个空的示例球上释放鼠标将

其复制，然后将复制的示例球命名为"侧楼顶面材质"，如图 9-164 所示。

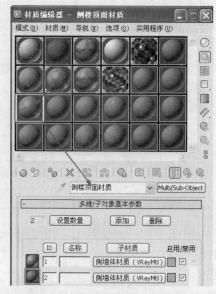

图 9-164

Step 6 单击"侧楼顶面材质"的 2 号材质按钮，进入到该材质面板，单击【漫反射】贴图按钮，进入到该贴图的贴图面板，展开【位图参数】卷展栏，如图 9-165 所示。

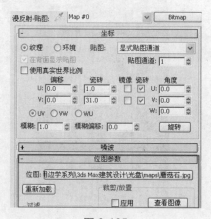

图 9-165

Step 7 单击【位图】贴图按钮，在打开的【选择位图图像文件】对话框中选择随书光盘"maps"文件夹下的"蓝瓦.jpg"的贴图文件。

Step 8 回到该贴图的【坐标】卷展栏，修改参数如图 9-166 所示。

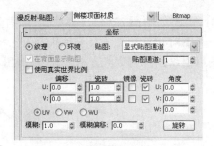

图 9-166

图 9-169

Step 9　选择侧楼的人字形屋面模型，将制作的该材质指定给选择对象，然后在【修改器列表】中为该模型添加【贴图缩放器 WSM】修改器，并设置参数，如图 9-167 所示。

Step 10　再次在【材质编辑器】中将"侧楼顶面材质"拖到一个空的示例球上，将其复制，并将其命名为"顶楼材质"，如图 9-168 所示。

图 9-167

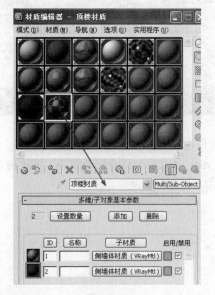

图 9-168

Step 11　单击"顶楼材质"的 1 号材质按钮，进入到该材质面板，单击【漫反射】颜色块，设置其颜色为灰白色（R: 236、G: 227、B:217），其他设置默认，如图 9-169 所示。

Step 12　选择顶楼的人字形屋面模型，将制作的该材质指定给选择对象，然后在【修改器列表】中为该模型添加【贴图缩放器 WSM】修改器，并设置【比例】为 3000，其他设置默认。

Step 13　快速渲染透视图查看材质效果，结果如图 9-170 所示。

图 9-170

Step 14　继续选择顶楼的拱形屋面模型，将该模型转换为可编辑的多边形对象，然后进入【多边形】层级，在透视图中选择如图 9-171 所示的多边形面。

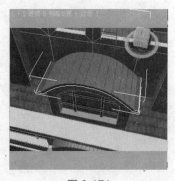

图 9-171

Step 15　设置该多边形的材质 ID 号为 2，

然后执行【编辑】/【反选】命令反选其他多边形面，并设置其材质 ID 号为 1，之后退出【多边形】层级。

Step 16 在【材质编辑器】中将"顶楼材质"示例球拖到一个空的示例球上复制，然后进入 2 号材质的位图【坐标】卷展栏，修改其旋转角度，如图 9-172 所示。

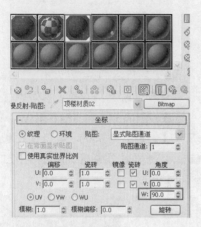

图 9-172

Step 17 将该材质指定给拱形屋面模型，然后在【修改器列表】中为该模型添加【贴图缩放器 WSM】修改器，并设置【比例】为 3000，其他设置默认。

（2）制作一个背景贴图

Step 1 重新选择一个空的示例球，为其【漫反射】指定一个 "maps" 文件夹下的 "BMA-007.JPG" 贴图文件。

Step 2 进入该位图文件的【坐标】卷展栏，勾选【环境】选项。

Step 3 执行【渲染】/【环境】命令打开【环境和效果】对话框，在【材质编辑器】中将制作的位图贴图以【实例】方式复制给环境，如图 9-173 所示。

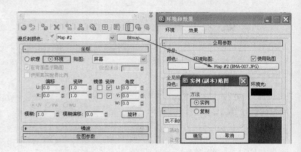

图 9-173

Step 4 创建一个平面物体作为地面，然后快速渲染场景查看效果，结果如图 9-174 所示。

图 9-174

Step 5 至此材质制作完毕，将该场景保存为"高层住宅（材质）.max"文件。

第 **10** 章

高层住宅设计——灯光、渲染与后期处理

📖 **学习目标**

了解高层建筑设计中场景照明设置、渲染输出以及后期处理的技能，具体包括高层建筑场景灯光设置、高层建筑场景渲染输出以及高层建筑场景后期处理的相关技能。

📖 **学习重点**

重点掌握高层建筑场景灯光设计技巧、高层建筑场景渲染输出技能以及建筑场景后期处理的技能。

📖 **主要内容**

◆　高层住宅场景照明设置与渲染输出
◆　高层住宅楼的后期处理

▌10.1▌ 高层住宅场景照明设置与渲染输出

在 3ds Max 建筑设计中，高层住宅的照明设置、渲染输出以及后期处理与一般住宅基本相同。本节继续为某高层住宅楼设置照明系统，并渲染输出。为了使读者能更好地掌握高层建筑场景照相系统的设置技能，在此我们将设置两种照明系统，一种是正午 12 时的光照效果，这时的光线非常强，建筑场景被完全照亮，其效果如图 10-1 所示；另一种光照效果是夜晚 21 时的光照效果，这时已是夜晚时分，建筑场景主要依靠天光和楼层人工光来照明，其效果如图 10-2 所示。

图 10-1

图 10-2

10.1.1 高层住宅楼正午 12 时的光照效果

素材文件	线架文件\第 9 章\高层住宅（材质）.max
线架文件	线架文件\第 10 章\高层住宅（正午 12 时光照效果）.max
视频文件	视频文件\第 10 章\高层住宅（正午 12 时光照效果）.swf

本小节首先设置高层住宅楼正午 12 时的光照效果，晴天正午 12 时正是光线非常充足、光照非常强烈的时候，场景整体光照会非常强，其效果如图 10-3 所示。

图 10-3

（1）创建 VR_太阳光系统

Step 1 打开素材文件。

Step 2 激活透视图，快速渲染查看默认灯光的照射效果，结果如图 10-4 所示。

图 10-4

Step 3 进入【创建】面板，激活【灯光】

按钮 ，在其下拉列表中选择【VRay】选项，然后展开【对象类型】卷展栏。

Step 4 单击 VR_太阳 按钮，在前视图中场景窗口位置拖曳鼠标，创建一个【VR_太阳】照明系统，在顶视图中调整其位置，如图 10-5 所示。

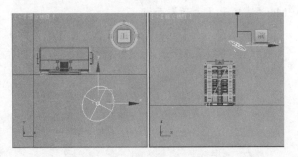

图 10-5

Step 5 此时弹出询问对话框，询问是否自动添加天空环境贴图，如图 10-6 所示。

Step 6 单击 是 按钮，使用【VR_太阳】照明系统的环境贴图代替我们制作的背景贴图。

Step 7 进入【修改】面板，展开【VR_太阳参数】卷展栏，设置【混浊度】为 2.0，【臭氧】为 0，【强度倍增】为 0.02，【尺寸倍增】为 3.0，【阴影细分】为 15，【光子发射半径】为 145，如图 10-7 所示。

图 10-6

图 10-7

Step 8 快速渲染场景查看灯光效果，结果如图 10-8 所示。

虽然【VR_太阳】照明系统不能像【日光】系统那样具有定位罗盘，可以模拟真实世界一天中任何时间、任意位置的户外照明条件，但是我们可以借助【日光】系统的定位功能对其进行定位。

图 10-8

（2）调整 VR_太阳光系统的位置和参数

Step 1 激活【创建】面板上的【系统】按钮 ，在【对象类型】卷展栏下激活 日光 按钮，然后在顶视图中按住鼠标左键拖曳鼠标指针，创建指南针。

Step 2 松开鼠标，继续向上拖曳指针，将【日光】对象定位在天空。可以在前视图中查看对象的位置。

Step 3 【日光】对象在天空中的精确高度并不重要，再次单击鼠标，完成【日光】系统的创建，如图 10-9 所示。

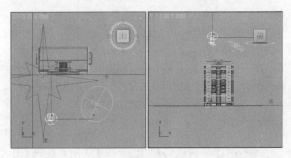

图 10-9

Step 4 选中【日光】对象，转到【修改】面板，然后在【常规参数】卷展栏上取消【启用】选项的勾选，不使用该【日光】系统，如图 10-10 所示。

Step 5 单击选择创建的【VR_太阳】照明系统，然后单击主工具栏上的【选择并连接】按钮 ，将鼠标指针移到【VR_太阳】照明系统上，

图 10-10

再拖曳鼠指针到【日光】照明系统上，然后释放

鼠标，将其进行连接，如图 10-11 所示。

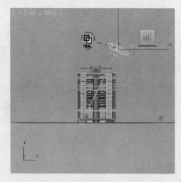

图 10-11

Step 6 激活主工具栏上的【对齐】按钮🔲，在【日光】系统上单击，在弹出的【对齐当前选择】对话框中设置参数，如图 10-12 所示。

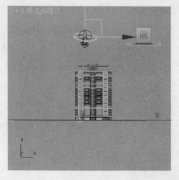

图 10-12

Step 7 确认将【VR_太阳】照明系统与【日光】照明系统进行对齐，如图 10-13 所示。

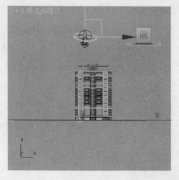

图 10-13

下面可以通过【日光】系统的定位功能来定位【VR_太阳】照明系统的位置，可以设置全球任何地方任何时段的光照效果。

Step 8 选择【日光】系统，在【日光参数】卷展栏上单击 设置... 按钮，如图 10-14 所示，3ds Max 将显示【运动】面板。

Step 9 在【运动】面板中展开【控制参数】卷展栏，在【位置】组上单击 获取位置... 按钮，如图 10-15 所示。

图 10-14   图 10-15

Step 10 在打开的【地理位置】对话框上可以选择地理位置，如选择【Beijing,China】。

Step 11 单击 确定 按钮后，3ds Max 将定位【日光】太阳光对象以模拟所选地区在真实世界中的经度和纬度。

Step 12 可以使用【控制参数】卷展栏下【时间】组中显示的控件修改日期和时间，这也会影响太阳的位置。

Step 13 在此我们将其要照亮和渲染的场景的时间设置为"2014 年 7 月 12 日中午12 时"，那么需要在【时间】组的【年】、【月】、【日】以及【小时】微调器框中设置相关参数，如图 10-16 所示。此时场景中的灯光位置如图 10-17 所示。

图 10-16

Step 14 右键单击透视图，并按【9】键以渲染场景，如图 10-18 所示。

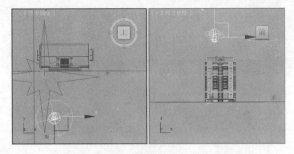

图 10-17

图 10-18

（3）设置渲染设置和摄像机并渲染场景

通过渲染发现，光线有点暗，同时楼房左侧面光线更暗，这是因为没有使用全局光设置的原因。下面我们设置全局光照明效果。

Step 1 打开【渲染设置】对话框，进入【VR_间接照明】选项卡，在【V-Ray::间接照明（全局照明）】卷展栏下勾选【开启】选项，并设置其他参数，如图 10-19 所示。

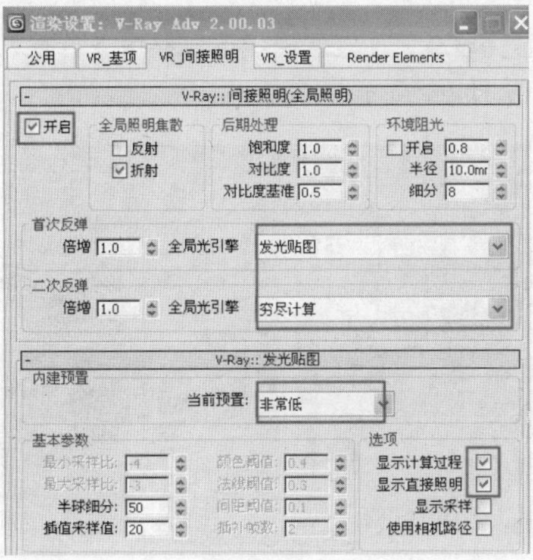

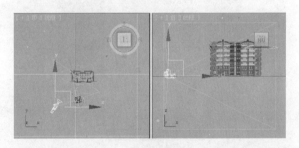

图 10-19

Step 2 再次渲染场景查看效果，结果如图 10-20 所示。通过渲染发现，场景光照效果符合中午 12 时的光照效果。

图 10-20

Step 3 设置场景摄像机。进入【创建】面板，激活【摄像机】按钮，在【对象类型】卷展栏下激活 目标 按钮，在顶视图中拖曳鼠标指针创建一个目标摄像机，在前视图中调整摄像机的高度，如图 10-21 所示。

图 10-21

Step 4 进入【修改】面板，设置【镜头】为 24mm，然后激活透视图，按【C】键将透视图切换为摄像机视图，此时发现楼群并没有完全显示，如图 10-22 所示。

Step 5 打开安全框，并重新设置摄像机镜头参数。将鼠标指针移动到摄像机视图名称位置，单击鼠标右键，在弹出的快捷菜单中选择【显示安全框】命令，此时在摄像机视图中出现黄色安全框，如图 10-23 所示。

Step 6 重新调整摄像机镜头参数。选择摄像机，在【修改】面板的【参数】卷展栏的【备用镜头】组下单击 15mm 按钮，重新设置摄像机镜头参数为 15mm，此时发现楼群完整地出现在场景中，如图 10-24 所示。

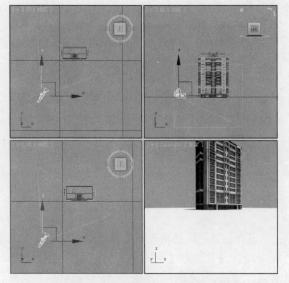

图 10-22

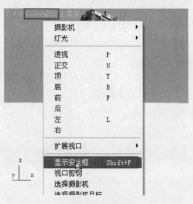

图 10-23

图 10-24

Step 7 再次渲染摄像机视图，发现楼群显得很远也很小，如图 10-25 所示。

图 10-25

Step 8 为了改善这一效果，可以打开【渲染设置】对话框，进入【公用】选项卡，在【要渲染的区域】组中选择【放大】选项，此时在摄像机视图中出现缩放框，调整缩放框使其到合适大小，如图 10-26 所示。

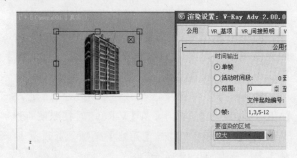

图 10-26

Step 9 再次渲染摄像机视图查看效果，结果如图 10-27 所示。

图 10-27

Step 10　这样，该场景照明设置完毕，将该场景保存为"高层住宅（正午 12 时光照效果）.max"文件。

10.1.2　高层住宅楼正午 12 时的光照效果渲染输出

素材文件	线架文件\第 10 章\高层住宅（正午 12 时光照效果）.max
线架文件	线架文件\第 10 章\高层住宅（正午 12 时光照效果渲染输出）.max
渲染效果	渲染效果\第 10 章\高层住宅（正午 12 时光照渲染效果）.tif
视频文件	视频文件\第 10 章\高层住宅（正午 12 时光照效果渲染输出）.swf

本小节将对高层住宅（正午 12 时光照效果）场景进行渲染输出，并将渲染结果进行保存，其渲染效果如图 10-28 所示

图 10-28

Step 1　打开素材文件。

Step 2　打开【渲染设置】对话框，进入【公用】选项卡，展开【公用参数】卷展栏。

Step 3　在【要渲染的区域】组中的下拉列表中选择【放大】选项，此时在摄像机视图中出现裁剪框，如图 10-29 所示。

图 10-29

Step 4　拖动裁剪框，使其将楼体模型置于裁剪框中，这样可以使楼体模型放大渲染，然后设置渲染尺寸为 320×240，如图 10-30 所示。

图 10-30

Step 5　进入【VR_基项】选项卡，展开【V-Ray::全局开关】卷展栏，在【间接照明】组中勾选【不渲染最终图像】选项，如图 10-31 所示，这表示不会渲染图像的最终效果。

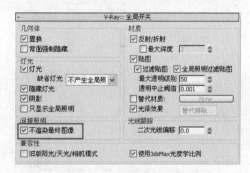

图 10-31

Step 6　继续展开【V-Ray::图像采样器（抗锯齿）】卷展栏，设置图像采样器和抗锯齿过滤器，如图 10-32 所示。

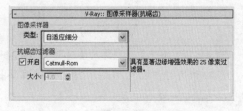

图 10-32

Step 7 进入【VR_间接照明】选项卡，展开【V-Ray::间接照明（全局照明）】卷展栏，设置参数，如图 10-33 所示。

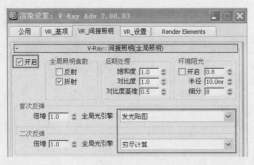

图 10-33

Step 8 继续展开【V-Ray::发光贴图】卷展栏，设置【当前预置】为【高】，然后向上推动面板，在【渲染结束时光子图处理】组中，勾选【不删除】、【自动保存】和【切换到保存的贴图】3个选项，如图 10-34 所示。

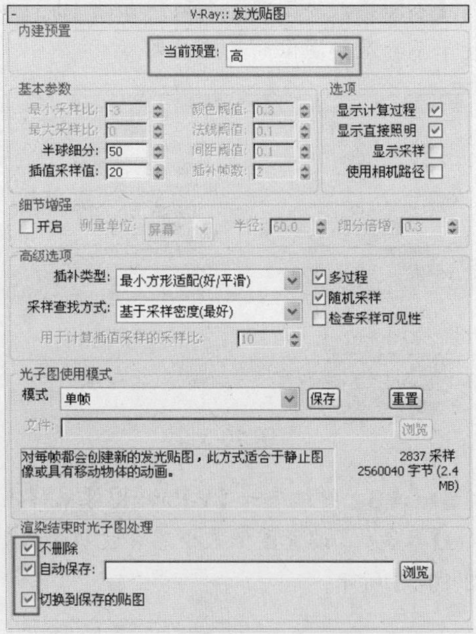

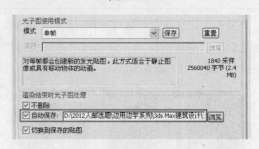

图 10-34

Step 9 单击【自动保存】选项右边的 浏览 按钮，在打开的对话框中为光子图选择保存路径并命名，如图 10-35 所示。

Step 10 单击 保存(S) 按钮将其保存，此时

在【自动保存】选项中将显示光子图的保存路径，如图 10-36 所示。

图 10-35

图 10-36

Step 11 设置完成后，单击【渲染】按钮开始渲染光子图，光子图渲染结束时会弹出一个对话框，在该对话框中选择保存的光子图，如图 10-37 所示。

图 10-37

Step 12 单击 打开(O) 按钮加载光子图，此时在【光子图使用模式】组中将显示【模式】为

【从文件】，在【文件】选项中将显示光子图的存储路径，如图 10-38 所示。此时光子图渲染完毕，效果如图 10-39 所示。

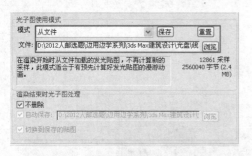

图 10-38

图 10-39

Step 13　渲染最终图像。回到【VR_基项】选项卡，在【V-Ray::全局开关】卷展栏的【间接照明】组中取消【不渲染最终图像】选项的勾选。

Step 14　进入【公用】选项卡，在【输出大小】组下单击▣按钮锁定图像纵横比，然后设置输出尺寸为 1600×1200，如图 10-40 所示。

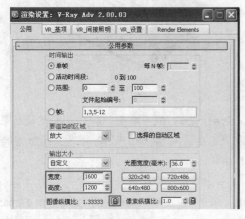

图 10-40

Step 15　单击【渲染】按钮对场景进行最后的渲染输出，结果如图 10-41 所示。

图 10-41

Step 16　保存渲染结果。单击渲染窗口中的【保存】按钮█，打开【保存图像】对话框并选择存储路径、为文件命名，同时选择存储格式为.tif 格式，如图 10-42 所示。

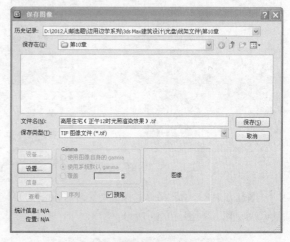

图 10-42

Step 17　单击 保存(S) 按钮，此时弹出【TIF 图像控制】对话框，勾选【存储 Alpha 通道】选项，以便保存图像的透明通道，便于后期处理，如图 10-43 所示。

图 10-43

Step 18 单击 确定 按钮将该文件保存。

Step 19 将场景文件保存为"高层住宅楼（正午 12 时光照效果渲染输出）.max"文件。

Step 20 设置鸟瞰效果。鸟瞰效果需要重新设置摄像机。依照前面的操作，在顶视图中再次设置一架摄像机，然后将指针移到摄像机视图名称"Camera001"位置单击右键，在弹出的快捷菜单中选择【Camera002】命令，如图 10-44 所示。

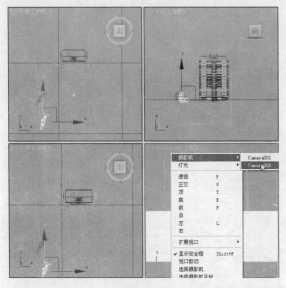

图 10-44

Step 21 此时摄像机视图切换为"Camera002"摄像机视图，如图 10-45 所示。

图 10-45

Step 22 进入【修改】面板，设置摄像机

【镜头】为 35mm，之后在前视图中将摄像机沿 y 轴进行调整，使其成为鸟瞰效果，如图 10-46 所示。

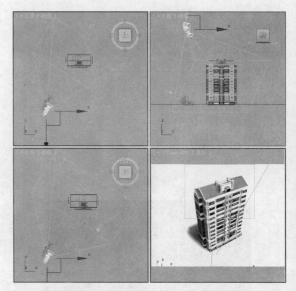

图 10-46

Step 23 再次渲染摄像机视图查看效果，结果如图 10-47 所示。

图 10-47

Step 24 依照前面的操作，将渲染结果保存为"高层住宅楼（正午 12 时光照鸟瞰渲染效果）.tif"文件

Step 25 最后将场景文件保存为"高层住宅楼（正午 12 时光照鸟瞰效果渲染输出）.max"文件。

10.1.3　高层住宅楼午夜21时的光照效果及渲染输出

素材文件	线架文件\第10章\高层住宅（正午12时光照效果）.max
线架文件	线架文件\第10章\高层住宅（午夜21时光照效果渲染）.max
渲染效果	渲染效果\第10章\高层住宅（午夜21时光照渲染效果）.tif
视频文件	视频文件\第10章\高层住宅（午夜21时光照效果渲染输出）.swf

本小节继续设置高层住宅楼午夜21时的光照效果，这时太阳西沉，住宅楼场景主要依靠天光和房间灯光来照明，其效果如图10-48所示。

图 10-48

（1）设置渲染选项设置与灯光系统

Step 1　打开素材文件。

Step 2　在【渲染设置】对话框的【公用参数】卷展栏下设置【输出大小】为320×240。

Step 3　进入【VR_间接照明】选项卡，展开【V-Ray::发光贴图】卷展栏，设置【当前预置】为【非常低】，然后向上推动面板，在【光子图使用模式】组中选择【单帧】，在【渲染结束时光子图处理】组中取消【自动保存】选项的勾选，如图10-49所示。

Step 4　选择【日光】系统，在【控制参数】卷展栏下设置【时间】为21时，其他设置默认，此时灯光斜射，如图10-50所示。

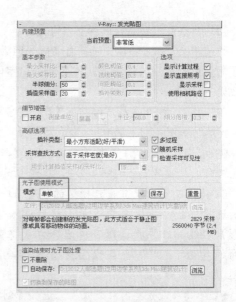

图 10-49

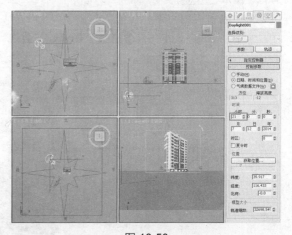

图 10-50

Step 5　激活摄像机视图，快速渲染查看光照效果，结果如图10-51所示。

图 10-51

（2）调整窗户材质并设置室内灯光

通过渲染发现，整体光感符合实际光照效果。下面需要设置窗户玻璃材质，使其能透出室内灯光效果。

Step 1 打开【材质编辑器】，找到窗户材质示例球，如图 10-52 所示。

Step 2 进入到 1 号材质面板，设置【折射】颜色为白色，使其完全透明，如图 10-53 所示。

Step 3 重新设置窗户模型的材质 ID 号。分别选择各窗户模型将其孤立，然后进入【多边形】层级，在左视图以窗口选择方式将窗户背面的多边形选择，然后设置材质 ID 号为 1，如图 10-54 所示。

Step 4 设置室内灯光效果。进入【创建】面板，激活 泛光灯 按钮，在顶视图中创建一盏泛光灯，在前视图中调整位置，如图 10-55 所示。

Step 5 进入【修改】面板，设置泛光灯参

数，如图 10-56 所示。

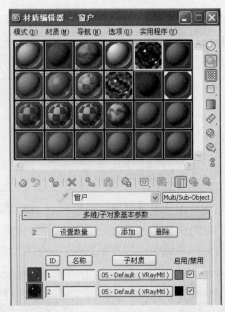

图 10-52

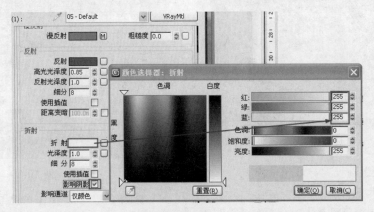

图 10-53

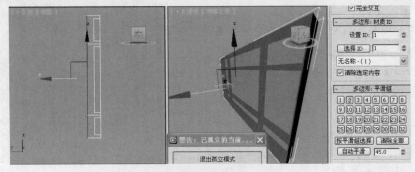

图 10-54

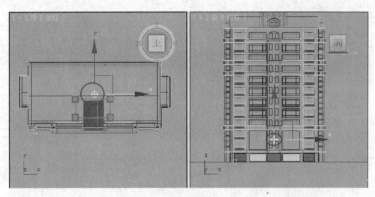

图 10-55

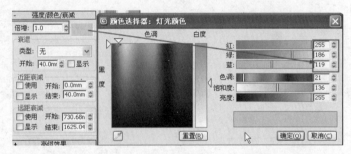

图 10-56

Step 6 快速渲染摄像机视图查看效果，结果如图 10-57 所示。

图 10-57

（3）渲染输出场景

通过渲染发现，整体效果比较满意，下面进行最后的渲染输出，首先渲染光子图。

Step 1 打开【渲染设置】对话框，进入【公用】选项卡，展开【公用参数】卷展栏，在【要渲染的区域】组的下拉列表中选择【放大】选项，此时在摄像机视图中出现裁剪框，如图 10-58 所示。

图 10-58

Step 2 拖动裁剪框，使其将楼体模型置于裁剪框中，这样可以使楼体模型放大渲染，然后设置渲染尺寸为 320×240，如图 10-59 所示。

Step 3 进入【VR_基项】选项卡，展开【V-Ray::全局开关】卷展栏，在【间接照明】组中勾选【不渲染最终图像】选项，如图 10-60 所示，这表示不会渲染图像的最终效果。

Step 4 继续展开【V-Ray::图像采样器（抗锯齿）】卷展栏，设置图像采样器和抗锯齿过滤器，如图 10-61 所示。

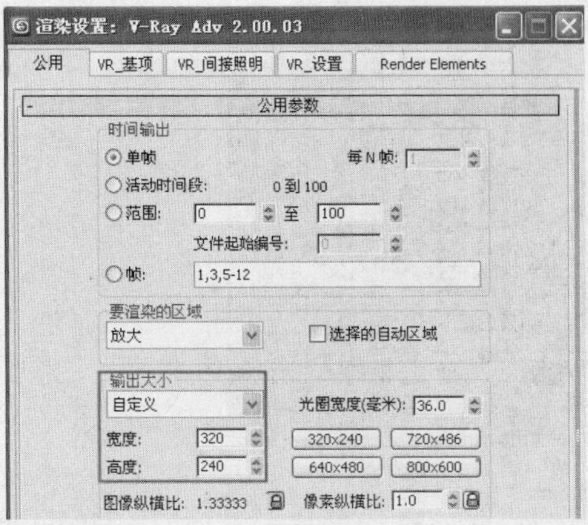

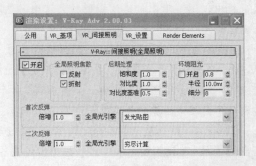

图 10-59

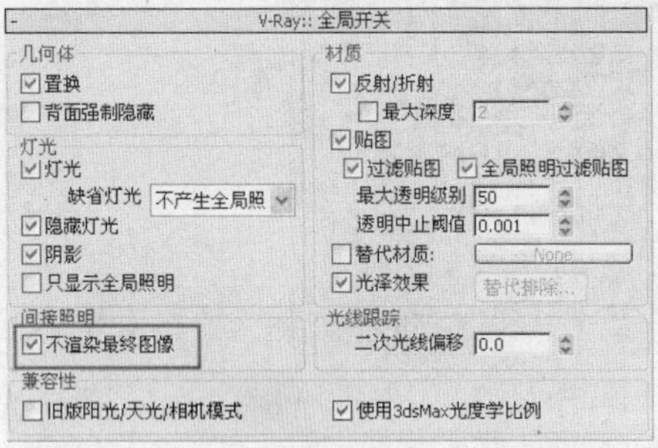

图 10-60

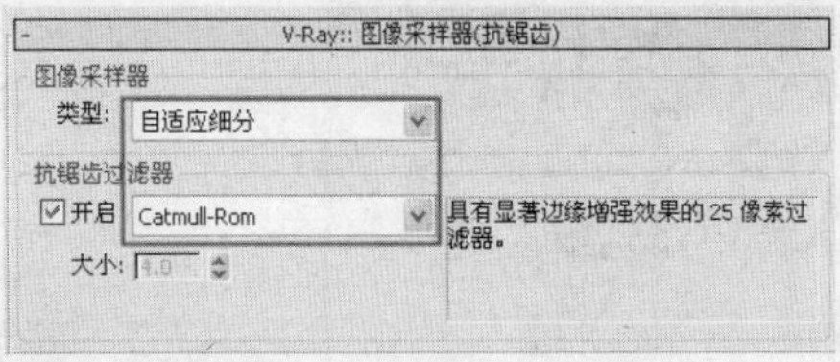

图 10-61

Step 5 进入【VR_间接照明】选项卡，展开【V-Ray::间接照明（全局照明）】卷展栏，设置参数，如图 10-62 所示。

图 10-62

Step 6 继续展开【V-Ray::发光贴图】卷展栏，设置【当前预置】为【高】，然后向上推动面板，在【渲染结束时光子图处理】组中勾选【不删除】、【自动保存】和【切换到保存的贴图】3个选项，如图 10-63 所示。

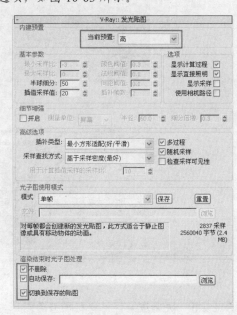

图 10-63

Step 7 单击【自动保存】选项右边的 浏览 按钮，在打开的对话框中为光子图选择保存路径并命名，如图 10-64 所示。

图 10-64

Step 8 单击 保存(S) 按钮将其保存，此时在

【自动保存】选项中将显示光子图的保存路径，如图 10-65 所示。

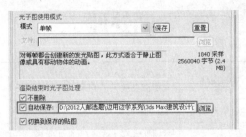

图 10-65

Step 9 设置完成后，单击【渲染】按钮开始渲染光子图，光子图渲染结束时会弹出一个对话框，在该对话框选择保存的光子图，如图 10-66 所示。

图 10-66

Step 10 单击 打开(O) 按钮加载光子图，此时在【光子图使用模式】组下将显示【模式】为【从文件】，在【文件】选项中将显示光子图的存储路径，如图 10-67 所示。此时光子图渲染完毕，效果如图 10-68 所示。

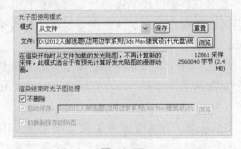

图 10-67

图 10-68

Step 11 渲染最终图像。回到【VR_基项】选项卡，在【V-Ray::全局开关】卷展栏的【间接照明】组中取消【不渲染最终图像】选项的勾选。

Step 12 进入【公用】选项卡，在【输出大小】组中单击 按钮锁定图像纵横比，然后设置输出尺寸为 1600×1200，如图 10-69 所示。

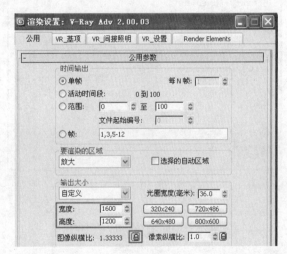

图 10-69

Step 13 单击【渲染】按钮对场景进行最后的渲染输出，结果如图 10-70 所示。

Step 14 保存渲染结果。单击渲染窗口中的【保存】按钮，打开【保存图像】对话框并选择存储路径、为文件命名，同时选择存储格式为.tif格式，如图 10-71 所示。

Step 15 单击 保存(S) 按钮，此时弹出【TIF图像控制】对话框，勾选【存储 Alpha 通道】选项，以便保存图像的透明通道，便于后期处理，如图 10-72 所示。

图 10-70

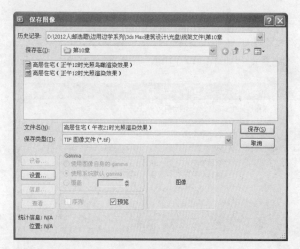

图 10-71

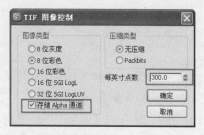

图 10-72

Step 16 单击 确定 按钮将该文件保存。

Step 17 将场景文件保存为"高层住宅楼（午夜 21 时光照效果渲染）.max"文件。

10.2 高层住宅楼的后期处理

素材文件	渲染效果\第 10 章\高层住宅（正午 12 时光照渲染效果）.tif
后期素材	"后期素材"文件夹下
效果文件	后期处理\高层住宅（正午 12 时光照后期处理）.psd
视频文件	视频文件\第 10 章\高层住宅（正午 12 时光照后期处理）.swf

高层住宅与标准层住宅的后期处理流程基本一致，分别是替换背景、画面构图、添加配景、整体色彩处理等。这一节将对该高层住宅楼进行后期处理，其结果如图 10-73 所示。

图 10-73

10.2.1 分离高层住宅楼模型与背景并设置画布大小

本小节首先使住宅楼模型与背景进行分离，然后再设置画布大小，这样便于进行后期效果的操作。

Step 1 启动 Photoshop 软件，打开素材文件"高层住宅（正午 12 时光照渲染效果）.tif"文件。

Step 2 将【背景层】处于当前层，打开【通道】面板，按住键盘中的【Ctrl】键的同时单击【Alpha 1】通道，载入建筑模型的选择区，如图 10-74 所示。

图 10-74

所示，将选择的建筑模型从背景中分离出来，结果如图 10-79 所示。

图 10-77

由于通道包含了地面，因此还需要将地面选区从该选区中减去。

Step 3　在工具箱中激活【多边形套索】工具，在其工具选项栏中激活【从选区中减去】按钮，并设置其他参数，如图 10-75 所示。

图 10-75

Step 4　在图像中沿楼体底部，将地面图像的选区从已有选区中减去，如图 10-76 所示。

图 10-76

图 10-78

图 10-79

Step 7　将【背景】层删除，执行菜单栏中的【图像】/【画布大小】命令，在打开的【画布大小】对话框中设置参数，如图 10-80 所示。

Step 8　确认设置画布大小，结果如图 10-81 所示。

Step 5　减去地面选区后的效果如图 10-77 所示。

Step 6　在图像中单击鼠标右键，在弹出的快捷菜单中选择【通过剪切的图层】命令，如图 10-78 所示。

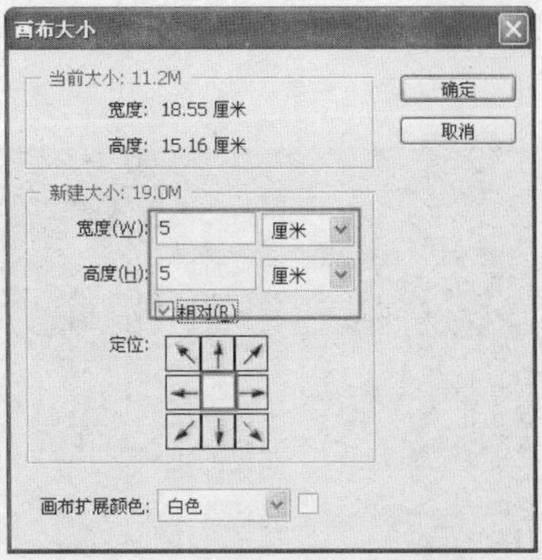

图 10-80

后将其拖到画面左边位置，如图 10-83 所示。

图 10-82

图 10-81

图 10-83

10.2.2 复制建筑模型并进行画面构图

当将模型与背景进行分离后，还需要对建筑模型进行多次复制，并根据透视关系和场景表达意图，对建筑模型进行大小和位置关系的调整。

Step 1 继续 10.2.1 小节的操作。在【图层】面板中激活【背景】层，按【Alt】+【Delete】组合键向背景层中填充白色。

Step 2 在【图层】面板中激活建筑模型所在【图层 1】，按键盘上的【Ctrl】+【J】组合键 3 次，将其复制为【图层 1 副本】层、【图层 1 副本 2】层和【图层 1 副本 3】层，如图 10-82 所示。

Step 3 激活【图层 1 副本】层，按【Ctrl】+【T】组合键，为该图层添加【自由变换】工具，然后在其工具选项栏中设置缩放比例为 73%，之

Step 4 按【Enter】键确认，然后激活【图层 1 副本 2】层，使用相同的方法，对其进行等比例缩放 65%，并调整其位置到画面左边位置，结果如图 10-84 所示。

图 10-84

Step 5 按【Enter】键确认，继续激活【图层 1 副本 3】层，使用【自由变换】工具将其等比

例缩放 45%，然后调整其位置，如图 10-85 所示。

图 10-85

Step 6　按【Enter】键确认，然后在【图层】面板中将【图层 1 副本 3】层拖到【图层 1】下方位置，使其位于图层 1 的下方，结果如图 10-86 所示。

图 10-86

10.2.3　添加背景文件和场景配景文件

本小节继续来添加背景文件以及场景配景文件，以丰富场景效果。

Step 1　继续 10.2.2 小节的操作。双击图像窗口，打开本书光盘"后期素材"文件夹下的"风景 05.jpg"的素材文件。

Step 2　将该素材文件拖到当前场景中，图像生成【图层 2】。

Step 3　在【图层】面板中调整该图像，使其位于背景层的上方，并使用【自由变换】工具调整大小，如图 10-87 所示。

Step 4　再次打开本书光盘"后期素材"文件夹下的"草地.jpg"的素材文件，将其拖到当前场景中，图像生成【图层 3】。

图 10-87

Step 5　在【图层】面板中将【图层 3】调整到【图层 2】的上方，然后使用【自由变换】工具调整该图像的大小和位置，如图 10-88 所示。

图 10-88

Step 6　打开本书光盘"后期素材"文件夹下的"道路.psd"的素材文件，将其拖到当前场景中，图像生成【图层 4】。

Step 7　在【图层】面板中将【图层 4】调整到【图层 3】的上方，然后使用【自由变换】工具调整该图像的大小和位置，如图 10-89 所示。

图 10-89

10.2.4　制作道路效果

根据设计要求，该住宅小区旁边是一条柏油

路，由于没有合适的道路素材文件，这一节将使用 Photoshop 软件来制作小区旁边的道路效果。

Step 1 继续 10.2.3 小节的操作。单击【图层】面板底部的【创建新图层】按钮，在【图层 4】上方新建【图层 5】，如图 10-90 所示。

图 10-90

Step 2 激活【矩形选框工具】，在其工具选项栏中设置参数，如图 10-91 所示。

图 10-91

Step 3 在图像下方位置创建选择区，如图 10-92 所示。

图 10-92

Step 4 单击工具箱中的背景色按钮，在弹出的【拾色器（背景色）】对话框中设置背景色为灰色，如图 10-93 所示。

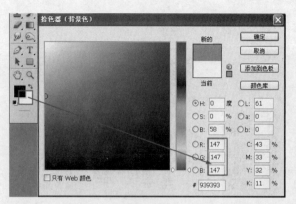

图 10-93

Step 5 单击 确定 按钮确认，设置背景色。

Step 6 激活【渐变工具】，在其工具选项栏中设置参数，如图 10-94 所示。

图 10-94

Step 7 单击【可编辑渐变】按钮打开【渐变编辑器】对话框，选择"前景到背景"的渐变色，如图 10-95 所示。

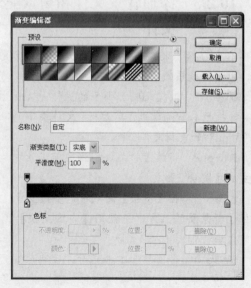

图 10-95

Step 8 单击 [确定] 按钮确认，然后按住【Shift】键，在选择区内垂直拉伸渐变填充颜色，结果如图 10-96 所示。

图 10-96

Step 9 执行菜单栏中的【滤镜】/【杂色】/【添加杂色】命令，在打开的【添加杂色】对话框中设置参数，如图 10-97 所示。

图 10-97

Step 10 单击 [确定] 按钮确认，向选择区中添加杂色，结果如图 10-98 所示。

Step 11 继续执行【滤镜】/【模糊】/【动感模糊】命令，在弹出的【动感模糊】对话框中设置参数，如图 10-99 所示。

Step 12 单击 [确定] 按钮确认，向选择区中添加杂色，结果如图 10-100 所示。

图 10-98

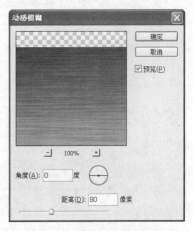

图 10-99

图 10-100

Step 13 按【Ctrl】+【D】组合键取消选择区，然后重新设置工具箱中的前景色为灰白色，如图 10-101 所示。

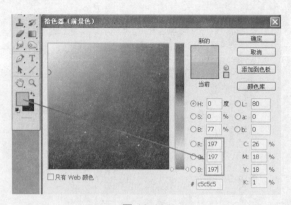

图 10-101

Step 14 激活工具箱中的【直线工具】 ／，在其工具选项栏中设置参数，如图 10-102 所示。

图 10-102

Step 15 按住【Shift】键沿草地下方位置绘制一条水平线作为路沿石，结果如图 10-103 所示。

图 10-103

10.2.5 添加其他配景

本小节继续向场景中添加其他配景文件，对小区效果进行完善。

Step 1 继续 10.2.4 小节的操作。打开随书光盘 "后期素材" 文件夹下的 "树 04.psd" 文件，

将其拖至当前场景文件中，图像生成【图层6】。

Step 2 将【图层 6】调整到最顶层，然后使用【自由变换】工具调整位置与大小，如图 10-104 所示。

图 10-104

Step 3 继续打开本书光盘 "后期素材" 文件夹下的 "人物.psd" 文件，将其拖至图像中，调整大小及位置，如图 10-105 所示。

图 10-105

Step 4 继续打开本书光盘 "后期素材" 文件夹下的 "人群 01.psd" 文件，将其人物图像拖到当前图像中，图像生成【图层8】。

Step 5 使用【自由变换】工具调整人物图像大小和位置，结果如图 10-106 所示。

图 10-106

Step 6　打开本书光盘"后期素材"文件夹下的"树 02.psd"文件，将其树木图像拖到当前图像中，图像生成【图层9】。

Step 7　使用【自由变换】工具调整树木图像大小和位置，结果如图 10-107 所示。

Step 8　至此，高层住宅（正午 12 时光照渲染效果）的后期处理完毕，将该文件保存为"高层住宅（正午 12 时光照后期处理）.psd"文件。

图 10-107

附录　练习题参考答案

第1章

单选题	（1）	（2）	（3）
	A	B	C

第2章

单选题	（1）	（2）	（3）	（4）
	A	B	D	A
多选题	（1）	（2）	（3）	（4）
	ACD	BC	BC	AB

第3章

单选题	（1）	（2）	（3）
	C	A	A

第4章

多选题	（1）	（2）	（3）
	ABD	ABC	ABC

第5章

单选题	（1）	（2）	（3）	（4）
	A	A	C	A

第6章

单选题	（1）	（2）	（3）	（4）
	A	A	B	A